MySQL MariaDB
資料庫設計與開發實務

在電腦計算機科學的應用領域中，資料庫系統是企業組織或家庭電腦化的真正幕後推手，透過資料庫提供的資訊可以節省大量人力、增加工作效率和生活的便利性，我們可以說，資料庫系統才是建立目前資訊社會和維持其運作的主角。

MySQL 是一套開放原始碼的關聯式資料庫管理系統，原來是 MySQL AB 公司開發和提供技術支援（已經被 Oracle 公司併購），這是 David Axmark、Allan Larsson 和 Michael Monty Widenius 在瑞典設立的公司，其官方網址為：http://www.mysql.com。

MariaDB 完全相容 MySQL，而且保證永遠開放原始碼，目前已經是一套普遍使用的資料庫伺服器，Facebook 和 Google 等公司都已經改用 MariaDB 取代 MySQL，其官方網址是：https://mariadb.org/。

最近 AI 界的大事就是 2022 年底 OpenAI 推出的 ChatGPT，ChatGPT 強大的文字接龍能力，可以幫助我們寫出 SQL 指令敘述和建立用戶端程式，輕鬆建立存取 MySQL 資料庫的 Python 和 PHP 程式。

本書是一本以資料庫系統設計與開發者角度所撰寫的 MySQL/MariaDB 資料庫圖書，詳細說明基本的資料庫觀念、資料庫設計理論和 SQL 程式設計。簡單的說，這是一本完整說明資料庫設計與開發人員應具備的理論、觀念和技能，幫助你精通 MySQL/MariaDB 的 SQL 程式設計。

在定位上，本書是一本教導資料處理、資料庫相關理論和資料庫設計的教材，適合一般大學、科技大學或技術學院資料庫、關聯式資料庫系統相關課程使用的教課書。在內容上，這是一本替讀者建立正確的資料庫觀念、資料庫設計理論和 SQL 程式設計技能的書，筆者希望透過理論的導引讓讀者真正了解資料庫設計與開發人員所需執行的工作，和需要擁有哪些理論、觀念和技能。

　　有鑑於目前市面上大部分同類書籍都缺乏相關理論基礎的說明，讓讀者就算學會了 SQL 語法和操作，仍然缺乏理論基礎的支援，而無法真正融會貫通。所以本書在內容上完美結合理論與實務，不只提供實際正規化和資料庫設計範例，更使用大量圖例和表格來說明相關理論和觀念，讓讀者不只能夠輕鬆學習資料庫系統的相關理論，更可以實際在 MySQL/MariaDB 建立資料庫設計成果的資料庫來驗證所學。

如何閱讀本書

　　本書章節架構上，廣泛參閱國內外資料庫設計與開發的相關書籍，以符合國內實際資料庫環境來規劃本書內容，全書共分為五篇 17 個章節，以循序漸進方式來詳細說明 MySQL/MariaDB 資料庫系統設計與開發。

第一篇：資料庫理論與 MySQL/MariaDB 的基礎

　　在第 1 章說明資料庫定義、ANSI/SPARC 三層資料庫系統架構的資料庫系統、資料庫綱要、資料庫管理師負責的工作和處理架構，第 2 章說明資料庫模型和關聯式資料庫模型，然後在第 3 章說明實體關聯模型與正規化，以便讀者擁有完整資料庫理論的基礎，第 4 章說明 MySQL/MariaDB 資料庫系統的安裝和基本操作，並且詳細說明 MySQL Workbench 圖形介面管理工具的使用。

第二篇：建立 MySQL/MariaDB 資料庫與資料表

　　第 5 章說明如何使用 MySQL Workbench 內建的資料庫設計工具，可以幫助我們繪製實體關聯圖，在第 6 章說明什麼是 SQL 語言後，詳細說明 MySQL/MariaDB 的字元集和定序，接著分別使用 MySQL Workbench 或 SQL 指令來建立、修改和刪除使用者資料庫，最後是資料庫的備份與還原，第 7 章說明資料類型後，開始建立資料表、資料庫儲存引擎和完整性限制條件，最後說明暫存資料表。

第三篇：SQL 語言的 DML 指令

在第 8 章是單一資料表的查詢和群組查詢，第 9 章是多資料表查詢的合併、集合和子查詢，第 10 章是 DML 語言的 INSERT、UPDATE 和 DELETE 指令，說明如何在資料表新增、更新和刪除記錄資料。

第四篇：MySQL/MariaDB 檢視表與索引

第 11 章說明如何在 MySQL/MariaDB 資料庫建立檢視表，第 12 章是資料表索引規劃和建立，包含索引結構、MySQL/MariaDB 自動建立的索引、如何建立資料表的索引和分析索引效率。

第五篇：ChatGPT X MySQL/MariaDB 程式設計與用戶端程式開發

第 13~15 章是 MySQL/MariaDB 資料庫的 SQL 程式設計，詳細說明 SQL 程式化功能的語法、如何建立預存程序、函數、觸發程序、資料指標、參數化查詢和進行交易處理。第 16 章說明如何使用 Python 和 PHP 語言來建立資料庫的用戶端程式。第 17 章說明如何使用 ChatGPT 學習 MySQL、寫出 SQL 指令敘述與建立資料庫程式。

附錄 A 詳細說明 MySQL 內建函數和 JSON 欄位處理，附錄 B 說明如何安裝 MariaDB 資料庫系統和基本使用。

編著本書雖力求完美，但學識與經驗不足，謬誤難免，尚祈讀者不吝指正。

陳會安 Joe Chen 於台北

hueyan@ms2.hinet.net

2023.7.20

範例說明

為了方便讀者實際操作本書內容，筆者將本書的相關資源都收錄在本書的線上下載區 http://books.gotop.com.tw/download/AED004700，內容如下：

資料夾	說明
Ch04~Ch17 AppA~B	本書各章 SQL 範例的指令碼檔案。 第 16 章是 Python 和 PHP 程式檔案 第 17 章是 ChatGPT 提示文字，和 ChatGPT 寫出的 SQL 指令敘述、Python 和 PHP 程式
電子書	附錄 A：MySQL 內建函數和 JSON 欄位處理 附錄 B：安裝與使用 MariaDB 資料庫管理系統

版權聲明

本書範例檔內含的共享軟體、免費或公共軟體，其著作權皆屬原開發廠商或著作人，請於安裝後詳細閱讀各工具的授權和使用說明。在本書內含的軟體僅提供本書讀者練習之用，與各軟體的著作權和其它利益無涉，如果在使用過程中因軟體所造成的任何損失，與本書作者和出版商無關。

目錄

PART 1 │ 資料庫理論與 MySQL/MariaDB 的基礎

Chapter 1　資料庫系統

1-1　資料庫系統的基礎 1-1

1-2　三層資料庫系統架構 1-10

1-3　資料庫綱要 1-14

1-4　資料庫管理系統 1-21

1-5　資料庫管理師 1-23

1-6　資料庫系統的處理架構 1-26

Chapter 2　關聯式資料庫模型

2-1　資料庫模型的基礎 2-1

2-2　資料結構 2-7

2-3　資料操作或運算 2-15

2-4　完整性限制條件 2-18

Chapter 3　實體關聯模型與正規化

3-1　實體關聯模型與實體關聯圖 3-1

3-2　將實體關聯圖轉換成關聯表綱要 3-12

3-3　關聯表的正規化 3-20

Chapter 4　MySQL/MariaDB 資料庫管理系統

4-1　MySQL/MariaDB 的基礎 4-1

4-2　安裝 MySQL 資料庫管理系統 4-5

4-3　MySQL Workbench 管理工具的使用 4-15

4-4 檢視 MySQL 資料庫物件 4-24

4-5 新增 MySQL 使用者帳戶與伺服器連線 4-29

4-6 SQL 語法查詢與 MySQL 官方參考手冊 4-34

PART 2 | 建立 MySQL/MariaDB 資料庫與資料表

Chapter 5   資料庫設計工具的使用

5-1 資料庫設計的基礎 5-1

5-2 MySQL Workbench 塑模工具 5-4

5-3 新增實體 5-10

5-4 建立關聯性 5-18

5-5 匯出實體關聯圖和建立模型設計的資料庫 5-28

5-6 反向工程從資料庫來產生模型 5-34

Chapter 6   SQL 語言與資料庫建置

6-1 SQL 語言的基礎 6-1

6-2 MySQL 字元集與定序 6-5

6-3 建立使用者資料庫 6-9

6-4 修改使用者資料庫 6-13

6-5 刪除使用者資料庫 6-16

6-6 MySQL 資料庫的備份與還原 6-18

Chapter 7   建立資料表與完整性限制條件

7-1 MySQL 資料類型 7-1

7-2 資料表建立與儲存引擎 7-8

7-3 建立完整性限制條件 7-21

7-4 修改與刪除資料表 7-27

7-5 暫存資料表的建立 7-33

PART 3 | SQL 語言的 DML 指令

Chapter 8　SELECT 敘述的基本查詢

8-1　SELECT 查詢指令 8-1

8-2　SELECT 子句 8-2

8-3　FROM 子句 8-9

8-4　WHERE 子句 8-10

8-5　聚合函數的摘要查詢 8-21

8-6　群組查詢 GROUP BY 子句 8-25

8-7　排序 ORDER BY 子句 8-29

8-8　LIMIT 子句限制傳回的記錄數 8-31

Chapter 9　SELECT 敘述的進階查詢

9-1　SQL 的多資料表查詢 9-1

9-2　合併查詢 9-2

9-3　集合運算查詢 9-16

9-4　子查詢 9-19

9-5　NULL 空值處理和 CTE 9-26

Chapter 10　新增、更新與刪除資料

10-1　在 MySQL Workbench 檢視資料表資訊和編輯記錄 10-1

10-2　新增記錄 10-6

10-3　更新記錄 10-13

10-4　刪除記錄 10-16

10-5　使用 SELECT 查詢結果建立資料表 10-19

PART 4 | MySQL/MariaDB 檢視表與索引

Chapter 11　檢視表的建立

11-1　檢視表的基礎 11-1

11-2　建立檢視表 11-4

11-3　修改與刪除檢視表 11-14

11-4　編輯檢視表的內容 11-17

Chapter 12　規劃與建立索引

12-1　索引的基礎 12-1

12-2　資料表的索引規劃 12-8

12-3　MySQL 自動建立的索引 12-10

12-4　建立資料表的索引 12-12

12-5　更名、重建與刪除資料表的索引 12-16

12-6　查詢索引資訊與分析索引效率 12-20

PART 5 | ChatGPT × MySQL/MariaDB 程式設計與 用戶端程式開發

Chapter 13　MySQL/MariaDB 的 SQL 程式設計

13-1　MySQL/MariaDB 的 SQL 語言 13-1

13-2　註解、文字值與基本輸出 13-3

13-3　變數的宣告與使用 13-5

13-4　運算式與運算子 13-11

13-5　流程控制結構 13-18

Chapter 14　預存程序、函數與觸發程序

14-1　預存程序 14-1

14-2　預存程序的參數傳遞與傳回值 14-9

14-3　刪除與修改預存程序 14-15

14-4　函數 14-18

14-5　觸發程序 14-23

14-6　錯誤處理程序 14-29

Chapter 15　資料指標、參數化查詢與交易處理

15-1　使用資料指標與參數化查詢 15-1

15-2　交易的基礎 15-8

15-3　交易處理 15-12

15-4　並行控制 15-18

15-5　資料鎖定 15-25

15-6　死結問題 15-28

Chapter 16　MySQL/MariaDB 用戶端程式開發 – 使用 Python 與 PHP 語言

16-1　安裝與使用 Python 開發環境 16-1

16-2　使用 Python 語言建立用戶端程式 16-4

16-3　設定與使用 XAMPP 的 PHP 開發環境 16-14

16-4　使用 PHP 建立用戶端程式 16-19

Chapter 17　使用 ChatGPT 學習 MySQL、寫出 SQL 指令 敘述與建立資料庫程式

17-1　註冊與使用 ChatGPT 17-1

17-2　使用 ChatGPT 學習資料庫理論與 MySQL 17-7

17-3　使用 ChatGPT 寫出 SQL 指令敘述 17-9

17-4　使用 ChatGPT 寫出 Python 和 PHP 資料庫程式 17-17

附錄 A　MySQL 內建函數和 JSON 欄位處理 電子書，請線上下載

附錄 B　安裝與使用 MariaDB 資料庫管理系統 電子書，請線上下載

資料庫系統

1-1 資料庫系統的基礎

一般來說,我們所泛稱的資料庫正確的說只是「資料庫系統」(Database System)的一部分,資料庫系統是由「資料庫」(Database)和「資料庫管理系統」(Database Management System;DBMS)所組成,如右圖:

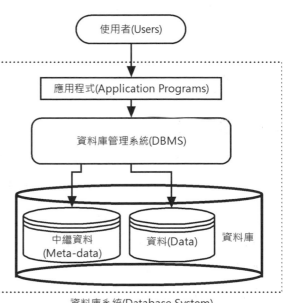

資料庫系統(Database System)

右述圖例的資料庫管理系統是一些程式模組,負責定義、建立和維護資料庫,並且控制資料庫的資料存取和管理使用者權限。在資料庫儲存的資料是儲存在電腦儲存裝置的磁碟機,使用者只需執行應用程式下達查詢指令,就可以透過資料庫管理系統存取資料庫中儲存的資料。換句話說,我們並不用了解資料庫結構和資料儲存方式,所有資料存取都是透過資料庫管理系統來完成。

在資料庫儲存的資料包括：資料和資料本身的定義，即資料本身的描述資料，稱為「中繼資料」（Meta-data；The data about data）。通常這些資料是使用不同檔案來分開儲存，所以，資料庫是一組相關聯檔案的集合，而不是單一檔案。

1-1-1　資料庫的定義

資料庫這個名詞是一個概念，它是一種資料儲存單位，一些經過組織的資料集合。事實上，有很多現成或一些常常使用的資料集合，都可稱為資料庫，如下：

- 在 Word 文件中編輯的通訊錄資料。
- 使用 Excel 管理的學生成績資料。
- 在應用程式提供相關功能來維護和分析儲存在大型檔案的資料。
- 銀行的帳戶資料和交易資料。
- 醫院的病人資料。
- 大學的學生、課程、選課和教授資料。
- 電信公司的帳單資料。

資料庫的通用定義

資料庫正式的定義有很多種，比較通用的定義為：「資料庫（Database）是一個儲存資料的電子文件檔案櫃（An Electronic Filing Cabinet）。」

資料庫這個電子文件檔案櫃是一個儲存結構化（Structured）、整合的（Integrated）、相關聯（Interrelated）、共享（Shared）和可控制（Controlled）資料的檔案櫃，其說明如下：

- 結構化（Structured）：資料庫儲存的是結構化的資料，簡單的說，除了資料本身外，還包含描述資料的中繼資料。例如：資料【陳會安】，再加上描述此資料的【姓名】。資料庫需要建立「資料模型」（Data Model）來描述這些資料，以便將資料組織成資料庫。

> **Memo**
>
> 資料庫的結構是由資料模型（Data Model）來決定，它是一種高階模型來描述儲存的資料，也就是描述資料庫的結構。例如：資料庫常用的網路、階層和關聯式等資料庫模型，詳細說明請參閱＜第 2-1 節；資料庫模型的基礎＞。

- 整合的（Integrated）：資料庫儲存的是整合資料，可以將不同來源的資料統一成一致格式的資料。例如：性別統一使用 m 代表男性；f 代表女性。

- 相關聯（Interrelated）：資料庫儲存的是相關聯的資料，在資料之間使用本身的值或低階指標連接來建立關聯，因為資料之間擁有連接，所以可以從一筆資料走訪參考到其他相關聯的資料。例如：從員工資料可以走訪參考其工作經歷的相關資料。

- 共享（Shared）：資料庫的資料允許不同使用者來共享，每位使用者可以存取相同資料，但可能作為不同用途和處理。不只如此，這些資料不但現有應用程式可以共享資料，未來新開發的應用程式也一樣可以使用這些資料。

- 可控制（Controlled）：資料庫儲存的是可控制的資料，我們可以控制資料的存取方式和允許哪些使用者存取指定的資料。

資料庫是一種長存資料的集合

以現代企業或組織來說，資料庫是讓企業或組織能夠正常運作的重要元件，想想看！如果銀行沒有帳戶和交易記錄的資料庫，客戶存款和提款需要如何運作。航空公司需要依賴訂票系統的資料庫，才能讓各旅行社訂機票，旅客才知道班機是否已經客滿。

在這些企業或組織的資料庫，其儲存的大量資料並非是一種短暫儲存的暫時資料，而是一種長時間存在的資料，稱為「長存資料」（Persistent Data）。這些長存資料是維持企業或組織正常運作的重要資料，如下：

- 在組織中的資料需要一些操作或運算來維護資料。例如：當公司員工有人離職或是新進，員工資料需要新增和刪除操作來進行維護。

- 資料是相關聯的。例如：員工資料和出勤資料是相關聯的，一位員工擁有一份多筆的出勤資料。

- 資料不包含輸出資料、暫存資料或任何延伸資訊。例如：員工平均出勤資料、平均年齡和居住地分佈等統計資料並不屬於長存資料，因為這些資料都可以透過資料運算來得到，也稱為導出資料（Derived Data）。

1-1-2　資料塑模

　　資料庫儲存是結構化收集的「實體」（Entity）資料，實體是現實生活中存在的東西，我們可以將它塑模（Modeling）成資料庫儲存的結構化資料，如下圖：

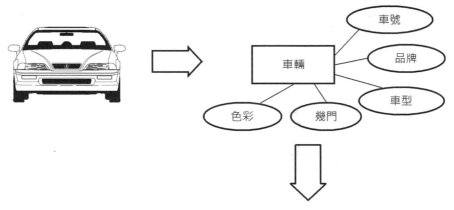

車號	品牌	車型	幾門	色彩
DA-1111	裕隆	Sentra	4	紅
AU-2345	福特	Metrostar	4	黑
TU-3456	日產	Civil	4	白

　　上述圖例是使用關聯式資料庫為例，一部轎車是現實生活中的東西，即實體，我們可以使用資料塑模（Data Modeling）將它轉換成圖形表示的模型。

　　以此例是使用實體關聯圖來表示【車輛】資料，方框代表實體；橢圓形是屬性，最後將它轉換成資料庫儲存的資料，即建立關聯式資料庫的二維表格。

資料塑模的基礎

「資料塑模」（Data Modeling）是將真實東西轉換成模型，這是一種分析客戶需求的技術。其目的是建立客戶所需資訊和商業處理的正確模型，將需求使用圖形方式來表示，其塑模過程如下圖：

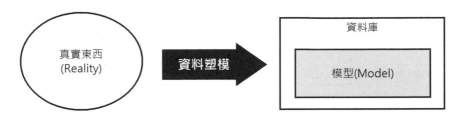

上述圖例是將真實東西塑模，其目的是使用模型來解釋真實東西、事件和其關聯性。以資料庫來說，塑模的主要目的是定義資料的結構，也就是接下來說明的邏輯關聯資料（Logically Related Data）。

邏輯關聯資料

資料庫是將真實東西轉換成模型定義的資料結構。例如：塑模一間大學或技術學院，也就是從大學或技術學院儲存的資料中識別出實體、屬性和關聯性，如下：

- 實體（Entities）：實體是在真實世界中識別出的東西。例如：從大學和技術學院可以識別出學生、指導老師、課程和員工等實體，如右圖：

- 屬性（Attributes）：屬性是每一個實體擁有的一些特性。例如：學生擁有學號、姓名、地址和電話等屬性，如右圖：

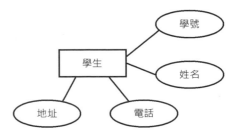

- 關聯性（Relationships）：二個或多個實體之間擁有的關係，主要可以分為三種，如下：

  - 一對一（1:1）：指一個實體只關聯到另一個實體。例如：指導老師是一位學校員工，反過來，此員工就是指這位指導老師。

  - 一對多（1:N）：指一個實體關聯到多個實體。例如：學生寫論文時可以找一位指導老師；但一位指導老師可以同時指導多位學生撰寫論文。

  - 多對多（M:N）：指多個實體關聯到多個其他實體。例如：一位學生可以選修多門課程，反過來，同一門課程可以讓多位學生來選修。

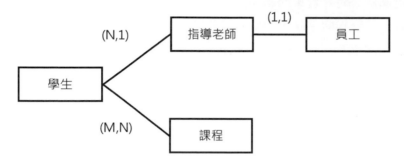

在資料庫儲存的就是擁有上述觀點的資料，這些資料是使用關聯性（Relationships）建立與其他資料的邏輯關聯，所以稱為「邏輯關聯資料」（Logically Related Data）。

關聯性是一個術語，如果使用口語方式來說，就是建立一種資料之間的連接，在資料庫儲存的是一種「完全連接」（Fully Connected）的資料，完全連接是指資料庫儲存的資料之間擁有連接方式，這個連接允許從一個資料存取其他資料。

所以，在建立資料庫時，除了定義結構外（即實體和屬性），還需要考量如何將它們連接起來（即關聯性），以便提供進一步資料處理的依據。

1-1-3 資料庫環境的組成元件

　　資料庫是一個儲存資料的電子檔案櫃，資料庫管理系統（Database Management System；DBMS）則是一套用來管理資料庫儲存資料的應用程式。

　　「資料庫系統」（Database System）是指使用一般用途資料庫管理系統所開發，具有特定用途的資料庫系統。例如：使用 Access、MySQL、Oracle 或 SQL Server 等開發的學校註冊、選課系統和公司的進銷存系統等。完整資料庫環境的圖例，如下圖：

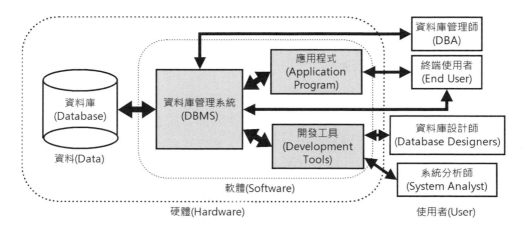

　　上述圖例組成的資料庫環境擁有四大元件：使用者、資料、軟體和硬體。

使用者

　　資料庫服務的對象是人，即資料庫系統的眾多使用者（Users）。依不同角色可以分為數種使用者，如下：

- 初級使用者（Naive or Parametric Users）：初級使用者是實際執行應用程式的使用者，這些使用者不用了解資料庫結構或熟悉資料庫查詢語言，他們只需知道如何使用應用程式的操作介面即可。

- 不常使用的使用者（Casual Users）：不常使用的使用者並不是應用程式的使用者，通常是公司或組織的中高階主管，因為只有偶爾使用資料庫系統，而且每次查詢的資料都不相同。所以他們不會使用應用程式提供的查詢功能，而是自行下達資料庫查詢語言的指令來取得所需的資訊。

- 熟練使用者（Sophisticated Users）：熟練使用者是一些熟悉資料庫管理系統操作的使用者，通常是工程師或專家，他們不只了解資料庫結構，還精通資料庫查詢語言，這些使用者也不需透過應用程式，可以直接透過資料庫管理系統取得所需的資訊。

- 資料庫設計師（Database Designers）：精通資料庫設計的使用者，其主要工作是建立資料庫結構，判斷哪些資料需要儲存在資料庫，和使用什麼樣的結構來儲存這些資料。資料庫設計師通常使用資料庫設計工具（Database Design Tools），以實體關聯圖和正規化分析來建立資料庫結構。

- 資料庫管理師（Database Administrator；DBA）：他是資料庫系統的總管，負責管理資料庫系統。因為資料庫系統在公司或組織中，不只需要符合不同使用者的需求，而且，資料庫系統還需要進行維護和管理，才能有效率的提供服務，以保障資料庫系統的正常運作。

- 系統分析師（System Analyst；SA）：他與應用程式設計師屬於「專業使用者」（Specialized Users），系統分析師依據終端使用者的需求；主要是指初級使用者（Naive or Parametric Users）的需求，來制定資料庫應用程式的規格與功能。

- 應用程式設計師（Application Programmer）：依據系統分析師定義的規格，建立終端使用者使用的資料庫應用程式。他是使用程式開發工具或指定的程式語言。例如：PHP、Python、C/C++、C#或 Java 等程式語言來建立資料庫應用程式。

資料

資料（Data）就是指資料庫儲存的資料，在資料庫系統的資料種類，如下：

- 長存資料（Persistent Data）：資料庫儲存的是公司或組織的非暫時資料，這些資料是長時間存在的資料，使用者可以使用應用程式的介面來新增、刪除或更新資料。

- 系統目錄（System Catalog）：系統目錄是由資料庫管理系統自動產生的資料，或稱為「資料字典」（Data Dictionary），其內容是從前述長存資料所衍生的一些資料。例如：定義資料庫結構的中繼資料（Meta-data），系統目錄的主要用途是提供維護資料庫所需的資訊。

- 索引資料（Indexes）：索引的目的是為了在資料庫儲存的龐大資料中，能夠更快速的找到資料。索引資料是一些參考資料，它是將資料庫中特定部分（屬性）的資料預先進行排序，並且提供「指標」（Pointer）指向資料庫真正儲存記錄的位址，資料庫管理系統通常是使用雜湊函數（Hash Function）或 B 樹（B-Tree）等演算法來建立索引資料。

- 交易記錄（Transaction Log）：交易記錄是資料庫管理系統自動產生的歷史資料，可以記錄使用者在什麼時間點下達哪些指令或執行什麼操作。當發生資料庫異常操作時，交易記錄可以提供追蹤異常情況的重要線索和依據。

軟體

在資料庫環境使用的軟體（Software），除了作業系統外，還包含其他相關軟體，如下：

- 資料庫管理系統（DBMS）：資料庫管理系統提供一組程式模組來定義、處理和管理資料庫的資料。對於使用者來說，資料庫管理系統如同是一個黑盒子，使用者並不用了解內部實際的運作方式，其溝通管道是「資料庫管理系統語言」（DBMS Languages）。

- 應用程式（Application Program）：應用程式是程式設計師以開發工具或程式語言自行建立的專屬軟體。應用程式提供使用者相關使用介面，透過使用介面的選單或按鈕，就可以向資料庫管理系統下達查詢語言的相關指令，在取得所需資料後，顯示或產生所需報表。

- 開發工具（Development Tools）：開發工具是用來建立資料庫和開發應用程式。例如：資料庫設計工具、資料庫開發工具或程式語言的整合開發環境，它可以幫助資料庫設計師建立資料庫結構和程式設計者快速建立應用程式。例如：PowerBuilder、Oracle Developer 和 Visual Studio 等。

硬體

安裝資料庫相關軟體的硬體（Hardware）設備，包含：主機（CPU、記憶體和網路卡等）、磁碟機、磁碟陣列、光碟機、磁帶機和備份裝置。整個資料庫系統的硬體處理架構依照運算方式的不同，分為：集中式或分散式的主從架構。

一般來說，資料庫系統大多是公司或組織正常運作的命脈，它需要相當大量的硬體資源來提供服務，所以，我們都會選用功能最強大的電腦作為資料庫伺服器。

1-2 ｜三層資料庫系統架構

目前大部分市面上的資料庫系統都是使用 ANSI/SPARC 三層資料庫系統架構，這是由「ANSI」（American National Standards Institute）和「SPARC」（Standards Planning And Requirements Committee）制定的資料庫系統架構。

雖然 ANSI/SPARC 架構從未正式成為官方的標準規格，不過它就是目前被廣泛接受的資料庫系統架構，如下圖：

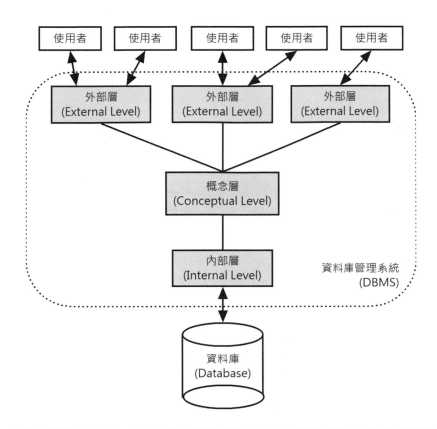

上述圖例的資料庫系統架構主要是探討資料庫管理系統（虛線框部分）所管理的不同觀點資料，並沒有針對特定資料庫模型（Database Model）的資料庫管理系統。ANSI/SPARC 是以三個階層來說明資料庫管理系統的架構，即分別以使用者、資料庫管理師（也可能是資料庫設計師）和實際儲存的觀點來檢視資料庫儲存的資料，其簡單說明如下：

- 概念層（Conceptual Level）：資料庫管理師觀點的資料，這是資料庫的完整資料，屬於在概念上看到的完整資料庫。

■ Memo ....

概念層之所以稱為概念，只是因為我們沒有針對特定資料庫模型，如果指定資料庫模型。例如：關聯式資料庫模型，此時這一層應該稱為「邏輯層」（Logical Level）。

- 外部層（External Level）：一般使用者觀點的資料，代表不同使用者在資料庫系統所看見的資料，通常都只有資料庫的部分資料。
- 內部層（Internal Level）：實際儲存觀點所呈現的資料，這是實際資料庫儲存在電腦儲存裝置的資料。

1-2-1 概念層

在概念層（Conceptual Level）看到的是整個資料庫儲存的資料，這是資料庫管理師觀點所看到的完整資料庫。因為只是概念上的資料庫，所以不用考量資料實際的儲存結構，因為這屬於內部層（Internal Level）的問題。

以關聯式資料庫模型的資料庫來說，在概念層（正確的說，應該是邏輯層）看見的是使用二維表格顯示的資料，如下圖：

學生

學號	姓名	地址	電話	生日
S001	江小魚	新北市中和景平路1000號	02-22222222	2002/2/2
S002	劉得華	桃園市三民路1000號	03-33333333	2001/3/3
S003	郭富成	台中市中港路三段500號	04-44444444	2002/5/5
S004	張學有	高雄市四維路1000號	05-55555555	2003/6/6

上述圖例是關聯式資料庫名為【學生】的「關聯表」（Relations），也就是資料庫所看到的完整資料。

1-2-2 外部層

對於資料庫系統的使用者來說，其面對的是外部層（External Level）的使用者觀點（User Views）資料，這些資料包含多種不同觀點。例如：一所大學或技術學院，可能提供多種不同使用者觀點，如下：

使用者觀點1：學生註冊資料
使用者觀點2：學生選課資料
使用者觀點3：學生成績單資料

上述每位使用者擁有不同的觀點,當然,一組使用者也可能看到相同觀點的資料。如同從窗戶看戶外的世界,不同大小的窗戶和角度,就會看到不同的景觀。

事實上,外部層並沒有真正儲存資料,其資料都是來自概念層的資料,任何使用者看到的資料一定是源於、運算自或導出自概念層完整資料庫的資料,如下:

- 資料以不同的方式呈現:外部層的資料如同裁縫師手上的布,可以將概念層的資料剪裁成不同衣服樣式的資料。例如:使用清單、表格或表單內容(例如:Windows Form 表單或 HTML 表單)等方式來呈現資料。

- 只包含使用者有興趣的資料:外部層的資料只是資料庫的部分內容。例如:兩位使用者可以分別看到【學生】關聯表的部分或導出內容,其中年齡欄位是由生日計算而得,如下圖:

學生編號	姓名	年齡
S001	江小魚	19
S002	劉得華	20

學號	姓名	地址
S001	江小魚	新北市中和景平路1000號
S002	劉得華	桃園市三民路1000號
S003	郭富成	台中市中港路三段500號
S004	張學有	高雄市四維路1000號

- 相同資料可以使用不同的屬性名稱:因為不同使用者觀點的屬性名稱可能不同。例如:圖書價格可能是定價,也可能是售價,在上述圖例的【學生編號】和【學號】都是學號資料,只因不同使用者的觀點,所以使用不同的名稱來代表。

- 相同資料可以顯示不同的格式:雖然資料庫儲存的資料是單一格式,不過,在顯示時可以使用不同格式或屬性名稱來呈現。例如:日期資料使用 yyyy/mm/dd 格式儲存在資料庫,在外部層顯示的資料可能為:

```
dd-mm-yyyy
yyyy-mm-dd
dd/mm/yyyy
```

以關聯式資料庫模型來說，外部層顯示的資料只是一個虛擬關聯表，稱為「視界」（Views），在 SQL Server 或 MySQL 稱為檢視表。

1-2-3 內部層

在內部層（Internal Level）看到的是實際儲存觀點的資料庫，這就是實際電腦儲存在磁碟等儲存裝置的資料。基本上，內部層在三層架構中，扮演資料庫管理系統與作業系統的介面。

內部層的資料是實際儲存在資料庫的資料結構或檔案組織所呈現的資料內容。例如：使用鏈結串列結構來儲存資料，如下圖：

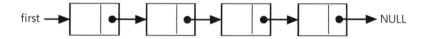

1-3 | 資料庫綱要

在第 1-2 節的 ANSI/SPARC 三層資料系統架構探討的是以資料庫管理系統的角度，針對不同使用觀點來說明其管理的資料，也就是以三層抽象觀點來檢視資料庫中儲存的資料。

現在轉換主題到資料庫本身，在資料庫管理系統看到的資料是儲存在資料庫的資料，除了資料本身外，還包含描述資料的定義，稱為「綱要」（Schema）。而所謂「資料庫綱要」（Database Schema）是指整個資料庫的描述，即描述整個資料庫儲存資料的定義資料，如下圖：

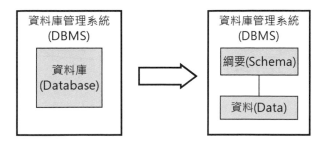

上述資料庫管理系統管理的資料庫可以分割成資料和描述資料的綱要，如下：

- 綱要（Schema）：資料描述的定義資料，對比程式語言的變數就是資料型別（Data Type，SQL Server 或 MySQL 稱為資料類型）。例如：C 語言宣告成整數的 age 年齡變數，如下：

```
int age;
```

- 資料（Data）：資料本身，即程式語言的變數值。例如：年齡為 22，如下：

```
age = 22;
```

同樣的，對應 ANSI/SPARC 三層資料庫系統架構，資料庫綱要也可以分成三層資料庫綱要，事實上，所謂的「資料庫設計」（Database Design）就是在設計這三層資料庫綱要。

1-3-1 三層資料庫綱要

在 ANSI/SPARC 三層資料庫系統架構的每一層，都可以分割成資料和綱要，所以，完整資料庫綱要也分為三層，如下圖：

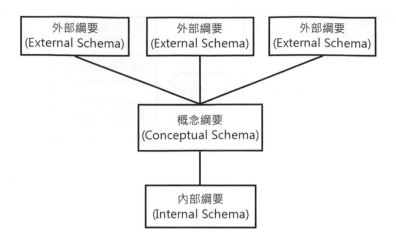

上述圖例是三層資料庫綱要，其每一層綱要的簡單說明，如下：

- 外部綱要（External Schema）：描述使用者的資料。

- 概念綱要（Conceptual Schema）：描述資料本身的意義。

> **Memo**
>
> 如同概念層，因為沒有針對特定資料庫模型，所以稱為概念綱要，如果指定資料庫模型，例如：關聯式資料庫模型，這一層綱要應該稱為「邏輯綱要」（Logical Schema）。

- 內部綱要（Internal Schema）：描述實際儲存的資料。

外部綱要

外部綱要（External Schema）源於概念綱要，主要是用來描述外部層顯示的資料，每一個外部層綱要只描述資料庫的部分資料，可以隱藏其他部分的資料。事實上，每一個外部層使用者觀點的資料都需要一個外部綱要，一個資料庫可能擁有多個外部綱要，如下圖：

學生年齡檢視

學生編號	姓名	年齡

學生郵寄標籤檢視

學號	姓名	地址

上述圖例是源自本節後【學生】概念綱要的 2 個外部綱要，左邊定義學生年齡資料；右邊定義郵寄標籤的資料。

資料庫管理系統是使用「次綱要資料定義語言」（Sub Schema Data Definition Language；SDDL）來定義外部綱要。以 SQL 語言來說，就是建立視界（Views），在 SQL Server 或 MySQL 稱為檢視表。

概念綱要

概念綱要（Conceptual Schema）是描述概念層的完整資料庫，即「概念資料庫設計」（Conceptual Database Design）的結果。概念資料庫設計主要是分析使用者資訊，以便定義所需的資料項目，並不涉及到使用哪一套現有的資料庫管理系統。

概念綱要描述完整資料庫的資料和其關聯性，所以資料庫只能擁有一個概念綱要，如下圖：

學生

學號	姓名	地址	電話	生日

上述圖例是學生資料庫的概念綱要。在資料庫管理系統是使用資料定義語言（Data Definition Language；DDL）來定義概念綱要。在概念綱要通常會包含：

- 資料的限制條件（Constraints）：確保資料庫中資料的正確性。
- 保密和完整性（Integrity）資訊：可以防止不正確的資料寫入資料庫。

內部綱要

內部綱要（Internal Schema）是描述內部層實際儲存觀點的資料，這是定義資料的儲存結構和哪些資料需要建立索引。如同概念綱要，資料庫只能擁有一個內部綱要。例如：使用 C 語言宣告學生 Students 的結構，如下：

```
struct Students {
   char no[5];
   char name[15];
   char address[40];
   int telephone;
   struct Date birthday;
   struct Student *next;
};
```

上述結構宣告定義學生資料的儲存結構，也就是鏈結串列的節點，我們是使用串列的節點來儲存資料庫中的資料。在資料庫管理系統是使用儲存定義語言（Storage Definition Language；SDL）來定義內部綱要。在內部綱要主要考量：

- 配置資料和索引資料的儲存空間。

- 選擇 B 樹或雜湊函數來建立索引資料。

- 描述資料階層中的記錄格式，以及如何組合記錄來儲存成檔案。

- 資料壓縮（Data Compression）和資料加密（Data Encryption）技術，以減少佔用的磁碟空間和保護儲存的資料。

1-3-2 資料庫綱要之間的對映

ANSI/SPARC 三層資料庫綱要只是描述資料，真正的資料是儲存在大量儲存裝置（Mass Storage）的資料庫。所以，當外部層以使用者觀點顯示資料時，也就是參考外部綱要向概念綱要請求資料，然後概念綱要請求內部綱要從資料庫取得資料，在取得真正資料後，資料需要進行轉換來符合概念綱要的定義，然後再轉換成符合外部綱要的定義，最後才是外部層使用者觀點所看到的資料。在各層間進行的資料轉換過程，稱為「對映」（Mapping）。

資料庫管理系統負責三層綱要的對映（Mapping），對映資料可以檢查各層綱要的描述是否一致。例如：外部綱要一定源自概念綱要，如下圖：

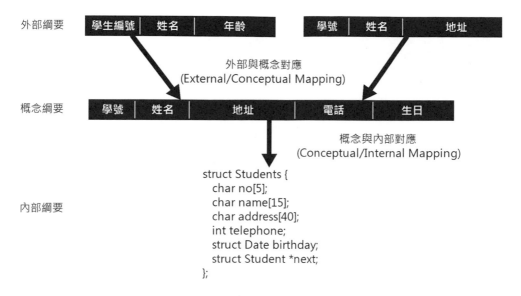

上述圖例顯示各層綱要之間的對映,主要分為兩種:位在外部和概念綱要的對映和概念和內部綱要的對映,如下:

- 外部與概念對映(External/Conceptual Mapping):所有外部綱要都要對映到概念綱要,以便資料庫管理系統知道如何將外部層的資料連接到哪一部分的概念綱要。例如:在外部綱要(學生編號, 姓名, 年齡),學生編號是對映到概念綱要的學號;年齡是從概念綱要的生日運算而得。

- 概念與內部對映(Conceptual/Internal Mapping):這是概念綱要對映到內部綱要,以便資料庫管理系統可以找到實際儲存裝置的記錄資料,然後建立概念綱要的邏輯結構。

上述對映的定義資料都是由資料庫管理系統來管理與維護,屬於系統目錄(System Catalog)的資料。

1-3-3 實體與邏輯資料獨立

三層資料庫綱要的主要目的是為了達成「資料獨立」(Data Independence),也就是說上層綱要並不會受到下層綱要的影響,當下層綱要更改時,也不會影響到上層綱要。

換句話說，應用程式不會受到資料庫的資料所影響，可以將使用者的應用程式與資料庫分開，這也是為什麼我們可以在市面上，現有資料庫管理系統上開發所需的資料庫應用程式。

在三層資料庫綱要擁有兩種資料獨立：分別是建立在外部與概念對映的邏輯資料獨立，和概念與內部對映的實體資料獨立。

邏輯資料獨立

邏輯資料獨立（Logical Data Independence）是指當更改概念綱要時，並不會影響到外部綱要。其位置是在三層架構的外部綱要和概念綱要之間，如下圖：

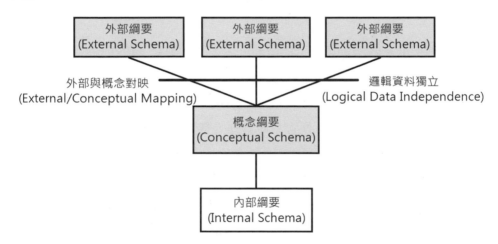

當在上述圖例更改概念綱要時，例如：新增、修改或刪除實體、屬性或關聯性，我們並不用同時更改存在的外部綱要或重寫程式碼，因為可以透過外部與概念對映來達成邏輯資料獨立。

所以，每當資料庫需要更改概念綱要時，只需配合修改外部與概念對映的定義，就可以在不更改存在的外部綱要下，取得相同使用者觀點的資料。

實體資料獨立

實體資料獨立（Physical Data Independence）是指當更改內部綱要時，並不會影響到概念綱要。其位置是位在三層架構的概念綱要和內部綱要之間，如下圖：

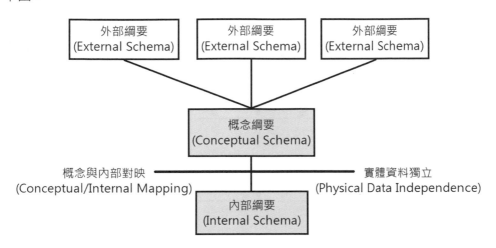

在上述圖例更改內部綱要時，例如：使用不同檔案組織或儲存結構，我們並不用更改概念綱要和外部綱要，因為可以透過概念與內部對映來達成實體資料獨立。

所以，每當資料庫需要更改內部綱要時，只需配合修改概念與內部對映的定義，就可以完全不動到概念綱要和外部綱要。

1-4 | 資料庫管理系統

資料庫管理系統從字面來說是一套管理資料庫的軟體工具，這是由一組程式模組來分別負責組織、管理、儲存和讀取資料庫的資料，使用者對於資料庫的任何操作，都需要透過資料庫管理系統來處理。

在第 1-2 節討論的三層資料庫系統架構是資料庫管理系統的抽象觀點（Abstract View），以資料庫儲存資料的角度來說明整個資料庫管理系統。

換一種方式，以軟體角度來說，資料庫管理系統是由多種不同的程式模組所組成，雖然各家廠商的資料庫管理系統擁有不同的系統架構，不過，基本資料庫管理系統的系統架構都擁有四大模組，如下圖：

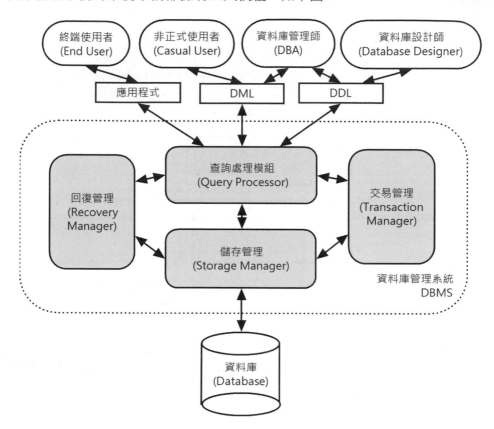

在上述圖例的虛線框是資料庫管理系統的主要模組，使用者執行 DDL 語言定義資料庫綱要，使用 DML 語言新增、刪除、更新和查詢資料庫的資料，透過作業系統存取資料庫的資料。各模組的說明如下：

儲存管理（Storage Manager）

儲存管理對於有些資料庫管理系統來說，就是作業系統的檔案管理，不過，為了效率考量，資料庫管理系統通常會自行配置磁碟空間，將資料存入儲存裝置的資料庫。例如：硬式磁碟機，或是從資料庫讀取資料。

儲存管理可以再分為：檔案管理（File Manager）實際配置磁碟空間後將資料存入磁碟，和緩衝區管理（Buffer Manager）負責電腦記憶體的管理。

查詢處理模組（Query Processor）

負責處理使用者下達的查詢語言指令敘述，可以再細分成多個模組負責檢查語法、最佳化查詢指令的處理程序。

查詢處理模組是參考系統目錄的中繼資料來進行「查詢轉換」（Query Transformation），將外部綱要查詢轉換成內部綱要的查詢，或是使用索引來加速資料查詢；如果是交易，就交給交易管理來處理。

交易管理（Transaction Manager）

交易管理主要分為：同名的交易管理子系統，負責處理資料庫的交易，保障資料庫商業交易的操作需要一併執行；「鎖定管理」（Lock Manager）也稱為「並行控制管理」（Concurrency-Control Manager）子系統來負責資源鎖定。

回復管理（Recovery Manager）

回復管理主要分為：「記錄管理」（Log Manager）子系統，負責記錄資料庫的所有操作，包含交易記錄，以便同名的回復管理子系統能夠執行回復處理，回復資料庫系統儲存的資料至指定的時間點。

1-5 ｜資料庫管理師

「資料庫管理師」（Database Administrator；DBA）負責和執行一個成功資料庫環境的相關管理和維護工作。事實上，資料庫管理師負責很多工作，它可能只有一個人，也可能是一個小組來擔任。簡單的說，資料庫管理師的主要目的是維護資料庫系統的正常運作，並且讓使用者能夠存取所需的資料。

在公司之中，到底誰可以擔任資料庫管理師？可能直接由網路系統的系統管理者兼任或資料庫系統的設計者，通常資料庫管理師需要擁有公司管理和資

料庫等電腦技術的專業知識,最好是主修資訊或資管科系的人員,其需具備的
電腦相關知識,如下:

- 熟悉作業系統操作。

- 熟悉一種或數種資料庫管理系統的使用。

- 精通資料庫系統提供的查詢語言,例如:SQL Server 的 Transact-SQL、
  Oracle 的 PL/SQL 或 MySQL 的 SQL 語言。

- 資料庫設計,至少需要清楚公司資料庫系統的資料庫綱要。

- 對電腦硬體與網路架構有一定的了解。例如:主從架構和 Internet
  網際網路。

資料庫管理師需要負責的工作相當多,主要負責的工作可以分成三大部分
來說明:維護資料庫綱要、資料管理和維護和監控資料庫管理系統。

維護資料庫綱要

資料庫管理師需要參與資料庫設計,提供資料庫設計師關於概念層綱要
的修改建議。

資料庫管理師需要負責從資料庫使用的資料庫模型。例如:關聯式資料庫
模型,和系統規格建立有效的資料庫設計,也就是描述資料庫在儲存裝置的實
際資料結構。其主要工作如下:

- 決定哪些資料存入資料庫:資料庫管理師可以提出建議,決定哪些資
  料擁有存入資料庫的價值,即維護概念層綱要。

- 決定使用的資料結構:資料庫管理師需要建立實際資料庫的內部儲存
  結構和檔案結構,也就是決定資料的儲存方式和索引設計,有哪些資
  料需要索引來加速資料搜尋,即維護內部層綱要。

- 決定使用者觀點的資料:在與使用者和程式設計師討論後,資料庫管理
  師可以決定是否建立指定應用程式的功能來存取資料庫,即維護外部層
  綱要。

資料管理

資料庫管理師最主要的工作是資料管理，提供公司或組織一個集中管理的資料庫，並且依據各部門的需求，提供不同觀點的資料，其主要工作如下：

- 管理和維護系統目錄（System Catalog）：建立和管理資料庫綱要內容的資料名稱、格式、關聯性（Relationships）和各層對映轉換所需的資料。

- 使用者管理和存取控制：資料庫管理師負責新增和刪除資料庫系統的使用者，並且指定使用者擁有的權限，即誰允許存取哪些資料，誰不允許，這部分的使用者資料也是儲存在系統目錄。

- 資料安全控制（Data Security Control）：為了防止不當修改與竊取資料，資料庫管理師可以使用密碼、權限管理和加密運算來保障資料安全。

- 資料完整性檢查（Data Integrity Checking）：為了防止不正確和不一致的資料存入資料庫，資料庫管理師負責設計完整性限制條件（Integrity Constraints），保證只有正確和一致的資料可以輸入或更改。

- 轉換資料：當升級資料庫系統時，資料庫管理師負責將舊系統的資料轉換到新系統，或匯出和匯入成其他資料庫格式的資料，因為不同資料庫系統之間的資料通常並不能直接轉換，我們會使用轉換工具，或是傳統的一般文字檔案作為媒介，檔案使用固定欄寬或特殊分隔字元儲存資料。只需將資料庫系統的資料匯出成上述格式的檔案後，在其他資料庫系統就可以將檔案匯入資料庫中。

維護和監控資料庫管理系統

對於資料庫管理系統本身，資料庫管理師負責的工作，如下：

- 安裝和升級資料庫管理系統：資料庫管理師負責公司資料庫管理系統和更新套件的安裝，當新版推出時，還負責資料庫管理系統的升級安裝。

- 監控和調整資料庫的效能：資料庫管理師負責監控資料庫系統的實際使用狀態，統計和分析資料庫的資料使用狀態，依據監控所得的資訊，資料庫管理師可以更改資料結構、查詢指令或重寫應用程式來調整資料庫效能，以便最佳化資料庫的使用。

- 使用者的稽核追蹤：資料庫管理師扮演資料庫系統運作的線上警察，負責追蹤使用者的資料存取狀況，檢查是否有非法入侵的使用者，可以防止違規使用者存取資料庫中的重要資料。

- 容量計劃和選擇儲存裝置：資料庫儲存的資料會隨時間而成長，但是資料庫系統的儲存容量並不會自動的同步成長，資料庫管理師需要預估未來可能的資料成長量，選擇適當的儲存裝置和更改資料結構，以便滿足資料成長的需求。

- 備份與回復：資料庫是公司重要的資產，資料庫管理師需要盡其所能的維護資料庫不受到損害，資料庫管理師負責定期備份資料庫，當系統發生問題時，採用最適當的回復程序，以最快速方式來恢復資料庫的正常運作。

1-6 | 資料庫系統的處理架構

「架構」（Architecture）這個名詞可以指單獨一台電腦的設計，不過，對於企業組織來說，通常是指整個公司組織電腦系統的配置，包含實際使用的電腦硬體種類、網路、配置位置和使用的電腦運算方式。

資料庫系統架構主要可以分成兩種處理架構，如下：

- 集中式處理架構（Centralized Processing Architectures）。

- 分散式處理架構（Distributed Processing Architectures）。

1-6-1　集中式處理架構

在早期大型主機（Mainframe）時代，電腦系統主要是使用 IBM 公司開發的「系統網路架構」（Systems Network Architecture；SNA），這種架構屬於集中式處理架構，擁有一台大型主機，使用多個終端機（Terminals）與主機進行溝通，如下圖：

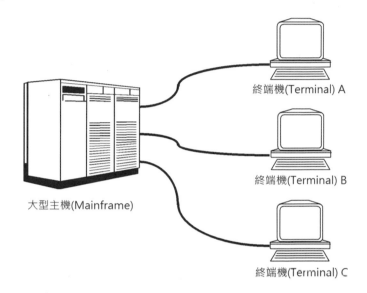

終端機(Terminal) A

終端機(Terminal) B

大型主機(Mainframe)

終端機(Terminal) C

上述圖例的大型主機負責資料處理的所有工作，以資料庫系統來說，資料庫管理系統和作業系統都是在同一台電腦執行，使用者透過終端機將資訊送到主機，由一台主機全權負責處理，處理完成後將結果傳回給終端機。

例如：使用者下達資料庫語言的查詢指令，當送至主機取得回應結果後，在終端機顯示的結果就是由主機產生的資料，終端機只負責送出指令和顯示取得的資料。

集中式處理架構可以集中管理使用者的資料、減少資料重複、容易維護資料保密和安全問題。但是當資料快速成長時，單一主機的運算能力將難以負荷，基於成本考量，也不可能無限制增加主機的運算能力。「三個臭皮匠，勝過一個諸葛亮」，使用多個低成本個人電腦或工作站的分散式處理架構，就成為另一種替代選擇。

1-6-2　分散式處理架構

分散式處理架構（Distributed Processing Architectures）是隨著個人電腦和區域網路而興起，大型主機逐漸被功能強大的個人電腦或工作站（Workstation）所取代，個人電腦和工作站足以分擔原來大型主機負責的工作，使用多台個人電腦和工作站透過網路分開在各電腦執行所分擔的工作，稱為分散式處理架構。

主從架構

在 1980 年代的中期，「主從架構」（Client/Server Architecture）成為資料庫系統架構的主流，事實上，主從架構的電腦本身並沒有分別，只是扮演不同角色，分為伺服端（Server）和用戶端（Client），如下：

- 伺服端（Server）：在主從架構中扮演提供服務（Service）的提供者（Provider）角色。

- 用戶端（Client）：也稱為客戶端，它在主從架構中的角色是提出服務請求（Request）的請求者（Requester）。

在主從架構資料庫系統的工作是分散在用戶端和伺服端的電腦執行，其所扮演的角色需視安裝的軟體而定，同一台電腦可以是用戶端，也可能是伺服端。例如：在電腦安裝資料庫管理系統 SQL Server 或 MySQL，就是伺服端的資料庫伺服器，安裝 PHP 或 Python/C#建立的應用程式就是用戶端，如下圖：

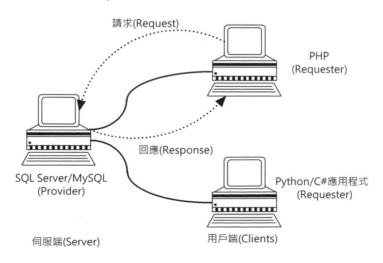

上述圖例的用戶端 Python 應用程式向伺服端 SQL Server 或 MySQL 提出請求，以關聯式資料庫系統來說，就是在 Python 應用程式下達 SQL 指令，伺服端的資料庫管理系統在執行指令後，將結果回應到用戶端的電腦處理和顯示查詢結果。

二層式主從架構

標準主從架構就是一種二層式主從架構（Two-Tier Client/Server Architecture）。二層式主從架構是 90 年代廣泛使用的處理架構，如下圖：

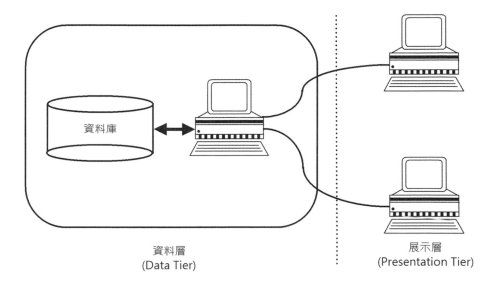

資料層
(Data Tier)

展示層
(Presentation Tier)

上述圖例的資料層是主從架構的伺服端，展示層是用戶端，各層安裝的軟體分別負責不同的工作，如下：

- 展示層（Presentation Tier）：與使用者互動的使用介面，它是實際使用者看到的應用程式，應用程式負責商業邏輯（Business Logic）和資料處理邏輯（Data Processing Logic）。以關聯式資料庫來說，就是建立 SQL 指令向資料層的資料庫管理系統取得所需資料，在處理後顯示所需的查詢結果。

- 資料層（Data Tier）：負責資料的儲存，以資料庫系統來說，就是管理資料庫的資料庫管理系統，因為需要回應多位用戶端的請求，通常都是使用功能最強大的電腦來負責。

三層式主從架構

三層式主從架構是擴充二層式主從架構,在之間新增一層「商業邏輯層」(Business Logic Tier)來建立「三層式主從架構」(Three-Tier Client/Server Architecture),如下圖:

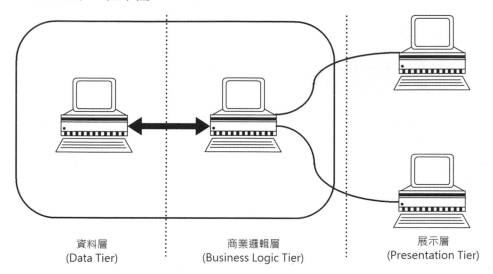

| 資料層 | 商業邏輯層 | 展示層 |
| (Data Tier) | (Business Logic Tier) | (Presentation Tier) |

上述圖例的商業邏輯層是將二層式主從架構展示層的資料處理和商業邏輯功能獨立成「應用程式伺服器」(Application Server),使用高速網路與資料層的資料庫伺服器進行連接。

應用程式伺服器(Application Server)如同餐廳中超高效率的服務生,從展示層的前台取得點選套餐,將它送到後台的資料庫伺服器取得所需的各種餐點,在處理後,送到前台的是一套完整組合的套餐。

Chapter 2

關聯式資料庫模型

2-1 資料庫模型的基礎

「資料模型」（Data Model）是使用一組整合觀念來描述資料與資料之間的關係和限制條件（可以用來檢查是否儲存正確資料的條件）。以資料庫來說，資料模型是用來描述資料庫中資料的特性。

因為本書說明的資料模型主要是針對資料庫建立的資料模型，所以筆者稱為資料庫模型（Database Model）。事實上，資料庫系統演進的過程就是各種資料庫模型的發展史，如下圖：

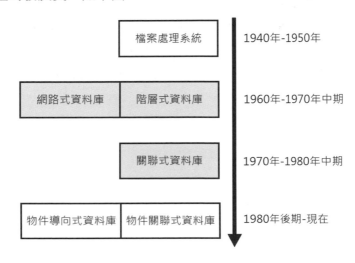

上述圖例的箭頭標示資料庫演進的年代，網路式和階層式資料庫大約在同一時期發展，物件導向和關聯式資料庫也在同一時期，所以本書列在同一個年代。

在本節只準備說明階層式、網路式和關聯式三種資料庫的資料庫模型。物件導向式資料庫模型需要擁有物件導向程式設計觀念，有興趣的讀者請自行參閱相關書籍。

2-1-1 階層式資料庫模型

階層式資料庫模型（Hierarchical Database Model）類似下一節的網路式資料庫模型，模型是使用樹狀結構來組織資料，記錄資料之間是以父子關係建立連接，子記錄只能擁有一個父記錄。

階層式資料庫模型的基本型態

階層式資料庫模型的資料結構一定擁有一個「樹根」（Root），然後使用「父子關聯性」（Parent-child Relationships）連接記錄集合，將資料建立成階層的樹狀結構。基本上，階層式資料庫模型擁有兩種基本型態，如下：

- 記錄型態（Record Type）：記錄型態是由一組欄位屬性組成。每一個記錄型態的成員稱為記錄，資料是一組記錄的集合。

- 父子關聯型態（Parent-child Relationship Type）：兩個記錄型態之間的連接型態，屬於一對多關聯性（Relationship），這是從稱為「父記錄型態」（Parent Record Type）關聯到多個「子記錄型態」（Child Record Type）。

階層式資料庫模型是由多個記錄型態，然後使用父子關聯型態將它們連接起來，如下圖：

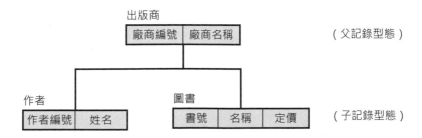

上述圖例擁有出版商、作者和圖書三種記錄型態，其中出版商參加兩個父子關聯型態的父記錄型態，作者和圖書參加一個父子關聯型態的子記錄型態。

階層式資料庫

在階層式資料庫模型的父子關係是一個父親允許有多個兒子，可是兒子只能有一個父親。完整圖書出版的階層式資料庫，如下圖：

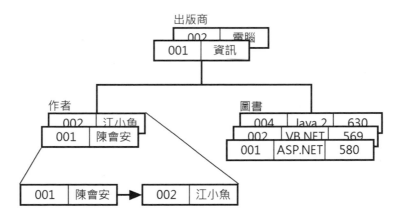

上述圖例【資訊】出版商擁有 2 位簽約作者和出版 3 本書，在階層式資料庫存取子記錄一定需要從父記錄開始，因為父記錄擁有低階指標指向子記錄，這是一種一對一或一對多關聯性（Relationships）。

階層式資料庫模型的多對多關聯性

對於多對多關聯性（Relationships）來說，在階層式資料庫模型可以重複相同的記錄型態，如下圖：

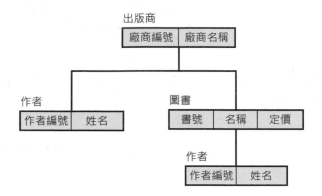

上述圖例重複【作者】記錄型態，將它加入父子關聯型態成為【圖書】記錄型態的子記錄型態，表示作者可以在多家出版社出書，出版社也可以出版多位作者的著作。

2-1-2　網路式資料庫模型

網路式和階層式資料庫系統是約在同一個年代開發的資料庫系統。網路式資料庫模型（Network Database Model）是將資料連接成網路狀圖形，支援多對多關聯性（Relationship），而且資料之間的連接可以有迴圈。

網路式資料庫模型的基本型態

網路式資料庫模型擁有兩種基本型態，如下：

- 記錄型態（Record Type）：記錄型態是由一組屬性所組成，每一個記錄型態的成員稱為記錄，資料是一組記錄的集合。

- 連接型態（Link Type）：連接兩個記錄型態的型態，屬於一對多關聯性（Relationship），這是從稱為「擁有者型態」（Owner Type）關聯到多個「成員型態」（Member Type）。

網路式資料庫模型是建立在兩種「集合結構」（Set Structures），也就是一組記錄型態的記錄集合（A Set of Records）和一組連接型態的連接集合（A Set of Links），如下圖：

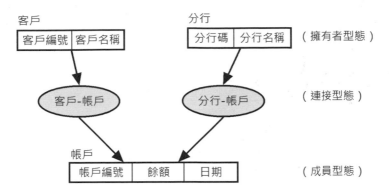

上述圖例擁有客戶、分行和帳戶三種記錄型態，客戶-帳戶和分行-帳戶兩種連接型態。客戶和分行是擁有者型態（Owner Type）；帳戶是成員型態（Member Type）。

客戶和帳戶記錄型態是使用客戶-帳戶連接型態來建立一對多的擁有關聯性，同樣的，分行和帳戶記錄型態是以分行-帳戶連接型態建立一對多的擁有關聯性。簡單的說，客戶可以擁有多個帳戶，銀行分行也能擁有多個帳戶。

網路式資料庫

在網路式資料庫模型的一個成員型態記錄可以有多個擁有者型態的記錄。例如：一個帳戶擁有客戶和分行兩個擁有者型態的記錄。完整銀行分行帳戶的網路式資料庫，如下圖：

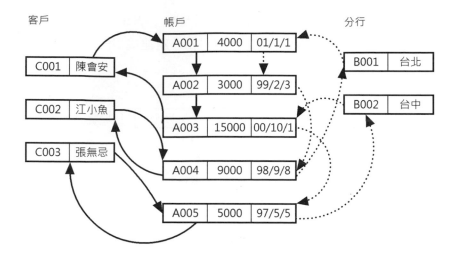

上述圖例的實心箭頭線是客戶-帳戶連接型態；虛線是分行-帳戶連接型態，透過連接可以走訪記錄型態的記錄。例如：客戶【陳會安】可以使用客戶-帳戶連接走訪其帳戶：A001、A002 和 A003。台中分行可以使用分行-帳戶連接走訪其帳戶：A003 和 A005。

客戶和分行是一種多對多關聯性，客戶可以在多家分行開帳戶，分行也允許不同客戶開帳戶，只需使用客戶-帳戶連接和分行-帳戶連接就可以取得記錄型態之間的關聯性。

2-1-3 關聯式資料庫模型

關聯式資料庫模型（Relational Database Model）是 1970 年由 IBM 研究員 E. F. Codd 博士開發的資料庫模型，其理論基礎是數學的集合論（Set Theory）。不同於階層和網路式模式使用低階指標連接資料，關聯式資料庫模型是使用「資料值」（Data Value）來建立關聯性，支援一對一、一對多和多對多關聯性。

關聯式資料庫模型的組成元素，如下：

- 資料結構（Data Structures）：資料的組成方式，以關聯式資料庫模型來說，就是欄和列組成表格的關聯表（Relations）。

- 資料操作或運算（Data Manipulation 或 Operations）：資料的相關操作是關聯式代數（Relational Algebra）和關聯式計算（Relational Calculus）。

- 完整性限制條件（Integrity Constraints）：維護資料完整性的條件，其目的是確保儲存的資料是合法和正確的資料。

直到現在，關聯式資料庫系統仍然是資料庫系統的主流，市面上已經有上百種商用和免費的關聯式資料庫管理系統，例如：微軟公司的 SQL Server 或 Oracle 公司的 MySQL 和 Oracle 等。

2-2 資料結構

關聯式資料庫是一組關聯表（Relations）的集合，關聯表是關聯式資料庫模型的資料結構（Data Structures），使用二維表格來組織資料。每一個關聯表是由兩個部分組成，如下圖：

學生				
學號:int	姓名:char(10)	地址:varchar(50)	電話:char(12)	生日:datetime
S001	江小魚	新北市中和景平路1000號	02-22222222	2002/2/2
S002	劉得華	桃園市三民路1000號	03-33333333	2001/3/3
S003	郭富成	台中市中港路三段500號	04-44444444	2002/5/5
S004	張學有	高雄市四維路1000號	05-55555555	2003/6/6

關聯表綱要（Relation Schema）｛，關聯表實例（Relation Instance）

上述二維表格是一個關聯表，在標題列以上的屬性和關聯表名稱是關聯表綱要；之下為關聯表實例（Instance），也就是實際儲存的記錄資料，如下：

- 關聯表綱要（Relation Schema）：包含關聯表名稱、屬性名稱和其定義域。

- 關聯表實例（Relation Instance）：指某個時間點儲存在關聯表的資料（因為儲存的資料可能隨時變動），可以視為是一個二維表格，其儲存的每一筆記錄稱為一個「值組」（Tuples）。

2-2-1 關聯表綱要

關聯表綱要主要是指關聯表名稱、關聯表屬性和定義域清單，多個關聯表綱要集合起來就是「關聯式資料庫綱要」（Relational Database Schema）。在說明關聯表綱要的表示法之前，我們先來看看關聯表的相關術語。

關聯表的相關術語

關聯表本身類似 Excel 試算表，這是一個擁有多欄和多列的二維表格，資料是置於每一個儲存格，在表格的標題列是關聯表綱要的屬性與定義域清單，如下圖：

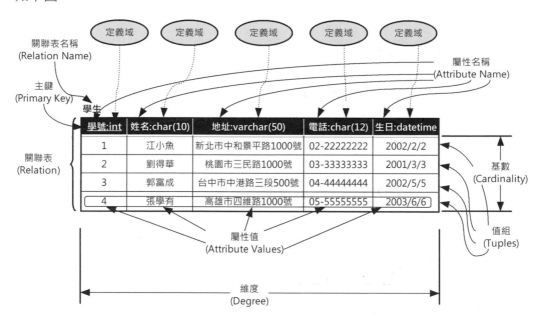

上述關聯表圖例的相關術語說明，如下：

- 關聯表（Relations）：相當於是一個二維表格，不過，不同於表格，我們並不用考慮各列和各欄資料的順序，每一個關聯表擁有一個唯一的關聯表名稱。例如：名為【學生】的關聯表。

- 屬性（Attributes）：在關聯表的所有屬性是一個「屬性集合」（Attribute Set），因為是集合，所以關聯表的屬性並不能重複，以學生關聯表為例的屬性集合，每一個屬性都擁有：屬性名稱（即關聯表的欄位名稱）和屬性所屬的定義域（Domains），如下：

```
{ <學號:int>,<姓名:char(10)>,<地址:varchar(12)>,
                <電話:char(12)>,<生日:datetime> }
```

- 值組（Tuples）：關聯表的一列，也就是一筆記錄，一組目前屬性值的集合。例如：前兩筆值組，如下：

```
tuple1 = { 1,'江小魚', '新北市中和景平路1000號', '02-22222222',
'2002/2/2' }
tuple2 = { 2,'劉得華', '桃園市三民路1000號', '03-33333333', '2001/3/3' }
```

- 維度（Degree）：關聯表的維度是指關聯表的屬性數目，因為關聯表至少擁有 2 個屬性（主鍵加上 1 個非主鍵屬性），所以最小維度為 2，以此例學生關聯表的維度是 5。

- 基數（Cardinality）：關聯表的基數是關聯表值組的數目，如果關聯表沒有任何記錄，其基數為 0。學生關聯表的基數為 4。

- 主鍵（Primary Key）：在關聯表需要選擇一個或多個屬性的屬性子集（Attribute Subset）作為主鍵，用來識別值組是唯一的。簡單的說，依照主鍵值就可以判斷出是關聯表的哪一筆值組，以此例【學號】屬性是主鍵，主鍵的屬性值 1 可以識別出是第 1 筆值組，從屬性值 1、2 可以判斷出第 1 筆和第 2 筆值組是不同的學生。

- 定義域（Domains）：一組可接受屬性值的集合，通常是使用資料類型來代表值集合的範圍，也就是說，值組的屬性值需要滿足定義域所定義的值集合，以此例學號的屬性值範圍是 int、姓名是 char、地址是 varchar 和生日是 datetime。在＜第 2-2-2 節：關聯表實例＞有進一步的說明。

關聯表綱要表示法

在【學生】關聯表擁有學號、姓名、地址、電話和生日屬性集合，其定義域分別為：int、char(10)、varchar(50)、char(12)和 datetime。在本書使用的關聯表綱要表示法的語法，如下：

```
關聯表名稱 （屬性1, 屬性2, 屬性3, … , 屬性N)
```

上述語法的說明，如下：

- 關聯表名稱：我們替關聯表所命名的名稱。
- 屬性 1, 屬性 2, 屬性 3, … , 屬性 N：括號中是屬性清單，通常省略屬性的定義域。

在屬性加上底線表示是主鍵，外來鍵可以使用虛線底線或其他表示方法。例如：學生關聯表的主鍵是學號，其關聯表綱要如下：

```
學生 （學號, 姓名, 地址, 電話, 生日)
```

2-2-2 關聯表實例

在定義關聯表綱要後，我們就可以將資料儲存到關聯表，稱為關聯表實例（Relation Instance）。這是一個有限個數的集合，集合內容是關聯表的值組（Tuples）。

更正確的說，因為關聯表儲存的資料可能隨時變動，所以關聯表實例是指某一時間點的值組集合。例如：上一節【學生】關聯表實例，如下表：

1	江小魚	新北市中和景平路1000號	02-22222222	2002/2/2
2	劉得華	桃園市三民路1000號	03-33333333	2001/3/3
3	郭富成	台中市中港路三段500號	04-44444444	2002/5/5
4	張學有	高雄市四維路1000號	05-55555555	2003/6/6

因為值組是一個集合，所以，關聯表的值組如同屬性一般，不可重複，即表示不會有兩筆值組的屬性值是完全相同的。

在關聯表實例的值組是屬性值集合，至於哪些類型的資料可以儲存在關聯表的指定屬性，需視屬性的定義域（Domains）而定。

2-2-3 定義域

定義域（Domains）是一組可接受值的集合，這些值是不可分割的單元值（Atomic），也就是說，不允許是另一個集合。對比程式語言，定義域相當於是變數的資料型別（SQL Server/MySQL 稱為資料類型），值組的屬性值相當於是變數值，滿足資料型別的定義域範圍。定義域主要分為兩種如下：

簡單屬性（Simple Attributes）

簡單屬性是一種不可再分割的屬性，其定義域是相同類型的單元值（Atomic）集合。例如：int 是所有整數值的集合；char(10)是只有 10 個字元的字串集合，簡單屬性的定義域可以自行定義或限制現有類型的範圍，例如：台灣城市的集合和 12 個月份，如下：

```
{ '台北市', '台中市', '高雄市' }
{ 1, 2, 3, 4, 5, 6, 7, 8, 9, 10, 11, 12 }
```

上述集合是指屬性值只能是集合中的一個值，因為一年只有 12 月，所以雖然類型是 int 所有整數集合，不過值只能是 1~12 範圍的值。

複合屬性（Composite Attributes）

複合屬性是由簡單屬性所組成的屬性，可以建立成一個階層架構。例如：地址屬性和生日屬性是由數個簡單屬性所組成，如下：

```
地址 = 城市+街道+門牌號碼
生日 = 月+日+年
```

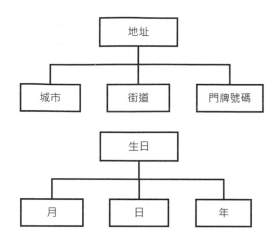

上述地址屬性是由城市、街道和門牌號碼組成，屬性值的定義域也是由城市、街道和門牌號碼屬性的定義域組成；生日屬性的定義域是月（1~12）、日（1~31）和年（0~9999）屬性的整數定義域所組成。

目前大多數的關聯式資料庫管理系統並沒有完全支援定義域。例如：有些 SQL 查詢語言不支援自訂定義域，取而代之的是提供基本資料類型。

因為定義域是用來定義屬性值的範圍，資料庫管理系統只需依據定義域，就可以檢查使用者輸入的資料是否正確，與屬性值比較就可以檢查是否屬於相同定義域，即第 2-4 節完整性限制條件的定義域限制條件（ Domain Constraints ）。

2-2-4　屬性值

屬性值（Attribute Values）是關聯表實際儲存資料的最小單位，在關聯表屬性集合的每一個屬性都擁有一組可接受的值，即屬性的定義域。例如：【學生】關聯表，如右圖：

學生

學號	姓名	城市	年齡	成績
1	江小魚	新北市	19	65
2	劉得華	桃園市	20	91
3	郭富成	台中市	19	84
4	張學有	高雄市	18	72

上述關聯表實例的屬性值集合（Attribute Value Set）是指目前關聯表實例各屬性所包含的值範圍，如下：

```
城市屬性值 = { '新北市', '桃園市', '台中市','高雄市' }
年齡屬性值 = 18~20
成績屬性值 = 65~91
```

上述屬性值集合可以定義所需定義域的依據，不過，我們仍然需要參考實際情況，才能定義出可接受值範圍的定義域。例如：成績真正的範圍是 0~100。關聯表屬性值擁有的特點，如下：

- 單元值（Atomic）：屬性值是不可分割的單元值。

- 需要指派定義域：屬性值一定需要指派其定義域，而且只有一個定義域，雖然屬性值屬於指派的定義域，但並不表示所有定義域的值都會出現，屬性值集合可能只是定義域的部分集合。

- 可能為空值：屬性值可能是本節後說明的空值。

總之，關聯表的屬性值不允許是「多重值屬性」（Multivalued Attributes），也就是屬性值是由多個值組成的集合。如果關聯表的屬性值是一個集合，我們需要分成多個值組或分割成其他關聯表，此過程稱為「正規化」（Normalization）。

2-2-5　空值

在關聯表的屬性值可能是一個未知或無值的空值（Null Values），此值是一個特殊符號，不是 0，也不是空字串，所有定義域都會包含空值。

空值並沒有意義，所以不能作為真偽的比較運算，例如：5 = NULL 並無法判斷是 True 或 False。空值的意義有兩種：未知值（Unknown）和不適性（Not Applicable）。

未知值（Unknown）

屬性值是一個未知值，這個部分的空值分成兩種情況，如下：

- 找不到（Missing）：屬性值存在但找不到，例如：不知道學生【陳大安】的地址，因為地址屬性值一定存在只是找不到，所以代表一個找不到的空值，如下圖：

學生

學號	姓名	地址	年齡	成績
1	江小魚	新北市中和景平路1000號	19	65
2	劉得華	桃園市三民路10號	20	91
3	郭富成	台中市中港路5號	19	84
4	陳大安	NULL	18	72

- 完全未知（Total Unknown）：不知道屬性值是否存在。例如：不知道張先生是否有配偶，所以配偶是完全未知的空值，如右圖：

郵寄標籤

編號	姓名	配偶	年齡
1	張先生	NULL	25
2	劉先生	江小姐	30

不適性（Not Applicable）

不適性空值是指屬性沒有適合的屬性值。例如：公司員工劉先生沒有手機，所以手機號碼屬性值是一個不適性的空值，如右圖：

員工

編號	姓名	手機號碼	年齡
1	張先生	0938-000123	25
2	劉先生	NULL	30

2-2-6　關聯表的特性

關聯表擁有五個特性：名稱唯一性、沒有重複的值組、值組是沒有順序、屬性也沒有順序和所有的屬性值都是單元值，如下：

- 名稱唯一性：關聯表的名稱是唯一的，在資料庫不能有兩個關聯表擁有相同名稱，同一個關聯表的屬性名稱也是唯一，不過，不同關聯表之間允許擁有相同名稱的屬性。

- 沒有重複的值組：關聯表是數學集合，在集合中不允許有重複元素，所以關聯表沒有重複值組，其隱含意義是關聯表擁有主鍵，主鍵是值組的識別，所以沒有兩個值組是完全相同的。

- 值組是沒有順序：在關聯表的值組因為是集合，所以沒有順序的分別，也就是說，如果重新排列關聯表的值組，也不會產生新的關聯表。

- 屬性也沒有順序：關聯表的屬性也沒有順序差別，如果重新排列關聯表的屬性，也不會產生新的關聯表。事實上，大部分資料庫管理系統並不支援此特性，資料庫管理系統提供的資料庫存取函式庫，不但可以取得屬性的原始順序，而且允許使用順序來存取屬性值。

- 所有屬性值都是單元值：關聯表的屬性值都是單元值（Atomic），這是指二維表格中的每一個儲存格的值都是單一值，而不是一組值的集合，例如：姓名屬性值只能是【江小魚】，而不能是{江小魚，江大魚}多個值的集合。

2-3 | 資料操作或運算

對於關聯式資料庫模型的資料操作或運算來說，E. F. Codd 提出兩種存取關聯式資料的基礎查詢語言：關聯式代數和關聯式計算。

2-3-1 關聯式代數

關聯式代數（Relational Algebra）是低階運算子導向語言（Operator-oriented Language），可以描述如何得到查詢結果的步驟，如同程式語言一行一行的執行程式，這是一種程序式（Procedural）的查詢語言，一個關聯式代數運算式，如下：

$$結果 = \sigma_{學生.科系編號\ =\ 科系.科系編號}(學生\ \text{X}\ 科系)$$

上述關聯式代數運算式使用 X 和 σ 運算子（Operators）一步步執行運算，以 1 個或 2 個關聯表作為運算元（Operands），其產生的運算結果就是另一個關聯表。

關聯式代數的運算子可以分為：集合論和代數運算子。傳統集合論運算子的數學符號，如下表：

關聯式代數運算子	符號	說明
交集（Intersection）	∩	將 2 個關聯表的相同值組取出成為一個關聯表
聯集（Union）	∪	將 2 個關聯表的所有值組合併成一個關聯表
差集（Set Difference）	－	在 2 個關聯表中，值組只存在第 1 個運算元，而不存在第 2 個運算元的關聯表
卡笛生乘積（Cartesian Product）	X	在 2 個關聯表中，第 1 個運算元的關聯表值組將結合第 2 個關聯表的所有值組，可以產生一個新的關聯表

關聯式代數理論的代數運算子和其數學符號，如下表：

關聯式代數運算子	符號	說明
選取（Selection）或稱限制（Restriction）	σ	從關聯表選出指定條件的值組
投影（Projection）	π	只取出關聯表所需屬性的集合
合併（Join）	▷◁	在 2 個關聯表使用相同定義域的屬性為條件合併 2 個關聯表的值組
除法（Division）	÷	在 2 個關聯表中，一個關聯表是除關聯表，一個是被除關聯表，可以找出除關聯表在被除關聯表中的「所有」資料

2-3-2　關聯式計算

關聯式計算（Relational Calculus）是一種高階的宣告式語言（Declarative Language），屬於非程序式（Non-procedural）查詢語言，我們不用一步一步描述其查詢過程，而是使用值組或定義域變數建立查詢運算式（Query Expression）直接宣告和定義查詢結果的關聯表，如下：

```
{ t | P(t) }
{ <x₁, x₂, …, xₙ> | P(<x₁, x₂, …, xₙ>) }
```

上述查詢運算式直接告訴資料庫管理系統需要什麼樣的關聯表，關聯表的值組 t 滿足 P(t)的特性描述，或是定義域$<x_1, x_2, ..., x_n>$滿足 $P(<x_1, x_2, ..., x_n>)$的特性描述，所以，我們不用考量如何建構查詢結果的步驟，只需描述所需的查詢結果。

2-3-3 SQL 語言與關聯式代數與計算

SQL 結構化查詢語言的基礎是關聯式代數和計算，SQL 語言的語法可以視為是一種關聯式計算的版本，關聯式資料庫管理系統內部的查詢處理模組（Query Processor）可以將 SQL 指令轉換成關聯式代數運算式後，使用關聯式代數進行實際的資料查詢，如下圖：

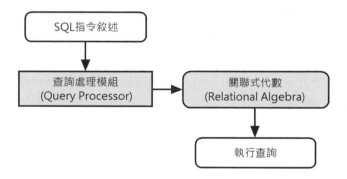

上述圖例是資料庫管理系統執行 SQL 指令敘述的過程，當輸入 SQL 指令後，SQL 指令會轉換成關聯式代數運算式，以便進行最佳化處理，最後產生程式碼來執行查詢。

所以，關聯式代數運算式也可以反過來轉換成對應的 SQL 指令敘述。例如：第 2-3-1 節的關聯式代數運算式相當於是執行 SQL 語言的 SELECT 指令、FROM 和 WHERE 子句，如下：

```
SELECT * FROM 學生, 科系
WHERE 學生.科系編號 = 科系.科系編號
```

上述 SQL 語言的 SELECT 指令包含多種關聯式代數運算子，WHERE 子句是合併與選取運算，FROM 子句屬於卡笛生乘積運算，再加上 UNION、EXCEPT和 INTERSECT 指令，就可以寫出關聯式代數運算式對應的 SQL 指令敘述。

2-4 完整性限制條件

關聯式資料庫模型的完整性限制條件（Integrity Constraints）是資料庫設計的一部分，其目的是建立檢查資料庫儲存資料的依據和保障資料的正確性。不但可以防止授權使用者將不合法的資料存入資料庫，還能夠避免關聯表之間的資料不一致。

關聯式資料庫模型的完整性限制條件有很多種，其中適用在所有關聯式資料庫的完整性限制條件有四種，如下：

- 鍵限制條件（Key Constraints）：關聯表一定擁有一個唯一和最小的主鍵（Primary Key）。

- 定義域限制條件（Domain Constraints）：關聯表的屬性值一定是屬於定義域的單元值。

- 實體完整性（Entity Integrity）：關聯表的主鍵不可以是空值，屬於關聯表內部的完整性條件。

- 參考完整性（Referential Integrity）：當關聯表存在外來鍵時，外來鍵的值一定是來自參考關聯表的主鍵值，或為空值，此為關聯表與關聯表之間的完整性條件。

在上述四個完整性限制條件中，前兩個是定義關聯表的鍵和屬性值內容的條件；後兩個是維持關聯表之間關聯正確和一致性的主要規則。

2-4-1 鍵限制條件

關聯式資料庫模型的鍵是一個重要觀念，關聯表的「鍵」（Keys）是指關聯表綱要中單一屬性或一組屬性的集合。鍵限制條件（Key Constraints）是指關聯表一定擁有一個唯一和最小的主鍵（Primary Key）。

簡單的說，主鍵的目的是在關聯表能夠從兩個或兩個以上的值組中識別出是不同的值組。例如：在【學生】關聯表找出主鍵，其內容如下圖：

學生

學號	身份證字號	英文姓名	中文姓名	郵遞區號	電話	年齡
1	A123456	Jane	江小魚	220	02-22222222	19
2	B345689	Tom	劉得華	100	03-33333333	20
3	H123987	John	郭富成	300	04-44444444	19
4	J896756	Tony	張學有	248	05-55555555	18

上述學生關聯表的屬性有：學號、身分證字號、英文姓名、中文姓名、郵遞區號、電話和年齡。可以找出的鍵有：超鍵（Superkeys）、候選鍵（Candidate Keys）、主鍵（Primary Key）、替代鍵（Alternate Keys）和外來鍵（Foreign Keys）。

超鍵（Superkeys）

超鍵是關聯表綱要的單一屬性或屬性值集合，超鍵需要滿足唯一性，如下：

- 唯一性（Uniqueness）：在關聯表中絕不會有兩個值組擁有相同值。

我們可以透過超鍵的識別，在關聯表存取指定的值組。例如：學號 002 的學生資料，而不是學號 003。例如：從【學生】關聯表找出符合條件的超鍵，如下：

```
(學號)
(身分證字號)
(學號，身分證字號)
(學號，英文姓名)
(身分證字號，中文姓名)
(身分證字號，郵遞區號)
(學號，電話)
(學號，年齡)
(學號，英文姓名，中文姓名)
(身分證字號，中文姓名，郵遞區號)
..........
```

上述單一和屬性集合都是超鍵，屬性集合只需包含學號或身分證字號屬性就是合法的超鍵，因為每位學生的學號和身分證字號一定不會相同。

Memo ⋯⋯⋯⋯⋯⋯⋯⋯⋯⋯⋯⋯⋯⋯⋯⋯⋯⋯⋯⋯⋯⋯⋯⋯⋯

屬性是否可以作為超鍵需視屬性值而定，如果關聯表所有學生的中文或英文名字保證不會相同，則(中文姓名)和(英文姓名)也可以是超鍵，包含中文姓名或英文姓名屬性的屬性集合都是合法的超鍵。

基本上，在關聯表中符合條件的超鍵相當多，大多數超鍵的問題是超鍵中有些屬性事實上是多餘的。例如：(學號, 英文姓名)超鍵的英文姓名屬性是多餘的，(身分證字號, 英文姓名, 郵遞區號)超鍵的英文姓名和郵遞區號屬性也是多餘的屬性，所以，我們可以從超鍵中進一步篩選出候選鍵。

候選鍵（Candidate Keys）

候選鍵是一個超鍵，在每一個關聯表至少擁有一個候選鍵，不只滿足超鍵的唯一性，還需要滿足最小性，如下：

- 最小性（Minimality）：最小屬性數的超鍵，在超鍵中沒有一個屬性可以刪除，否則將違反唯一性。

因此，關聯表的候選鍵需要同時滿足唯一性和最小性，也就是說，候選鍵是最小屬性數的超鍵，所以，單一屬性的超鍵一定是候選鍵。例如：從【學生】關聯表的超鍵中，找出符合條件的候選鍵，如下：

```
(學號)
(身分證字號)
```

上述(學號)和(身分證字號)超鍵都是候選鍵，滿足唯一性和最小性。如果學生的中英文名字不會重複，(中文姓名)和(英文姓名)超鍵也是候選鍵。(學號, 中文姓名)超鍵不是候選鍵，因為只滿足唯一性，但是不滿足最小性。

候選鍵的屬性如果不只一個，而是多個屬性的集合，此時稱為複合鍵（Composite Key）。例如：【選課】關聯表的候選鍵，如下圖：

選課

課程編號	學號	成績
CS101	001	85
CS101	002	65
CS001	001	49
CS204	003	93

在上述關聯表中，單一屬性的課程編號和學號都不符合唯一性，因為可能有很多學生 001 和 002 上同一門課 CS101；一位學生 001 選多門課 CS101 和 CS001。

選課關聯表的(課程編號, 學號)屬性集合符合唯一性，這是一個超鍵，刪除任何一個屬性都會違反唯一性，所以滿足最小性，因此，超鍵(課程編號, 學號)是一個候選鍵，也是一個複合鍵。

主鍵（Primary Key；PK）

主鍵是關聯表候選鍵的其中之一，而且只有一個。例如：【學生】關聯表的(學號)和(身分證字號)都是候選鍵，關聯表的主鍵就是這兩個候選鍵的其中之一。

因為關聯表可能擁有多個候選鍵，此時的重點是如何在眾多候選鍵之中挑選主鍵。一些挑選原則如下：

- 不可為空值（Not Null）：候選鍵的屬性值不能是空值，如果是複合鍵，每一個屬性值都保證不能是空值。

- 永遠不會改變（Never Change）：候選鍵的屬性值永遠不會改變。例如：【學生】關聯表的學號和身份證字號不會改變，如果姓名不重複，中文和英文姓名候選鍵也可以作為主鍵，不過，姓名是有可能改變的。

- 非識別值（Nonidentifying Value）：候選鍵的屬性值本身沒有其他意義。例如：客戶編號格式是 ACCCnnn，第 1 個字母是行業代碼，中間三碼是郵遞區號，最後三碼是流水編號。如果客戶搬家，客戶編號中間三碼就會與實際情況不符。

- 簡短且簡單的值（Brevity and Simplicity）：盡可能選擇單一屬性的候選鍵，因為資料庫管理系統通常會使用主鍵建立索引資料，主鍵愈短，不但節省儲存空間,更可加速資料查詢。簡單是指候選鍵屬性值不會包括一些特殊符號,建議選擇定義域為整數或固定長度字串作為候選鍵。

例如:在【學生】關聯表的(學號)和(身分證字號)都可作為主鍵,也都滿足上述條件,不過,我們應選(學號),因為擁有代表性,雖然身份證字號一樣可以作為主鍵,不過這是【學生】關聯表,學號更能代表學生。

替代鍵(Alternate Keys)

在關聯表的候選鍵之中,不是主鍵的其他候選鍵稱為替代鍵,因為這些是可以用來替代主鍵的候選鍵。例如:【學生】關聯表的(學號)和(身分證字號)是兩個候選鍵,因為(學號)是主鍵;(身分證字號)就是替代鍵。

外來鍵(Foreign Keys;FK)

外來鍵是關聯表的單一或多個屬性的集合,其屬性值是參考其他關聯表的主鍵,當然也可能參考同一個關聯表的主鍵。外來鍵和其他關聯表的主鍵是對應的,在關聯式資料庫扮演連接多個關聯表的膠水功能,如下圖:

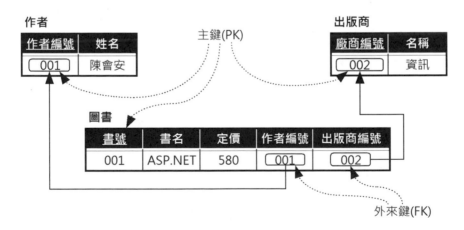

從上述圖例可以看出外來鍵需要考量兩件事：外來鍵是關聯表的哪些屬性，和參考哪一個關聯表。外來鍵的一些特性，如下：

- 外來鍵一定參考其他關聯表的主鍵，可以用來建立兩個關聯表之間的連接。例如：圖書關聯表的作者編號外來鍵是作者關聯表的主鍵。

- 外來鍵在關聯表內不一定是主鍵，例如：【圖書】關聯表的作者編號外來鍵並不是主鍵。

- 外來鍵和參考的主鍵屬於相同定義域，不過屬性名稱可以不同。例如：【圖書】關聯表的出版商編號是外來鍵，它是參考【出版商】關聯表的主鍵廠商編號。

- 外來鍵和參考主鍵中的主鍵如果是單一屬性；外來鍵就是單一屬性，主鍵是屬性集合；外來鍵一樣也是屬性集合。

- 外來鍵可以是空值 NULL。

- 外來鍵可以參考同一個關聯表的主鍵，例如：【員工】關聯表的老闆屬性是一個外來鍵，參考同一個關聯表的主鍵(員工編號)，如右圖：

員工

員工編號	姓名	老闆	薪水	職稱
001	陳會安	NULL	800000	經理
002	江小魚	001	50000	副理
003	張三	002	40000	專員
004	李四	002	30000	專員

2-4-2 定義域限制條件

定義域限制條件（Domain Constraints）是指在關聯表的屬性值一定是定義域的單元值（Atomic）。例如：年齡屬性的定義域是 int，屬性值可以為 25，但不可以是 24.5。

定義域限制條件是指關聯表屬性一定需要指派定義域，在新增或查詢資料庫時，資料庫管理系統可以檢查屬性值是否屬於相同的定義域，以便進行有意義的比較。例如：學生和影片關聯表綱要，如下：

```
學生 ( 學號, 姓名, 地址, 電話, 生日 )
影片 ( 編號, 名稱, 出版日期, 租價, 分類 )
```

如果將上述【學生】關聯表的學號和【影片】關聯表的編號進行比較，這是一種沒有意義的比較，因為兩個屬性分別屬於不同的定義域。不過，目前大部分關聯式資料庫管理系統，定義域限制條件只提供基本資料類型的定義域，並不能自行定義所需的定義域。

2-4-3　實體完整性

實體完整性是關聯表內部的完整性條件，主要是用來規範關聯表主鍵的使用規則。

實體完整性

實體完整性（Entity Integrity）是指在基底關聯表主鍵的任何部分都不可以是空值，其規則如下：

- 主鍵如果是多個屬性的集合，任何一個屬性都不可以是空值，例如：(英文姓名, 中文姓名)是主鍵，英文姓名屬性不可以是空值；中文姓名屬性也不可以是空值。
- 在關聯表只有主鍵不可以是空值，其他替代鍵並不適用此規則。
- 實體完整性是針對基底關聯表，從其導出的關聯表並不用遵守。

> **Memo**
>
> 基底關聯表（Base Relations）是一種具名關聯表，這是實際儲存資料的關聯表，並不是由其他關聯表運算所得，也稱為「真實關聯表」（Real Relations）。

實體完整性隱含的意義是指關聯表中不可儲存不可識別的值組（即不存在的記錄），因為關聯表儲存的是實體資料，在現實生活中，實體是可識別的，在此所謂的識別，就是指它是存在的東西。

因為關聯表的主鍵是用來識別值組，如果【學生】關聯表的學號主鍵是空值，就表示這位學生根本不存在，對於不存在的東西，關聯表何需儲存這位學生的資料。

主鍵的使用規則

「規則」（Rule）是以敘述方式來說明發生的原因和將會有什麼影響，在資料庫系統是用來定義完整性限制條件的執行方式。

關聯式資料庫管理系統支援實體完整性，可以定義主鍵的更新規則：更新規則是指在基底關聯表的一個值組更新主鍵或新增值組時，如果主鍵是空值就會違反實體完整性，資料庫管理系統必須拒絕這項操作。

2-4-4　參考完整性

參考完整性是關聯表與關聯表之間的完整性條件，主要是用來規範外來鍵的使用規則。

參考完整性

參考完整性（Referential Integrity）是當關聯表存在外來鍵時，外來鍵的值一定是來自參考關聯表的主鍵值，或為空值。也就是說，外來鍵的屬性值集合是對應參考主鍵的屬性值集合，如下圖：

上述圖例可以看出參考主鍵的屬性值集合是定義域的子集，即外來鍵的屬性值集合，只是加上空值。例如：公司【員工】關聯表都會參與公司的【專案】關聯表，如下圖：

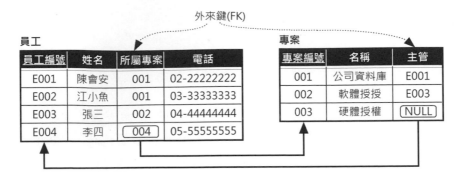

上述圖例的員工編號和專案編號是主鍵，所屬專案和主管分別是員工和專案的外來鍵，參考專案編號和員工編號主鍵。參考完整性的規則如下：

- 在關聯表不可包含無法參考的外來鍵。例如：員工李四的【所屬專案】外來鍵值根本不存在參考的主鍵【專案編號】，表示此值組違反參考完整性，因為沒有父親的專案編號，怎麼會有兒子所屬的專案。

- 如果外來鍵不是關聯表的主鍵，其屬性值可以為空值。例如：【專案】關聯表硬體授權的主管外來鍵是空值，因為可能尚未指定專案主管，所以並沒有違反參考完整性。

外來鍵參考圖

在關聯式資料庫模型的外來鍵是資料庫中各關聯表之間的結合劑，只需將外來鍵和參考主鍵連接起來，就可以了解關聯表之間的關係，所以建立資料庫綱要時，通常會使用圖形來標示關聯表之間的外來鍵關係，稱為「外來鍵參考圖」（Referential Diagram），如下圖：

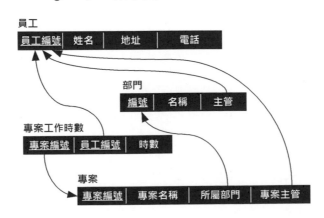

上述圖例是一間公司的資料庫綱要，擁有員工、部門、專案工作時數和專案關聯表綱要，各關聯表的外來鍵是使用箭頭線指向參考主鍵，其中【專案工作時數】關聯表的主鍵是複合鍵，也是外來鍵，從圖例可以清楚顯示整個資料庫中關聯表之間的關係。

因為關聯表的外來鍵是參考其他關聯表的主鍵，在參考的關聯表也可能擁有其他外來鍵，再參考到其他關聯表。如果將這些外來鍵的參考關係依序繪出，可以建立「外來鍵參考鏈」（Referential Chain），如下：

```
專案 → 部門 → 員工
```

上述參考鏈是說明【專案】關聯表參考【部門】關聯表，然後再參考到【員工】關聯表。如果外來鍵參考最後回到原關聯表，稱為「外來鍵參考環」（Referential Cycle），例如：關聯表 R1 的參考鏈最後又回到 R1，其外來鍵參考環，如下：

```
R1 → R2 → R3 → … → Rn → R1
```

外來鍵的使用規則

參考完整性主要是規範外來鍵的使用，當更新外來鍵或刪除參考主鍵時，都可能違反參考完整性。例如：客戶和訂單的外來鍵參考圖，如下圖：

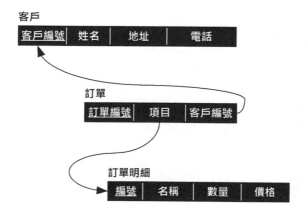

在上述外來鍵參考圖如果刪除【客戶】關聯表的值組，因為【訂單】關聯表擁有參考到【客戶】關聯表的外來鍵客戶編號，表示主鍵的值組已經不存在，即外來鍵參考的主鍵值組已經不存在，違反參考完整性。

另一種情況是更新【訂單】關聯表的外來鍵項目，因為此鍵參考【訂單明細】關聯表的主鍵編號，如果更新外來鍵所參考的主鍵不存在時，一樣違反參考完整性。由以上情況，可以定義兩種外來鍵的使用規則，如下：

- 外來鍵的更新規則（Update Rule）：如果一個值組擁有外來鍵，當合法使用者試圖在更新或新增值組時，更改到外來鍵的值，資料庫管理系統會如何處理？

- 外來鍵的刪除規則（Delete Rule）：如果一個值組擁有外來鍵，當合法使用者試圖刪除參考的主鍵時，資料庫管理系統會怎麼處理？

當上述規則在刪除參考主鍵或更新外來鍵時，將會導致違反參考完整性，資料庫管理系統可能有三種處理方式，如下：

- 限制性處理方式（Restricted）：拒絕刪除或更新操作。

- 連鎖性處理方式（Cascades）：連鎖性處理方式是當更新或刪除時，需要作用到所有影響的外來鍵，否則拒絕此操作。例如：在刪除客戶時，所有外來鍵參考的訂單資料也需一併刪除，當更改訂單明細編號時，則所有訂單中擁有此項目的外來鍵也需一併更改。

- 空值化處理方式（Nullifies）：將所有可能的外來鍵都設為空值，否則拒絕此操作。例如：當刪除客戶時，就將【訂單】關聯表中參考此客戶主鍵的外來鍵，即客戶編號都設為空值。

2-4-5　其他完整性限制條件

資料庫管理師除了建立前述的完整性限制條件外，還可以依照實際需求在基底關聯表的屬性新增額外的完整性限制條件。通常所有導出關聯表也都會繼承在基底關聯表設定的完整性條件，這些額外條件是在關聯表新增、刪除和更新資料時，觸發的一些額外檢查條件。

Memo

導出關聯表（Derived Relations）是由其他具名關聯表，經過運算而得的關聯表。具名關聯表（Named Relations）是在資料庫管理系統使用 CREATE TABLE、CREATE VIEW 和 CREATE SNAPSHOT 指令建立擁有名稱的關聯表，也就是使用者知道的關聯表。

「語意完整性」（Semantic Integrity）是大部分資料庫管理系統都支援的完整性條件，這是屬性內容的一些限制條件，可以檢查關聯表值組的屬性是否為合法資料。主要限制條件如下：

- 空值限制條件（Null Constraint）：限制屬性值不可為空值，也就是說，此屬性一定要輸入資料。例如：【學生】關聯表一定需要輸入姓名屬性。

- 預設值（Default Value）：如果新增時沒有輸入屬性值，值組的屬性會填入預設值，其主要目的是避免屬性為空值。例如：【員工】關聯表的部門屬性如果沒有輸入，預設填入【業務部】。

- 檢查限制條件（Check Constraint）：一個布林值的邏輯運算式，輸入的屬性值一定需要滿足運算式，即邏輯運算式為真（True）。一些檢查限制條件的範例，如下：

  - 學號不可是 4444、8888 和 9999：學號 <> 4444 and 學號 <> 8888 and 學號 <> 9999。

  - 員工每週最高工時不可超過 44 小時：時數 <= 44。

  - 部門員工薪水不可以高過部門經理：員工.薪水 <= 部門經理.薪水。

實體關聯模型
與正規化

3-1 | **實體關聯模型與實體關聯圖**

　　「實體關聯模型」（Entity-Relationship Model；ERM）是 1976 年 Peter Chen 開發的資料塑模方法。「實體關聯圖」（Entity-Relationship Diagram；ERD）是一種圖形化模型，就是使用圖形符號所表示的實體關聯模型。

3-1-1 實體關聯模型的基礎

　　實體關聯模型是目前資料庫系統分析和設計時最常使用的方法，可以將商業領域的公司或組織的資料以邏輯方式呈現，實體關聯模型相信實體（Entity）與關聯性（Relationship）是真實世界最自然的資料塑模（Data Modeling）方式。我們可以使用實體和關聯性來描述真實世界的資料。

實體關聯模型使用實體與關聯性來描述資料和資料之間的關係，如下圖：

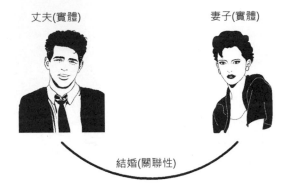

丈夫(實體) 妻子(實體)

結婚(關聯性)

上述圖例是真實世界的結婚關係，丈夫與妻子是實體，在之間擁有結婚的關聯性，實體關聯模型使用上述實體和關聯性來描述真實世界，讓資料庫設計者專注於資料之間的關係，而不是實際的資料結構。

換個角度來說，實體關聯模型是將真實世界的資料塑模成邏輯關聯資料（Logically Related Data），詳見＜第 1-1-2 節：資料塑模＞，這就是儲存在資料庫的資料。

3-1-2 實體關聯圖的基礎

實體關聯圖是使用圖形符號所建立的實體關聯模型，以資料庫設計來說，通常是使用在概念或邏輯資料庫設計。實體關聯圖的基本建立步驟，如下：

① 從系統需求找出實體型態。

② 找出實體型態與其他實體型態之間的關聯性。

③ 定義實體型態之間的關聯型態種類是：一對一、一對多或多對多關聯型態。

④ 定義實體型態的屬性型態與主鍵。

在實體關聯圖使用的圖形符號，整理如下表：

實體關聯圖的種類	圖形符號
實體（Entity）	
弱實體（Weak Entity）	
關聯性（Relationship）	
識別關聯性（Identifying Relationship）	
屬性（Attribute）	
鍵屬性（Key Attribute）	
複合屬性（Composite Attribute）	
多重值屬性（Multivalued Attribute）	
導出屬性（Derived Attribute）	
E1 全部參與(Total Participation) R	E1 ══ R
E2 部分參與(Partial Participation) R	E2 ── R

在本書準備建立的【教務系統】範例資料庫，其實體關聯圖如下圖：

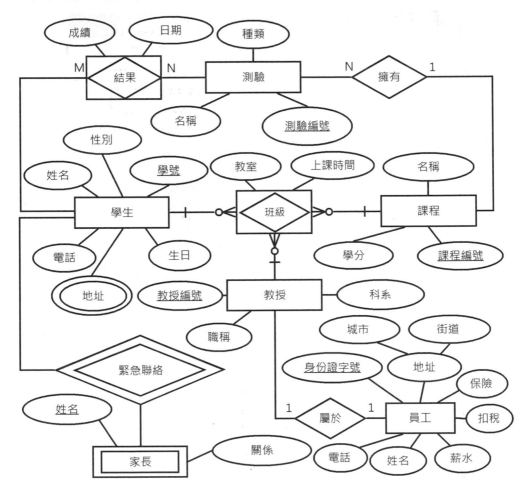

上述圖例是範例資料庫的實體關聯圖，從下一節開始，我們將詳細說明【教務系統】範例資料庫的實體關聯圖中，各符號圖形的使用。

3-1-3 實體型態

實體（Entities）是從真實世界的資料中識別出的東西。例如：人、客戶、產品、供應商、地方、物件、事件或一個觀念，也稱為實體實例（Entity Instances），其特性如下：

- 實體一定屬於資料庫系統範圍之內的東西。

- 實體至少擁有一個不是鍵（即關聯表主鍵）的屬性。

我們可以將實體分類成不同的實體型態（Entity Type），表示它們擁有相同的屬性，同一類實體可以指定實體型態名稱（Entity Type Name）來代表。

在實體圖聯圖的圖形符號是長方形節點，內為實體型態的名稱，如右圖：

學生

右述名稱的學生稱為實體型態，因為學生代表扮演的角色，屬於此角色的東西，就稱為學生。例如：陳會安雖然是本書作者，如果在學校註冊上課，他就是學生。

每一位學生稱為實體型態的實例（Instances），或簡稱為實體，其集合稱為「實體集合」（Entity Set），也就是一個關聯表，如下圖：

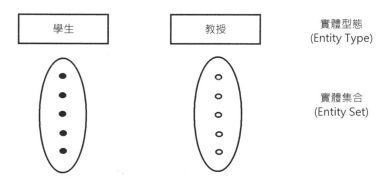

上述圖例的每一個小實心和空心圓點代表此實體型態的實體，其集合是實體集合。對比物件導向觀念的類別與物件，類別相當於實體型態；實例（或稱實體）就是對應物件。

3-1-4 關聯型態

關聯性（Relationships）是二個或多個實體之間擁有的關係，也稱為關聯實例（Relationship Instances），我們可以歸類成一種關聯型態（Relationship Types）。

　　關聯型態也稱為「結合實體型態」（Associate Entity Type），其目的是連接一、二個或以上相關的實體型態。關聯型態是使用菱形節點的圖形符號，在菱形的端點使用實線與擁有關聯性的實體型態連接，如下圖：

　　上述【屬於】是關聯型態，因為教授也是學校的員工。同樣的，關聯型態也可以建立實例，實例的集合稱為「關聯集合」（Relationship Set），如下圖：

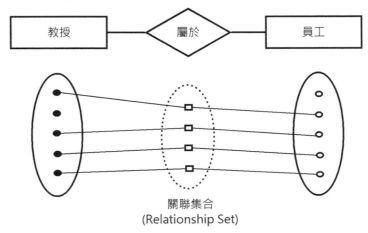

關聯集合
(Relationship Set)

　　上述圖例的教授和員工實體都參與【屬於】關聯型態。在實務上，某些特殊情況，實體型態本身會參與自己的關聯型態，稱為「遞迴」（Recursive）或稱「自身關聯性」（Self Relationship），如右圖：

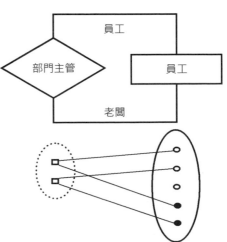

　　右述圖例的員工實體型態是部門主管，當然也是一位員工，所以員工實體型態本身就參與部門主管的關聯型態。

3-1-5　關聯限制條件

關聯型態是用來描述真實世界實體之間的關係，不過真實世界的關係並沒有如此單純，有時這種關係是一種有條件的關係。例如：一夫一妻制，同一公司的員工只有一位部門主管或是部門只能有 3 位員工等條件。

在實體關聯圖中，關聯型態連接的實體型態可以指定其限制條件，稱為「關聯限制條件」（Relationship Constraints）。

基數比限制條件

基數比限制條件（Cardinality Ratio Constraints）是用來限制關聯實體型態連接的實體個數，可以分為三種，如下：

- 一對一關聯性（One-to-one Relationship；1:1）：指一個實體只關聯到另一個實體。例如：一位教授只能是學校的一位員工，如下圖：

- 一對多關聯性（One-to-many Relationship；1:N）：指一個實體關聯到多個實體。例如：一門課程擁有小考、期中考和期末考等多次測驗，如下圖：

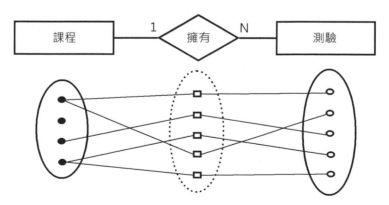

- 多對多關聯性（Many-to-many Relationship；M:N）：指多個實體關聯到多個其他實體。例如：學生可以參加多次測驗；反過來，測驗可以讓多位學生應試，如下圖：

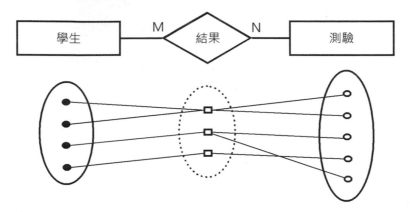

基數限制條件

基數限制條件（Cardinality Constraints）是在關聯型態的連接線上，標示實體允許參與關聯型態的數量範圍，即(1,N)、(0,N)、(1,1)和(0,1)等從 0 到 N 個。例如：課程是以(0,N)範圍參與擁有關聯型態，測驗是以(1,1)參與關聯型態，如下圖：

參與限制條件

參與限制條件（Participation Constraints）是指實體集合的實體全部或部分參與關聯型態，可以分為兩種，如下：

- 全部參與限制條件（Total Participation Constraints）：所有實體集合的實體都參與關聯型態，圖形符號是使用雙線來標示，也稱為「存在相依」（Existence Dependency）。

- 部分參與限制條件（Partial Participation Constraints）：在實體集合只有部分實體參與關聯型態，圖形符號是使用單線來標示。

　　例如：在課程與測驗實體型態的一對多關聯性中，課程實體只有部分參與，因為課程可能沒有測驗；測驗實體是全部參與關聯，因為如果課程有測驗，就一定存在測驗實體，不會有測驗而沒有課程，如下圖：

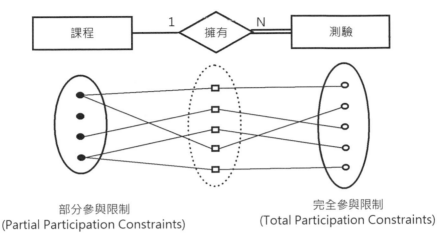

部分參與限制
(Partial Participation Constraints)

完全參與限制
(Total Participation Constraints)

　　關聯限制條件的基數和參與條件可以使用雞爪符號（Crow's Foot Notation）標示在連接線的兩個端點，如下圖：

　　上述連接線的兩端使用雞爪符號表示關聯性的參與和基數條件，關聯型態名稱是直接置於實體之間的連接線之上，以此例，一位客戶實體可以擁有零、一個或多個訂單實體；反過來，訂單只能擁有一個客戶。

　　在第 5 章的資料庫設計工具就是使用上述雞爪符號來標示實體之間的關聯性，其進一步說明請參閱＜第 5 章：資料庫設計工具的使用＞。

3-1-6　屬性

　　屬性（Attributes）是實體擁有的特性。例如：學生實體擁有學號、姓名、地址和電話等屬性。「屬性型態」（Attribute Type）是屬性的所有可能值，也稱為值集合（Value Set），相當於是關聯表的定義域（Domain）。

　　實體關聯圖的實體與關聯型態可以擁有 0 到多個屬性（Attributes），屬性是使用橢圓型圖形符號的節點，使用單線與實體或關聯型態來連接，如下圖：

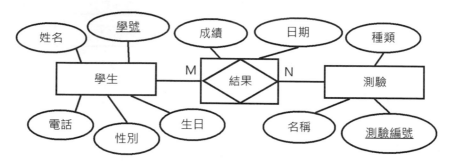

　　上述圖例的實體型態一定擁有屬性，關聯型態不一定有。如果關聯型態擁有屬性，而且是一種多對多關聯性，此時的關聯型態稱為「關聯實體」（Relationship-Entity），在角色上如同實體，所以在菱形圖外加上長方形框表示視為實體型態。

　　屬性是一組值的集合，這些值是屬性的可能值，稱為值集合（Value Set），即定義域。屬性可以分成很多種，如下：

- 單元值屬性型態（Atomic Attribute Types）：實體與關聯型態的最基本屬性型態是單元值。例如：學生實體型態的學號、姓名、生日和電話屬性。

- 複合屬性型態（Composite Attribute Types）：屬性是由多個單元值屬性組成，使用樹狀的單元值屬性圖形符號來表示。例如：員工實體型態的地址複合屬性是由街道、城市和郵遞區號單元值屬性所組成，如右圖：

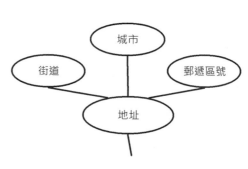

- 多重值屬性型態（Multivalued Attribute Types）：屬性值不是單元值，而是多重值，使用雙線的橢圓形節點符號標示。例如：學生實體型態的地址屬性可以記錄學生多個通訊地址，就是一個多重值屬性，如下圖：

- 導出屬性型態（Derived Attribute Types）：由其他屬性計算出的屬性，這是使用虛線的橢圓形節點符號來標示。例如：測驗實體型態的學生數屬性是記錄參加考試的學生數，事實上，屬性值是從結果關聯型態計算而得，如下圖：

- 鍵屬性型態（Key Attribute Types）：如果屬性是實體型態中用來識別實體的屬性，其角色相當於關聯表的主鍵，鍵屬性型態是在名稱下加上底線來標示。例如：學生實體型態的主鍵是學號屬性，如下圖：

3-1-7　弱實體型態

弱實體型態（Weak Entity Types）是一種需要依賴其他實體型態才能存在的實體形態，簡單的說，這是一種沒有主鍵的實體型態。例如：學生家長是一種弱實體，因為只有學生實體存在，家長實體才會存在。

相對的，擁有主鍵的實體型態稱為「一般實體型態」（Regular Entity Type）或強實體型態（Strong Entity Type）。在實體關聯圖的弱實體型態是使用雙框長方形圖形符號來標示。例如：家長弱實體型態，如下圖：

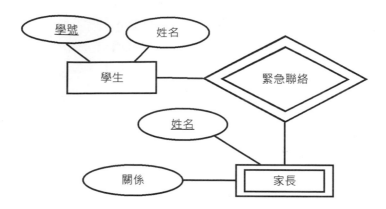

上述實體關聯圖的家長是弱實體型態，擁有姓名的「部分鍵」（Partial Key），其目的只在分辨是不同的家長實體。

弱實體型態一定需要關聯到一個強實體型態，以便識別其身份，強實體型態稱為「識別實體型態」（Identifying Entity Type），使用的關聯型態稱為「識別關聯型態」（Identifying Relationship Type），以雙框菱形圖形符號來表示，例如：緊急聯絡。

3-2 | 將實體關聯圖轉換成關聯表綱要

在完成概念資料庫設計建立概念資料模型的實體關聯圖後，接下來，我們就可以進行邏輯資料庫設計。以關聯式資料庫來說，就是將實體關聯圖轉換成關聯式資料庫模型（即邏輯資料模型）。

事實上，實體關聯圖也可以用來建立邏輯資料模型，其差別在於它是一個正規化的實體關聯圖，為了方便識別，本節是使用外來鍵參考圖來建立邏輯資料模型。

一般來說，實體關聯圖只需透過本節的轉換規則，就可以轉換成良好設計的關聯表綱要，至少符合 1NF、2NF 和 3NF 前三階正規化型式。

3-2-1　將強實體型態轉換成關聯表

在實體關聯圖的強實體型態（即一般實體型態）是對應關聯表，將強實體型態轉換成關聯表綱要的規則，如下：

- 建立新的關聯表綱要，其名稱是實體型態名稱。
- 關聯表綱要包含單元值屬性型態和複合屬性型態。
- 關聯表綱要不包含多重值屬性型態、外來鍵和導出屬性型態。
- 將鍵屬性（Key Attribute）指定為關聯表綱要的主鍵。

例如：員工實體型態的實體關聯圖，如下圖：

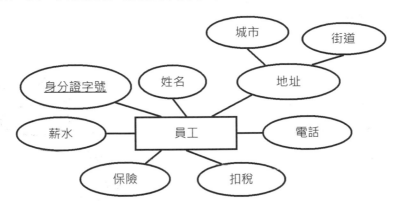

上述實體關聯圖轉換成的員工關聯表綱要，如下圖：

員工

身分證字號	姓名	城市	街道	電話	薪水	保險	扣稅

3-2-2　將關聯型態轉換成外來鍵

實體關聯圖的關聯型態可以轉換成關聯表綱要的外來鍵，我們可以在關聯表綱要新增參考到其他實體型態的外來鍵，分為三種：一對一、一對多和多對多關聯型態。

一對一關聯型態

一對一關聯型態轉換成關聯表綱要的規則,如下:

- 在參與關聯性的關聯表綱要新增參考到另一個關聯表綱要的外來鍵(FK)。

- 若關聯型態擁有單元值屬性,也一併加入新增外來鍵的關聯表綱要。

例如:教授實體型態與員工實體型態是一對一關聯性,其實體關聯圖如下圖:

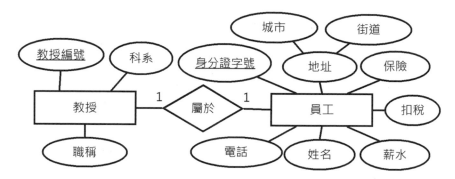

上述圖例的教授和員工實體型態參與屬於關聯型態的一對一關聯性。在將兩個實體型態轉換成關聯表綱要後,只需在教授關聯表綱要新增身份證字號屬性的外來鍵即可,如下圖:

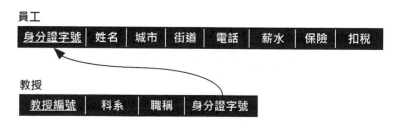

上述外來鍵參考圖可以看出教授關聯表的身份證字號屬性是參考到員工關聯表的外來鍵。

一對多關聯型態

一對多關聯型態轉換成關聯表綱要的規則，如下：

- 在 N 端的關聯表綱要新增參考到 1 端關聯表綱要的外來鍵（FK）。

- 若關聯型態擁有單元值屬性，也一併加入新增外來鍵的關聯表綱要。

例如：課程實體型態與測驗實體型態擁有一對多關聯，其實體關聯圖如下圖：

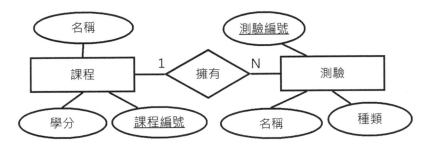

上述圖例的測驗實體型態是 N 方的一對多關聯性。在將兩個實體型態轉換成關聯表綱要後，只需在測驗關聯表綱要新增課程編號的外來鍵，如下圖：

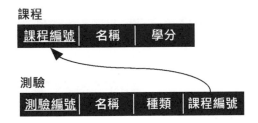

上述外來鍵參考圖可以看出測驗關聯表的課程編號屬性是參考到課程關聯表的外來鍵。

多對多關聯型態

多對多關聯型態轉換成關聯表綱要的規則，如下：

- 將關聯型態建立成新的關聯表綱要，名稱為關聯型態名稱，在新關聯表綱要擁有兩個外來鍵（FK），分別參考關聯到的實體型態。

- 若關聯型態擁有單元值屬性，一併加入新的關聯表綱要。

- 關聯型態建立的關聯表綱要，其主鍵是兩個外來鍵的組合鍵，有時，可能需要新增幾個關聯型態的屬性作為主鍵。

例如：學生和測驗實體型態是參與結果關聯型態，一位學生可以參與多次測驗，測驗可以讓多位學生來應試，多對多關聯的實體關聯圖，如下圖：

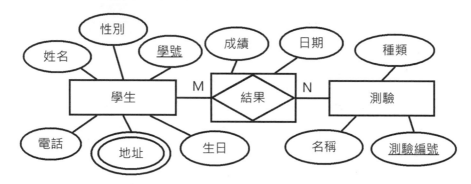

上述圖例的結果關聯型態是一種關聯實體型態，我們可以將三個實體型態轉換成關聯表綱要（除了學生關聯表綱要的地址多重值屬性），然後在結果關聯表綱要新增學號和測驗編號的外來鍵，如下圖：

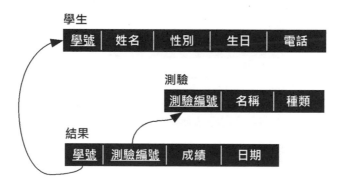

上述外來鍵參考圖可以看出結果關聯表的學號屬性是參考到學生關聯表的外來鍵，測驗編號屬性是參考到測驗關聯表的外來鍵。

3-2-3 轉換多重關聯型態

關聯資料型態如果是建立兩個實體型態之間的關係，稱為二元關聯型態（Binary Relationship Type），事實上，關聯型態可能擁有三個或更多實體型態之間的關聯性（Relationship），稱為「多重關聯型態」（Ternary Relationship Type）。

多重關聯型態的轉換規則類似多對多關聯型態，其規則如下：

- 將關聯型態建立成新的關聯表綱要，名稱是關聯型態的名稱，關聯表綱要擁有多個外來鍵（FK）分別參考關聯到的實體型態。

- 若關聯型態擁有單元值屬性，也一併加入新建立的關聯表綱要。

- 關聯型態建立的關聯表綱要主鍵通常是所有外來鍵的組合鍵，不過，可能需要新增幾個關聯型態的屬性，或部分外來鍵來作為主鍵。

例如：學生、課程和教授三個實體型態參與多重關聯型態班級的實體關聯圖，如下圖：

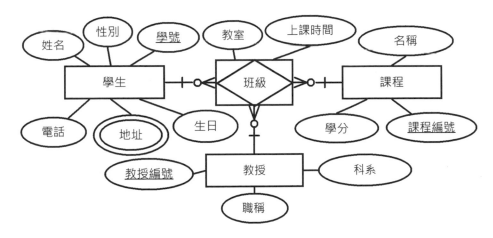

上述實體關聯圖是使用雞爪符號標示基數與參與條件（雞爪符號是學生關聯到 0、1 或多個班級），在轉換成學生、課程、教授和班級關聯表綱要後，如下圖：

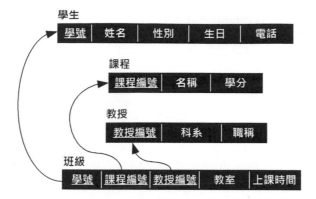

上述外來鍵參考圖可以看出班級關聯表是多重關聯型態轉換的關聯表，三個外來鍵學號、課程編號和教授編號屬性分別參考到學生、課程和教授關聯表。

3-2-4　多重值屬性轉換成關聯表

實體型態如果擁有多重值屬性，多重值屬性也需要轉換成關聯表綱要，其規則如下：

- 建立新的關聯表綱要，其名稱可以是屬性名稱或實體與屬性結合的名稱。

- 在新關聯表綱要新增參考到實體型態主鍵的外來鍵。

- 新關聯表綱要的主鍵是外來鍵加上多重值屬性，如果多重值屬性是複合屬性，可能需要加上其中一個屬性或是全部屬性。

例如：學生實體型態擁有地址多重值屬性的實體關聯圖，如右圖：

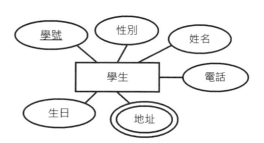

　　上述圖例學生實體型態的地址是多重值屬性，在轉換成關聯表綱要後，只需在學生聯絡地址關聯表綱要新增學號外來鍵和指定學號與地址屬性為主鍵，如下圖：

　　上述外來鍵參考圖可以看出學生聯絡地址關聯表的學號屬性是參考到學生關聯表的外來鍵。

3-2-5　弱實體型態轉換成關聯表

　　弱實體型態如同實體型態也是轉換成關聯表綱要，只是弱實體型態一定擁有一個對應的識別實體型態，所以在轉換上稍有不同，其規則如下：

- 建立新的關聯表綱要，其名稱為弱實體型態的名稱。
- 新關聯表綱要包含單元值屬性型態。
- 在新關聯表綱要新增識別實體型態的主鍵作為參考的外來鍵。
- 將弱實體型態的「部分鍵」（Partial Key）加上外來鍵，以便指定成新關聯表綱要的主鍵。

　　例如：家長弱實體型態和其識別實體型態學生的實體關聯圖，如右圖：

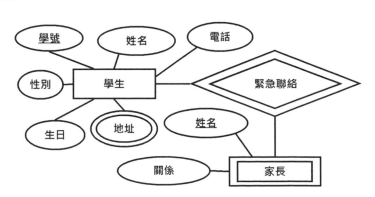

上述圖例的家長弱實體型態在轉換成關聯表綱要後，只需在家長關聯表綱要新增學號外來鍵和指定學號與姓名屬性為主鍵，如下圖：

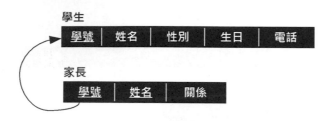

上述外來鍵參考圖可以看出家長關聯表的學號屬性是參考到學生關聯表的外來鍵。

3-3 | 關聯表的正規化

「正規化」（Normalization）是一種標準處理程序來決定關聯表應該擁有哪些屬性，其目的是建立「良好結構關聯表」（Well-structured Relation），一種沒有重複資料的關聯表。而且在新增、刪除或更新資料時，不會造成錯誤或資料不一致的異常情況。

3-3-1 正規化的基礎

以資料庫設計來說，正規化屬於邏輯資料庫設計的一部分，可以用來驗證和最佳化邏輯資料庫設計，以便滿足完整性限制條件和避免不需要的資料重複。

正規化的目的

正規化的目的是建立良好結構的關聯表，其說明如下：

- 去除重複性（Eliminating Redundancy）：建立沒有重複資料的關聯表，因為重複資料不只浪費資料庫的儲存空間，而且會產生資料維護上的問題。

- 去除不一致的相依性（Eliminating Inconsistent Dependency）：資料相依是指關聯表中的屬性之間擁有關係，如果關聯表擁有不一致的資料相依，這些屬性就會在新增、刪除或更新資料時，造成異常情況。

正規化的型式

關聯式資料庫的實體關聯圖是從上而下（Top-Down）進行分析，先找出實體，然後再分析實體之間的關聯性。正規化是從下而上（Bottom-Up）評估關聯表綱要是否符合正規化型式，針對的是關聯表中各屬性之間的關係，所以，正規化型式就是一些組織關聯表屬性的規則。

關聯表正規化的首要工作是處理主鍵與屬性之間的「功能相依」（Functional Dependencies），這是前三階正規化型式的基礎，如下：

- 第一階正規化型式（First Normal Form；1NF）：在關聯表刪除多重值和複合屬性，讓關聯表只擁有單元值屬性。

- 第二階正規化型式（Second Normal Form；2NF）：滿足 1NF 且關聯表沒有「部分相依」（Partial Dependency）。

- 第三階正規化型式（Third Normal Form；3NF）：滿足 2NF，而且關聯表沒有「遞移相依」（Transitive Dependency）。

- Boyce-Codd 正規化型式（Boyce-Codd Normal Form；BCNF）：屬於廣義的第三階正規化型式，如果關聯表擁有多個複合候選鍵，我們需要刪除候選鍵之間的功能相依，因為這些候選鍵間屬性的功能相依將會造成異常操作。

3-3-2　第一階正規化型式 – 1NF

第一階正規化型式是在處理關聯表本身，並沒有解決任何關聯表存在功能相依所造成的資料重複或操作異常等問題。簡單的說，第一階正規化型式是指關聯表沒有多重值和複合屬性，都是單元值屬性，所以，我們需要刪除關聯表中的複合和多重值屬性，如下：

- 刪除複合屬性：複合屬性的刪除只需將組成的單元值屬性展開，例如：複合屬性地址是由街道、城市和郵遞區號所組成，刪除複合屬性就是將地址屬性展開成街道、城市和郵遞區號三個屬性。

- 刪除多重值屬性：刪除多重值屬性基本上有三種方法，我們可以將多重值屬性分割成關聯表、值組或屬性，在本節筆者準備使用一個實例來說明這三種方法。

例如：在學生關聯表儲存學生的選課資料，主鍵是學號，其中姓名屬性是學生姓名的單元值，課程編號、名稱、教授編號、教授姓名、辦公室和教室屬性擁有多重值，如下圖：

學生

學號	姓名	課程編號	名稱	教授編號	教授姓名	辦公室	教室
S001	陳會安	{ CS101, CS203, CS222, CS213,}	{ 計算機概論, 程式語言, 資料庫管理系統, 物件導向程式設計, }	{ E001, E003, E002, E003, }	{ 陳慶新, 李鴻章, 楊金欉, 李鴻章 }	{ CS-102, M-100, CIS-101, M-100 }	{ 180-M, 221-S, 100-M, 500-K }
S002	江小魚	{ CS222, CS203 }	{ 資料庫管理系統, 程式語言 }	{ E002, E003 }	{ 楊金欉, 李鴻章 }	{ CIS-101, M-100 }	{ 100-M, 221-S }
S003	張三丰	{ CS121, CS213 }	{ 離散數學, 物件導向程式設計 }	{ E002, E001 }	{ 楊金欉, 陳慶新 }	{ CIS-101, CS-102 }	{ 221-S, 622-G }
S004	李四方	CS222	資料庫管理系統	E002	楊金欉	CIS-101	100-M

上述學生上的同一門課程可能是不同教授所開的課，例如：物件導向程式設計共有李鴻章和陳慶新兩位教授開課；而不同課程可能在同一間教室上課，例如：離散數學和程式語言是在同一間教室上課。

在學生關聯表擁有多重值屬性，並不符合 1NF 定義，所以需要執行關聯表的第一階正規化，其方法共有三種：分割成不同的關聯表、值組或屬性。

方法一：分割成不同的關聯表

關聯表如果擁有多重值屬性，所以違反 1NF，第一階正規化可以將多重值屬性連同主鍵分割成新的關聯表，如下圖：

學生

學號	姓名
S001	陳會安
S002	江小魚
S003	張三丰
S004	李四方

班級

學號	課程編號	名稱	教授編號	教授姓名	辦公室	教室
S001	CS101	計算機概論	E001	陳慶新	CS-102	180-M
S001	CS203	程式語言	E003	李鴻章	M-100	221-S
S001	CS222	資料庫管理系統	E002	楊金欉	CIS-101	100-M
S001	CS213	物件導向程式設計	E003	李鴻章	M-100	500-K
S002	CS222	資料庫管理系統	E002	楊金欉	CIS-101	100-M
S003	CS203	程式語言	E003	李鴻章	M-100	221-S
S003	CS121	離散數學	E002	楊金欉	CIS-101	221-S
S003	CS213	物件導向程式設計	E001	陳慶新	CS-102	622-G
S004	CS222	資料庫管理系統	E002	楊金欉	CIS-101	100-M

上述兩個關聯表是由學生關聯表分割而成，左邊的學生關聯表是學生資料，符合 1NF。班級關聯表是多重值屬性分割建立的新關聯表，新關聯表是以 (學號, 課程編號, 教授編號)複合鍵作為主鍵，也符合 1NF。

方法二：分割成值組

因為符合 1NF 關聯表的每一個屬性只能儲存單元值，所以第一階正規化可以將多重值屬性改成重複值組，將屬性的每一個多重值都新增為一筆值組，如下圖：

學生

學號	姓名	課程編號	名稱	教授編號	教授姓名	辦公室	教室
S001	陳會安	CS101	計算機概論	E001	陳慶新	CS-102	180-M
S001	陳會安	CS203	程式語言	E003	李鴻章	M-100	221-S
S001	陳會安	CS222	資料庫管理系統	E002	楊金欉	CIS-101	100-M
S001	陳會安	CS213	物件導向程式設計	E003	李鴻章	M-100	500-K
S002	江小魚	CS222	資料庫管理系統	E002	楊金欉	CIS-101	100-M
S002	江小魚	CS203	程式語言	E003	李鴻章	M-100	221-S
S003	張三丰	CS121	離散數學	E002	楊金欉	CIS-101	221-S
S003	張三丰	CS213	物件導向程式設計	E001	陳慶新	CS-102	622-G
S004	李四方	CS222	資料庫管理系統	E002	楊金欉	CIS-101	100-M

上述學生關聯表的主鍵是(學號, 課程編號, 教授編號)，每一個屬性儲存的都是單元值，符合 1NF。

方法三：分割成不同屬性

第一階正規化還可以將多重值屬性配合空值，分割成為關聯表的多個屬性，不過，其先決條件是多重值個數是有限的。例如：一位學生規定只能修兩門課程（為了方便說明，筆者刪除教授與教室部分的屬性），如下圖：

學生

學號	姓名	課程編號1	課程名稱1	課程編號2	課程名稱2
S001	陳會安	CS101	計算機概論	CS203	程式語言
S002	江小魚	CS222	資料庫管理系統	CS203	程式語言
S003	張三丰	CS121	離散數學	CS213	物件導向程式設計
S004	李四方	CS222	資料庫管理系統	NULL	NULL

上述學生關聯表使用兩組屬性儲存選課的課程編號與課程名稱，雖然符合 1NF，但是若學生選課數不只兩門，就會產生資料無法新增的異常情況。

在方法三是將多重值屬性分割成不同屬性，這種第一階正規化方法屬於一種特殊情況，只有少數情況下可以使用。例如：產品價格只有兩種，就可以分割成兩個屬性：定價（List Price）和售價（Sale Price）。

事實上，學生只能選修兩門課並不符合實際情況，學生關聯表並不能使用此方法來執行正規化，應該選用前兩種方法進行第一階正規化。

在本書是使用第一種方法進行第一階正規化，以便接著進行後面的第二階正規化，其結果與使用第二種方法的關聯表進行二階正規化的結果是完全相同。其差異只在第一種方法的學生關聯表是在第一階正規化時就分割出來，第二種方法是等到第二階正規化刪除部分相依時才分割出來。

3-3-3　第二階正規化型式 – 2NF

第二階正規化的目的是讓每一個關聯表只能儲存同類資料，也就是單純化關聯表儲存的資料。例如：學生關聯表用來儲存學生資料；教授關聯表儲存教授資料，而不會儲存課程等其他資料。當關聯表符合 1NF 後，就可以進行第二階正規化。

簡單的說，第二階正規化型式是指在關聯表中，不是主鍵的屬性需要完全相依於主鍵；反過來說，就是刪除關聯表中所有的部分相依（Partial Dependency）屬性。

功能相依（Functional Dependency；FD）是一種欄位之間的關係，知道欄位 A 的值，就可以知道欄位 B 的值，寫成 A→B，即欄位 B 功能相依於欄位 A。例如：本節第二階正規化後班級關聯表的主鍵是(學號, 課程編號, 教授編號)欄位，知道學號 S001、CS203 和 E003，就可以決定教室是 221-S；反之，知道 221-S，並不能決定學號，因為多位學生可能在同一間教室上課。

當執行上一節學生關聯表的第一階正規化後，目前關聯表已經分割成學生和班級兩個關聯表。現在我們就繼續上一節的正規化，執行班級關聯表的第二階正規化，如下圖：

班級

學號	課程編號	名稱	教授編號	教授姓名	辦公室	教室
S001	CS101	計算機概論	E001	陳慶新	CS-102	180-M
S001	CS203	程式語言	E003	李鴻章	M-100	221-S
S001	CS222	資料庫管理系統	E002	楊金欉	CIS-101	100-M
S001	CS213	物件導向程式設計	E003	李鴻章	M-100	500-K
S002	CS222	資料庫管理系統	E002	楊金欉	CIS-101	100-M
S003	CS203	程式語言	E003	李鴻章	M-100	221-S
S003	CS121	離散數學	E002	楊金欉	CIS-101	221-S
S003	CS213	物件導向程式設計	E001	陳慶新	CS-102	622-G
S004	CS222	資料庫管理系統	E002	楊金欉	CIS-101	100-M

上述班級關聯表的主鍵是(學號, 課程編號, 教授編號)，關聯表已知的功能相依，如下：

```
FD1：{學號, 課程編號, 教授編號}→辦公室
FD2：課程編號→名稱
FD3：教授編號→{教授姓名, 辦公室}
```

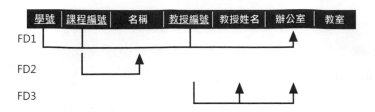

上述清單因為存在 FD2 和 FD3 的功能相依，表示這些屬性只是部分相依於主鍵，而不是完全相依於主鍵，其說明如下表：

功能相依	部分相依
{學號, 課程編號, 教授編號}→名稱	因存在 FD2，可以刪除學號和教授編號屬性，名稱是部分相依於主鍵
{學號, 課程編號, 教授編號}→{教授姓名, 辦公室}	因存在 FD3，可以刪除學號和課程編號屬性，教授姓名和辦公室是部分相依於主鍵

所以，在班級關聯表的非主鍵屬性名稱和教授姓名和辦公室並非完全相依於主鍵，所以不符合 2NF。

換一個角度來看，部分相依表示關聯表擁有其他資料的子集合。執行第二階正規化過程是：在部分相依 A→B 中，刪除屬性 A 不影響功能相依的屬性後，將功能相依 FD2 和 FD3 兩邊屬性獨立成關聯表，左邊剩下的屬性就是新關聯表的主鍵，如下圖：

班級

學號	課程編號	教授編號	教室
S001	CS101	E001	180-M
S001	CS203	E003	221-S
S001	CS222	E002	100-M
S001	CS213	E003	500-K
S002	CS222	E002	100-M
S003	CS203	E003	221-S
S003	CS121	E002	221-S
S003	CS213	E001	622-G
S004	CS222	E002	100-M

課程

課程編號	名稱
CS101	計算機概論
CS203	程式語言
CS222	資料庫管理系統
CS213	物件導向程式設計
CS121	離散數學

教授

教授編號	教授姓名	辦公室
E001	陳慶新	CS-102
E002	楊金欉	CIS-101
E003	李鴻章	M-100

上述圖例可以看到分割成班級、課程和教授三個關聯表，課程和教授關聯表分別是 FD2 和 FD3 功能相依建立的關聯表，這三個關聯表的非主鍵屬性都完全相依於主鍵，所以都滿足 2NF。

3-3-4 第三階正規化型式 – 3NF

第三階正規化的目的是移除哪些不是直接功能相依於主鍵的屬性，因為這些屬性是借由另一個屬性來功能相依於主鍵。換句話說，這些屬性是隱藏在非主鍵屬性中其他資料的子集合。當關聯表符合 2NF 後，就可以進行第三階正規化。

簡單的說，第三階正規化是指關聯表中不屬於主鍵的屬性都只能功能相依於主鍵，而不能同時功能相依於其他非主鍵的屬性，即刪除關聯表中所有的遞移相依（Transitive Dependency）屬性。

例如：繼續上一節的教授關聯表，執行關聯表的第三階正規化，如下圖：

教授

教授編號	教授姓名	辦公室編號	辦公室名稱
E001	陳慶新	CS-102	網路研究室
E002	楊金欉	CIS-101	資料庫中心
E003	李鴻章	M-100	數學系電腦中心
E004	王陽明	M-100	數學系電腦中心

上述教授關聯表為了方便說明，新增辦公室編號、名稱和一位講師王陽明，他與李鴻章位在同一間辦公室。教授關聯表已知的功能相依，如下：

FD1：教授編號→{教授姓名，辦公室編號，辦公室名稱}
FD2：教授編號→教授姓名
FD3：教授編號→辦公室名稱
FD4：教授編號→辦公室編號
FD5：辦公室編號→辦公室名稱

上述 FD3 的辦公室名稱屬性雖然功能相依於主鍵教授編號，但是，這是借由 FD4 和 FD5 所得到，所以 FD3 是遞移相依，如下圖：

上述圖例的教授編號屬性是主鍵，辦公室名稱屬性並非直接功能相依於主鍵，而是透過辦公室編號屬性，表示非主鍵的屬性有功能相依於其他非主鍵屬性，所以不符合 3NF。

換個角度來說，遞移相依表示關聯表仍然隱藏著其他資料的子集合。在執行第三階正規化時，就是將造成遞移相依的 A→B 功能相依兩邊的屬性獨立成關聯表，左邊的屬性是新關聯表的主鍵，如下圖：

教授

教授編號	教授姓名	辦公室編號
E001	陳慶新	CS-102
E002	楊金樺	CIS-101
E003	李鴻章	M-100
E004	王陽明	M-100

辦公室

辦公室編號	辦公室名稱
CS-102	網路研究室
CIS-101	資料庫中心
M-100	數學系電腦中心

上述圖例可以看到教授和辦公室兩個關聯表，辦公室關聯表是 FD5 功能相依建立的新關聯表，這兩個關聯表的非主鍵屬性都完全功能相依於主鍵，所以滿足 3NF。

3-3-5 Boyce-Codd 正規化型式 – BCNF

Boyce-Codd 正規化型式可以視為是一種更嚴格的第三階正規化型式，其目的是保證關聯表的所有屬性都功能相依於候選鍵。Boyce-Codd 正規化可以讓所有屬性都完全功能相依於候選鍵，而不是候選鍵的部分屬性。

請注意！Boyce-Codd 正規化是在處理關聯表擁有多個候選鍵的特殊情況，所以，Boyce-Codd 正規化處理的關聯表至少擁有二個或更多個候選鍵，而且這兩個候選鍵是：

- 複合候選鍵。

- 在複合候選鍵之間擁有重疊屬性，也就是說至少擁有一個相同屬性。

如果關聯表沒有上述情況，3NF 就等於 BCNF。例如：擁有學生身份證字號與成績的學生關聯表，如下圖：

學生

學號	身分證字號	課程編號	成績
S001	H12345678	CS101	90
S001	H12345678	CS203	82
S002	J45678377	CS203	87
S003	I12345674	CS213	92

上述學生關聯表擁有學號、身份證字號、課程編號和成績屬性，主鍵是(學號, 課程編號)。在學生關聯表擁有兩個候選鍵，如下：

```
(學號， 課程編號)
(身分證字號， 課程編號)
```

上述兩個候選鍵擁有重疊屬性課程編號，而且在候選鍵之間擁有功能相依：身分證字號→學號，因為身份證字號可以決定學號，如下圖：

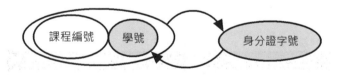

```
{學號， 課程編號}→身分證字號
身分證字號→學號
```

上述身分證字號屬性可以決定學號屬性，但是身分證字號只是候選鍵的一部分，而不是候選鍵（Candidate Keys），所以學生關聯表違反 BCNF。

簡單的說，BCNF 是指關聯表中，主要功能相依 A→B 的左邊屬性 A 稱為「決定屬性」（Determinant），決定屬性一定是候選鍵或主鍵。如果關聯表擁有不符合上述規則的功能相依，就表示有不同的資料儲存在同一個關聯表，我們需要分割關聯表。

前述學生關聯表並不符合 BCNF，因為關聯表擁有重複資料會導致更新異常的情況。例如：學生 S001 的身份證字號輸入錯誤，更改身分證字號屬性需要同時更改 2 筆值組，否則將造成資料不一致，所以學生關聯表需要執行 BCNF 正規化，如下圖：

身分證字號

學號	身分證字號
S001	H12345678
S002	J45678377
S003	I12345674

成績單

學號	課程編號	成績
S001	CS101	90
S001	CS203	82
S002	CS203	87
S003	CS213	92

上述圖例可以看到儲存學生身份證字號和成績單兩個關聯表，兩個關聯表都滿足 3NF，而且所有屬性都決定於主鍵，所以滿足 BCNF。

因為學生關聯表的學號和身分證字號兩個屬性之間相互擁有功能相依，如下：

學號→身分證字號
身分證字號→學號

所以執行 BCNF 正規化分割學生關聯表時，也可以使用身分證字號屬性進行分割，如下圖：

身分證字號

學號	身分證字號
S001	H12345678
S002	J45678377
S003	I12345674

成績單

身分證字號	課程編號	成績
H12345678	CS101	90
H12345678	CS203	82
J45678377	CS203	87
I12345674	CS213	92

MySQL/MariaDB 資料庫管理系統

4-1 | MySQL/MariaDB 的基礎

MySQL/MariaDB 是兩套系出同源的資料庫管理系統，都是關聯式資料庫管理系統，基本上，這兩套資料庫管理系統完全相容，本書主要是以 MySQL 為主，在附錄 B 說明 MariaDB 資料庫管理系統的安裝和使用。

請注意！關聯式資料庫模型的相關術語主要在用來說明資料庫系統的相關理論，在 MySQL/MariaDB 使用的資料庫相關名詞另有一套術語。不過，這些名詞或術語都代表相同的意義，如下表：

關聯式資料庫模型	MySQL/MariaDB 資料庫管理系統
關聯表（Relation）	資料表（Tables）
視界（Views）	檢視（Views）或檢視表
屬性（Attributes）	欄位（Fields）或資料行（Columns）
值組（Tuples）	記錄（Records）或資料列（Rows）

4-1-1 MySQL/MariaDB 的版本演進

　　MySQL 是一套開放原始碼的關聯式資料庫管理系統，原來是 MySQL AB 公司開發和提供技術支援（已經被 Oracle 公司併購），這是 David Axmark、Allan Larsson 和 Michael Monty Widenius 在瑞典設立的公司，其官方網址為：http://www.mysql.com。

　　MySQL 源於 mSQL，跨平台支援 Linux/UNIX 和 Windows 作業系統，MySQL 原開發團隊因為懷疑 Oracle 公司對於開放原始碼的支持，所以成立了一間新公司開發完全相容 MySQL 的 MariaDB 資料庫系統，目前來說，所謂的 MySQL 就是指 MySQL 或 MariaDB。

　　MariaDB 完全相容 MySQL，而且保證永遠開放原始碼，目前已經是一套普遍使用的資料庫伺服器，Facebook 和 Google 等公司都已經改用 MariaDB 取代 MySQL，其官方網址是：https://mariadb.org/。

　　在維基百科可以查詢 MySQL 版本演進，其 URL 網址如下：

* https://en.wikipedia.org/wiki/MySQL

Release history [edit]

Release	General availability	Latest minor version	Latest release	End of support[45]
5.1	14 November 2008; 14 years ago[46]	5.1.73[47]	2013-12-03	Dec 2013
5.5	3 December 2010; 12 years ago[48]	5.5.62[49]	2018-10-22	Dec 2018
5.6	5 February 2013; 9 years ago[50]	5.6.51[51]	2021-01-20	Feb 2021
5.7	21 October 2015; 7 years ago [52]	5.7.40[53]	2022-10-11	Oct 2023
8.0	19 April 2018; 4 years ago [54]	8.0.31[55]	2022-10-11	Apr 2026

Legend: ▢ Old version　Older version, still maintained　▢ **Latest version**　▢ Latest preview version

在維基百科可以查詢 MariaDB 版本演進，其 URL 網址如下：

- https://en.wikipedia.org/wiki/MariaDB

Version	Original release date	Latest version	Release date	Status	End of Life[11]
5.1	29 October 2009; 13 years ago[12]	5.1.67	2013-01-30[13]	Stable (GA)	Feb 2015
5.2	10 April 2010; 12 years ago[14]	5.2.14	2013-01-30[15]	Stable (GA)	Nov 2015
5.3	26 July 2011; 11 years ago[16]	5.3.12	2013-01-30[17]	Stable (GA)	Mar 2017
5.5	25 February 2012; 10 years ago[18]	5.5.68	2020-05-12[19]	Stable (GA)	Apr 2020
10.0	12 November 2012; 10 years ago[20]	10.0.38	2019-01-31[21]	Stable (GA)	Mar 2019
10.1	30 June 2014; 8 years ago[22]	10.1.48	2020-11-04[23]	Stable (GA)	Oct 2020
10.2	18 April 2016; 6 years ago[24]	10.2.44	2022-05-20[25]	Stable (GA)	May 2022
10.3	16 April 2017; 5 years ago[26]	10.3.37	2022-11-07[27]	Stable (GA)	May 2023
10.4	9 November 2018; 4 years ago[28]	10.4.27	2022-11-07[27]	Stable (GA)	Jun 2024
10.5	3 December 2019; 3 years ago[29]	10.5.18	2022-11-07[27]	Stable (GA)	Jun 2025
10.6	26 April 2021; 20 months ago[30]	10.6.11	2022-11-07[27]	Stable (GA)	**Jul 2026**
10.7	17 September 2021; 15 months ago[31]	10.7.7	2022-11-07[27]	Stable (GA)	Feb 2023
10.8	22 December 2021; 12 months ago[32]	10.8.6	2022-11-07[27]	Stable (GA)	May 2023
10.9	23 March 2022; 9 months ago[33]	10.9.4	2022-11-07[27]	Stable (GA)	Aug 2023
10.10	23 June 2022; 6 months ago[34]	10.10.2	2022-11-17[35]	Stable (GA)	**Nov 2023**
10.11	26 September 2022; 3 months ago[36]	10.11.1	2022-11-17[35]	Release Candidate	TBC
11.0	27 December 2022; 18 days ago[37]	11.0.0	2022-12-27[37]	Alpha	TBC

Legend: ▮ Old version　▮ Older version, still maintained　▮ **Latest version**　▮ Latest preview version

4-1-2 MySQL 的組成元素

MySQL 架構的基本組成元素有：服務、伺服器執行個體和工具，其說明如下：

服務（Services）

Windows 作業系統的服務是一種在背景執行的程式，通常都是在電腦啟動後就自動執行，因為並不需要與使用者互動，所以沒有使用介面。當成功安裝 MySQL 後，MySQL 支援使用獨立 Windows 應用程式或服務方式來啟動，建議使用 Windows 服務，可以讓我們在啟動 Windows 作業系統後，自動啟動 MySQL 伺服器。

伺服器執行個體（Server Instances）

MySQL 可以在同一台電腦同時啟動多個「伺服器執行個體」（Server Instances），我們可以視為在同一台電腦安裝多個 MySQL 資料庫伺服器（伺服器執行個體），能夠分別提供連線來管理多種不同用途的 MySQL 資料庫，如下圖：

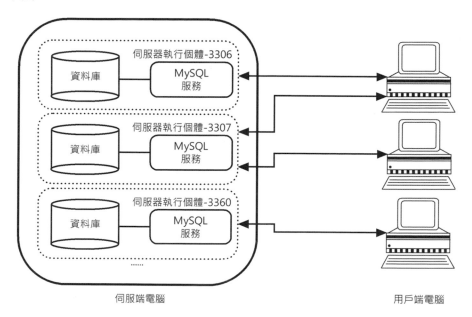

上述圖例在伺服端電腦啟動多個伺服器執行個體，每一個伺服器執行個體使用不同埠號來啟動（預設埠號是 3306），用戶端程式可以使用不同埠號來連線指定伺服器執行個體，存取不同的 MySQL 資料庫。

工具（Tools）

MySQL 提供多種圖形和命令列工具來幫助我們管理、開發和查詢 MySQL 資料庫，其常用工具的簡單說明，如下：

- MySQL Workbench 管理工具：MySQL 圖形介面的整合管理工具，可以幫助我們管理、開發、建模和查詢 MySQL 資料庫。

- mysql：命令列模式工具的 Shell 環境，可以直接下達 SQL 指令來查詢 MySQL 資料庫。

- mysqladmin：命令列模式的 MySQL 伺服器管理工具。

- mysqldump：命令列模式的 MySQL 資料庫備份工具。

4-1-3　MySQL 資料庫產品的種類

在 Oracle 公司的 MySQL 資料庫產品提供有多種商業授權的版本（提供原廠技術支援），和免費的社群版本，其簡單說明如下：

- 企業版（Enterprise Edition）：企業版包含完整進階功能、管理工具和原廠技術支援來幫助企業和組織建立高階可擴充、安全和可靠的 MySQL 資料庫伺服器，可以大幅降低風險、成本與複雜度來開發商業用途的 MySQL 資料庫應用程式。

- 標準版（Standard Edition）：標準版支援 InnoDB 儲存引擎，可以開發交易所需的高效率和高擴充性 OLTP （Online Transaction Processing）應用程式。

- 經典版（Classic Edition）：經典版主要是用來開發 MyISAM 儲存引擎的各種內嵌資料庫應用程式，提供應用程式所需的高效和零管理的資料庫系統。

- 社群版（Community Edition）：社群版是一套 GPL 授權開放原始碼（Open Source）的資料庫系統，可以在網路上免費下載，並且擁有龐大的社群使用者可以提供所需的技術支援。

4-2 │ 安裝 MySQL 資料庫管理系統

MySQL 支援主從架構的資料庫系統處理架構，雖然 MySQL 可以將伺服器執行個體和相關工具都安裝在同一台電腦，不過，其邏輯架構仍然是主從架構，只是用戶端和伺服端都位在同一台電腦。

基本上，MySQL 伺服器的硬體需求並不高，因為在本書的測試環境會安裝 MySQL Workbench 管理工具，只需符合 MySQL Workbench 最低和建議的硬體需求，即可順利安裝 MySQL 伺服器，如下表：

	最低的硬體需求	建議的硬體需求
CPU	64 位元 x86	多核心 64 位元 x86
記憶體	4GB	8GB 或更高
顯示器解析度	1024×768	1920×1200 或更高

請注意！MySQL 8.0 伺服器需要 Microsoft Visual C++ 2019 散發套件（可在微軟公司的下載中心下載），其 Windows 版本只支援 64 位元的 Windows 10/11 作業系統。

下載 MySQL 社群版

為了方便讀者建立學習 MySQL 資料庫管理系統的測試環境，在本書是在 Windows 10 作業系統安裝 MySQL 社群版（8.x 版），其下載步驟如下：

1 請在 Windows 電腦啟動瀏覽器進入下列 URL 網址，如下：

- https://dev.mysql.com/downloads/windows/installer/8.0.html

② 在上述下載網頁提供兩種安裝程式檔案，第 1 個需網路連線下載所需套件來進行安裝；第 2 個是完整內容的安裝程式檔案，請按第 2 個游標所在的【Download】鈕。

③ 然後顯示註冊或登入 Oracle 免費帳戶頁面，不想註冊或登入，請直接點選下方【No thanks, just start my download】超連結來下載 MySQL 安裝程式檔案。

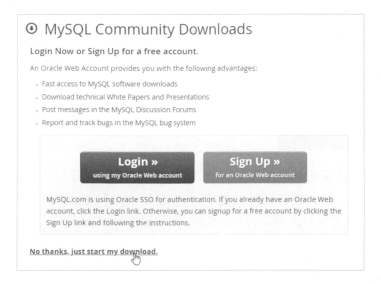

④ 可以看到正在下載檔案，請耐心等待檔案下載，其下載檔名是【mysql-installer-community-8.?.??.?.msi】。

安裝 MySQL 社群版

請使用擁有系統管理者權限的使用者登入 Windows 作業系統，以便擁有足夠的權限來安裝 MySQL，其安裝步驟如下：

① 請雙擊下載檔案【mysql-installer-community-8.?.??.?.msi】執行安裝程式，按【是】鈕，稍等一下，在選取安裝類型畫面選【Developer Default】預設開發者類型後，按【Next >】鈕。

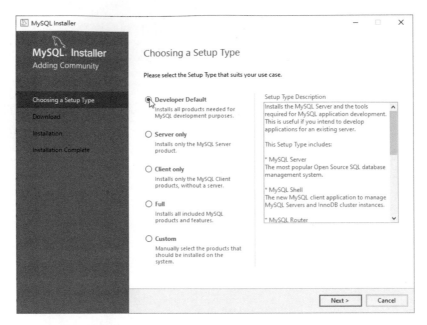

❷ 可以看到此安裝類型的產品元件清單,按【Execute】鈕執行安裝,可以
看到依序一一安裝各元件的進度,完成後,按【Next >】鈕。

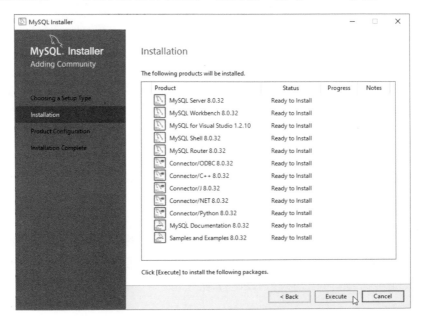

③ 在 Product Configuration 產品設定步驟，按【Next >】鈕依序設定 MySQL Server、MySQL Router 和 Samples and Examples 三項產品元件。

④ 首先設定 MySQL 伺服器種類和通訊協定，在【Config Type】欄的下拉式清單選【Development Computer】開發電腦後，在下方通訊協定勾選【TCP/IP】，預設埠號是 3306，按【Next >】鈕。

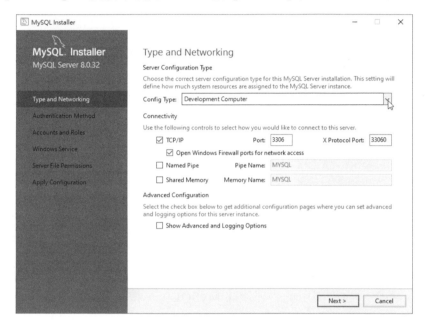

MySQL 支援三種通訊協定來連線 MySQL 伺服器，其說明如下：

- TCP/IP：Internet 網際網路使用的通訊協定，可以讓不同硬體架構和作業系統的遠端電腦使用 IP 位址來連線 MySQL 伺服器。

- Named Pipe（具名管道）：微軟替 Windows 區域網路開發的通訊協定，源於 UNIX 作業系統的管道觀念，用戶端是使用 IPC（Inter-process Communication）來連線 MySQL 伺服器，使用部分記憶體來傳遞資訊至本機或其他網路上的電腦。

- Shared Memory（共用記憶體）：一種不需要任何設定的通訊協定，主要是使用在本機電腦，可以在同一台電腦以安全方式讓用戶端程式連線 MySQL 伺服器。

⑤ 接著選擇 MySQL 伺服器的認證方法，請勾選【Use Legacy Authentication Method (Retain MySQL 5.x Compatibility)】支援舊版 MySQL 認證後，按【Next >】鈕。

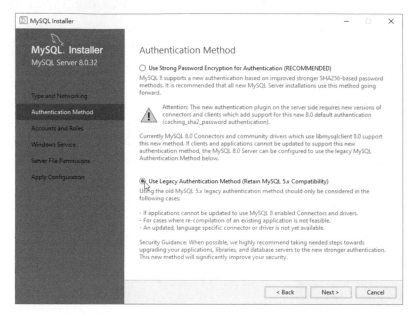

⑥ 然後設定 MySQL 預設系統管理者 root 的密碼，請輸入 2 次密碼後（別忘了密碼，之後需用此密碼連線 MySQL），按【Next >】鈕。

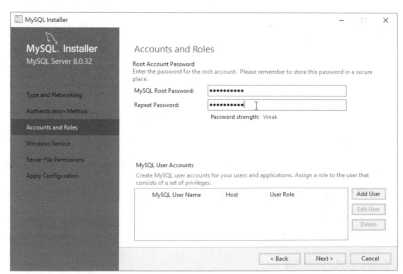

7 預設勾選【Configure MySQL Server as a Windows Service】，將 MySQL
設定成 Windows 服務，不用更改，按【Next >】鈕。

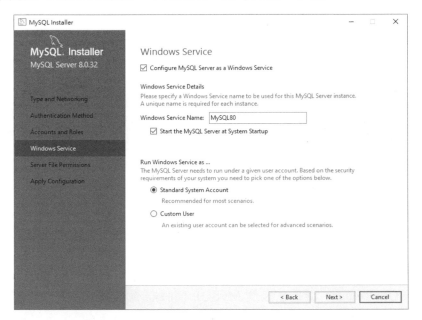

8 預設選第 1 個【Yes】選項，授與 MySQL 伺服器檔案目錄「C:\Program
Files\MySQL\MySQL Server 8.0\Data」的完全存取權限，不用更改，請
按【Next >】鈕。

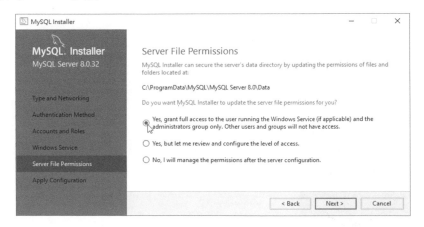

⑨ 可以看到 MySQL 伺服器的設定清單，按【Execute】鈕套用設定，可以
看到依序一一套用各項設定的進度，完成後，按【Next >】鈕。

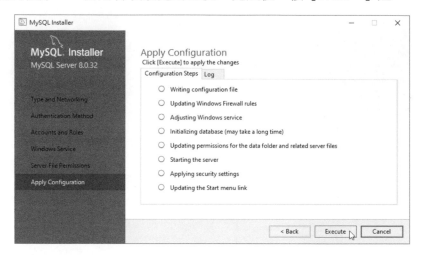

⑩ 回到 Product Configuration 產品設定步驟，按【Next >】鈕設定第二項
MySQL Router，這是在多個 MySQL 伺服器環境使用的中介軟體，因為
本書並沒有使用，所以並不用設定，請按【Finish】鈕。

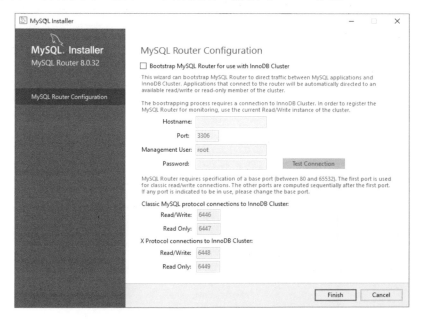

⑪ 再次回到 Product Configuration 產品設定步驟，按【Next >】鈕設定第三項 Samples and Examples，首先需要連線 MySQL 伺服器，請在下方【Password】欄輸入之前設定的密碼，按【Check】鈕測試連線，成功連線可在之後看到打勾，即可按【Next >】鈕。

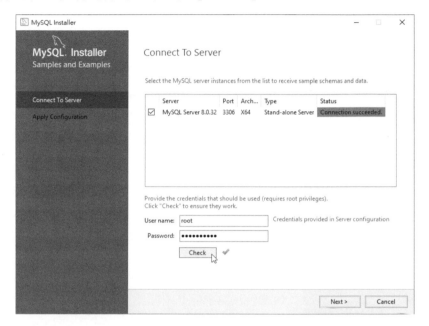

⑫ 可以看到套用 Samples and Examples 的設定清單，按【Execute】鈕套用設定，可以看到依序一一套用各項設定的進度，完成後，按【Next >】鈕。

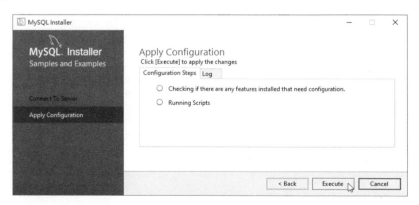

⓭ 可以看到 Product Configuration 產品設定結果的清單，共完成二項產品
設定（MySQL Router 並不需設定），請按【Next >】鈕。

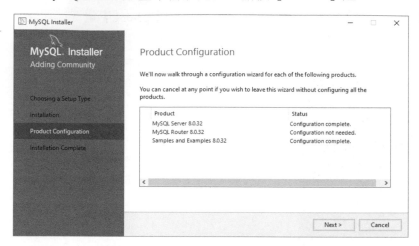

⓮ 在完成安裝步驟，請自行勾選是否在完成後啟動 MySQL Workbench 和
MySQL Shell，按【Finish】鈕完成 MySQL 安裝。

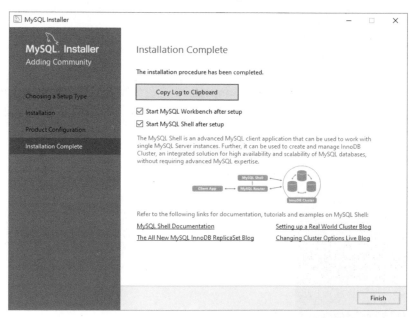

4-3 | MySQL Workbench 管理工具的使用

MySQL Workbench 管理工具提供商業和社群兩種版本，在第 4-2 節安裝的是 CE（Community Edition）社群版，社群版是開放原始碼的免費軟體。

4-3-1 啟動 MySQL Workbench 整合管理工具

MySQL Workbench 是 MySQL 伺服器的圖形化介面的管理工具，可以幫助資料庫管理師 DBA，在同一工具來存取、設定、建立資料庫模型和管理 MySQL 伺服器，其啟動步驟如下：

1 請執行「開始>MySQL>MySQL Workbench 8.0 CE」命令啟動 MySQL Workbench 社群版管理工具，可以在 Home 標籤頁看到安裝 MySQL 時新增的 MySQL 連線（如果沒有看到，請先參閱第 4-5-2 節的步驟新增 root 使用者的 MySQL 連線），如下圖：

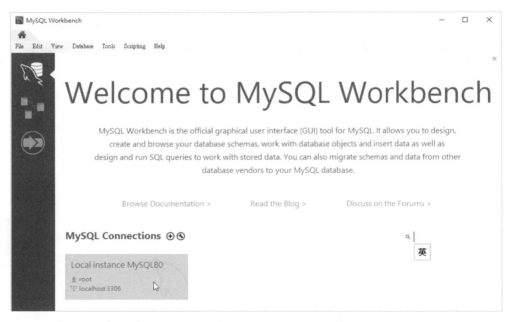

❷ 點選游標所在名為【Local instance MySQL80】的連線，可以看到「Connect to MySQL Server」對話方塊。

❸ 在【Password】欄輸入 root 系統管理者在安裝時輸入的密碼後（勾選【Save password in vault】可儲存密碼，下次連線就不需輸入密碼），按【OK】鈕連線本機 MySQL 伺服器，可以看到成功連線後的 MySQL Workbench 執行畫面，如下圖：

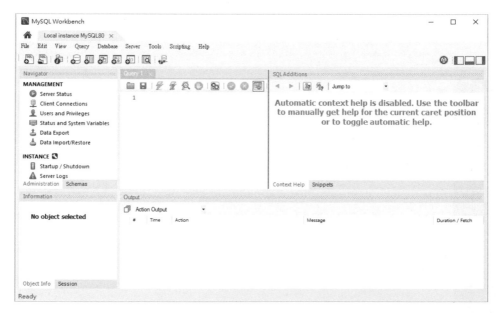

　　上述管理介面是使用標籤頁來管理每一個 MySQL 伺服器執行個體，位在左上方圖示是 Home 主頁標籤，第 2 頁是連線 MySQL 伺服器【Local instance

MySQL80】的標籤頁，換句話說，在同一個 MySQL Workbench 工具，就可以直接切換標籤頁來管理多個本機或遠端連線的 MySQL 伺服器。

在每一頁標籤頁的上方是功能表和工具列，之下是各種管理功能的視窗介面（詳見第 4-3-2 節的說明）。執行「File>Exit」命令可以中斷 MySQL 連線和離開 MySQL Workbench 管理工具。

4-3-2 MySQL Workbench 使用介面與基本管理

在 MySQL Workbench 使用介面提供 MySQL 伺服器的管理功能，可以讓我們管理 MySQL 伺服器、檢視資料庫物件、編輯和執行 SQL 指令等操作。

Home 標籤頁

MySQL Workbench 的 Home 標籤頁是一定存在的標籤頁，每次成功連線 MySQL 伺服器，就會新增一頁標籤頁，我們可以點選左上角 Home 圖示切換回 Home 標籤頁，如下圖：

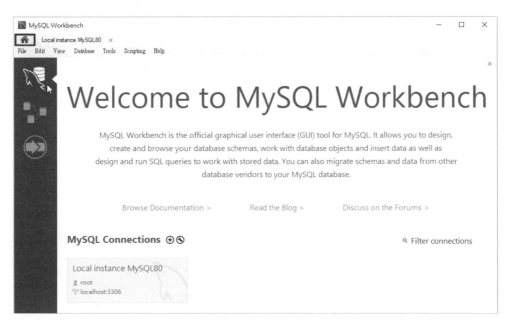

上述圖例位在左邊垂直工具列共有三個圖示的標籤頁,第 1 個圖示的標籤頁是 MySQL 伺服器連線管理,其進一步說明請參閱第 4-5-2 節,第 2 個圖示的標籤頁是資料庫設計工具,可以幫助我們繪製實體關聯圖,在第 5 章有進一步的操作說明,如下圖:

第三個圖示的標籤頁是 Migration 遷移精靈,可以幫助我們將其他廠商的資料庫遷移至 MySQL 資料庫,如下圖:

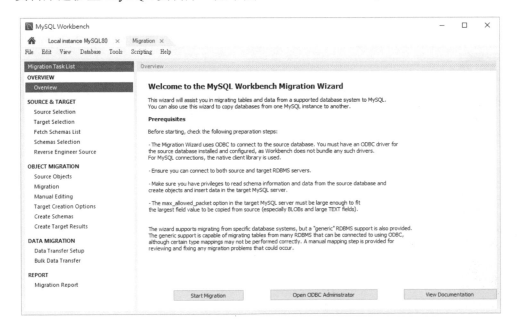

Navigator 視窗

　　當 MySQL Workbench 成功連線 MySQL 伺服器後，在新增的標籤頁可以看到「Navigator」視窗的伺服器和資料庫管理主介面，預設是伺服器管理的【Administration】標籤（可在下方標籤切換），如右圖：

　　上述管理介面分成三個部分，請注意！因為本書的 MySQL 伺服器是安裝成 Windows 服務，有很多管理功能並無法使用，其簡單說明如下：

- MANAGEMENT（管理）：MySQL 伺服器的管理功能，支援的功能有：伺服器狀態（Server Status）、客戶端連線（Client Connections）、使用者帳戶和權限管理（Users and Privileges）、狀態和系統變數（Status and System Variables）、資料匯出（Data Export）和資料匯入/回復（Data Import/Restore）。

- INSTANCE（執行個體）：執行個體的管理功能，支援的功能有：啟動/關閉執行個體（Startup/Shutdown）、檢視伺服器記錄（Server Logs）和選項檔（Options File），因為安裝成 Windows 服務，此分類的管理功能大部分都無法使用。

- PERFORMANCE（效能）：伺服器效能監控和儀表板的相關管理功能。

在「Navigator」視窗點選下方【Schemas】標籤，可以看到資料庫物件的管理介面，如右圖：

上述圖例是 MySQL 伺服器管理的資料庫清單，【聯絡人】資料庫是在第 4-3-3 節執行 SQL 指令碼檔案建立的資料庫，關於資料庫物件的進一步說明，請參閱第 4-4 節。

SQL 編輯器和管理功能視窗

位在「Navigator」視窗的右邊是一個標籤頁視窗，預設啟動 SQL 編輯器的查詢標籤頁（Query Tab），我們可以在此視窗輸入 SQL 指令碼來執行 SQL 查詢，如下圖：

當在「Navigator」視窗的【Administration】標籤頁執行管理功能，即可在上述視窗新增一頁標籤頁的管理介面，例如：點選【PERFORMANCE】下的【Dashboard】儀表板，可以看到新增的儀表板標籤頁，如下圖：

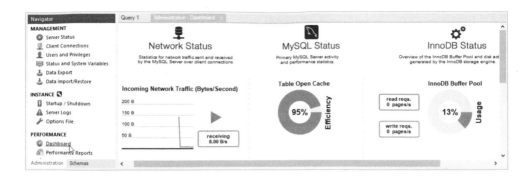

Information 和 Output 視窗

在「Navigator」視窗選取資料庫物件會在下方「Information」視窗顯示相關資訊,當執行 SQL 指令或相關管理操作,可以在「Output」視窗顯示執行結果的輸出訊息,如下圖:

4-3-3　在 MySQL Workbench 新增和執行 SQL 指令碼檔案

在本書的書附範例提供 SQL 指令碼檔案,其副檔名是.sql(編碼是 utf-8)。對於現存的 SQL 指令碼檔案,我們可以在 MySQL Workbench 開啟 SQL 指令碼檔案來執行 SQL 指令。

例如:書附「Ch04\Test.sql」的 SQL 指令碼檔案可以建立【聯絡人】資料庫,執行此 SQL 指令碼檔案的步驟,如下:

1 請啟動 MySQL Workbench 連線 MySQL 伺服器後,執行「File>Open SQL Script」命令(或上方工具列的第 2 個按鈕),可以開啟「Open SQL Script」對話方塊,請切換至「MySQL\Ch04」資料夾,選 Test.sql,按【開啟】鈕。

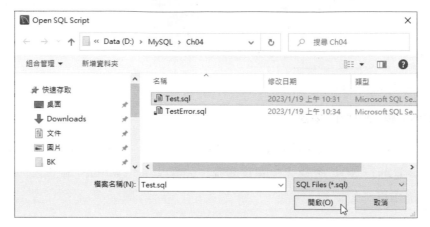

2 可以在中間【Test】標籤頁看到開啟的 SQL 指令碼內容。按上方第 3 個游標所在的圖示按鈕(或按 Ctrl + Shift + Enter 鍵)執行 SQL 指令碼,可以在下方「Output」視窗看到順利執行命令完成的訊息清單(前 2 個圖示可以開啟和儲存指令碼檔)。

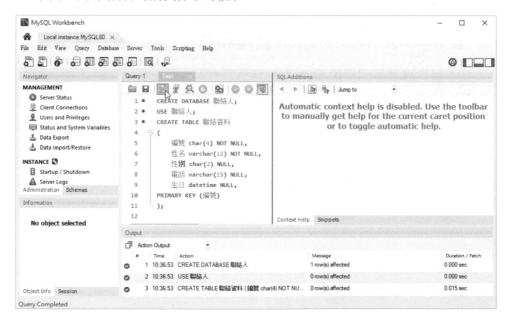

在 MySQL Workbench 的「Navigator」視窗選下方【Schemas】標籤，可以看到【聯絡人】資料庫項目下新增的資料表清單（如果沒有看到，請在資料庫名稱上，執行【右】鍵快顯功能表的【Refresh All】命令來重新整理清單），如右圖：

在 MySQL Workbench 執行「File>New Query Tab」命令，或按上方工具列的第 1 個按鈕，可以新增 SQL 編輯器的標籤頁來輸入 SQL 指令碼，執行「File>Save Script」命令可以儲存成 SQL 指令碼檔案。

如果 SQL 指令碼檔案或輸入的 SQL 指令碼有錯誤，在 SQL 編輯器會使用紅色【X】圖示標示哪一行有錯誤，並且在下方使用紅色鋸齒線標示錯誤位置的所在，如下圖：

當執行的 SQL 指令碼有錯誤，在下方「Output」視窗會顯示紅色【X】圖示的錯誤訊息，指出錯誤的 SQL 指令碼和 Error Code 錯誤碼，例如：執行 TestError.sql，如下圖：

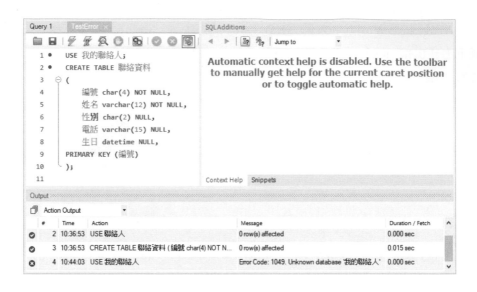

4-4 │ 檢視 MySQL 資料庫物件

MySQL 的系統或使用者資料庫都是各種物件所組成，在 MySQL Workbench 管理工具的「Navigator」導覽視窗的【Schemas】標籤頁，可以檢視這些資料庫物件。

4-4-1 系統資料庫

在 MySQL 資料庫伺服器管理的資料庫分為兩種，如下：

- 使用者定義的資料庫（User-defined Databases）：這是使用者自行建立和控制的資料庫，例如：在第 4-3-3 節建立的【聯絡人】資料庫，和本書之後章節建立的資料庫等。

- 系統資料庫（System Databases）：安裝 MySQL 自動建立的資料庫，這是一些系統所需和維持 MySQL 伺服器正常運作的資料庫。

MySQL 可以使用 SHOW DATABASE 指令來顯示管理的資料庫清單，指令後的「;」逗號是 MySQL 指令的結尾分隔符號（SQL 指令碼檔：Ch4_4_1.sql），如下：

```
SHOW DATABASES;
```

上述 SHOW 指令是 MySQL 專屬
指令，可以用來顯示一些系統資訊，
其執行結果可以看到資料庫清單，如
右圖：

上述 sakila 和 world 是 MySQL 安裝的範例資料庫（MariaDB 並沒有這 2
個範例資料庫），【聯絡人】是第 4-3-3 節建立的資料庫，其他 4 個是 MySQL
系統資料庫，其簡單說明如下：

mysql 資料庫

系統資料庫 mysql 儲存整個 MySQL 伺服器可以正常運作的重要資訊，例
如：在 user 資料表儲存使用者帳戶資料，請注意！如果 mysql 資料庫損壞，
MySQL 伺服器將無法正常運作。在 MySQL 可以使用 SHOW TABLES 指令顯
示目前資料庫的資料表清單（SQL 指令碼檔：Ch4_4_1a.sql），如下：

```
USE mysql;
SHOW TABLES;
```

上述 USE 指令切換至 mysql 資料庫後，呼叫 SHOW
TABLES 指令顯示目前資料庫的資料表清單，如右圖：

Tables_in_mysql
columns_priv
component
db
default_roles
engine_cost
func
general_log
global_grants
gtid_executed
help_category
help_keyword

performance_schema 資料庫

系統資料庫 performance_schema 是一些效能資料的資料表,可以用來監控伺服器事件、錯誤記錄、資料鎖定、交易和資料表是在記憶體而不在磁碟等資訊。performance_schema 資料庫的前幾個資料表清單（SQL 指令碼檔：Ch4_4_1b.sql）,如下圖：

Tables_in_performance_schema
▶ accounts
binary_log_transaction_compression_stats
cond_instances
data_lock_waits
data_locks
error_log
events_errors_summary_by_account_by_error
events_errors_summary_by_host_by_error
events_errors_summary_by_thread_by_error
events_errors_summary_by_user_by_error
events_errors_summary_global_by_error

sys 資料庫

系統資料庫 sys 是一組物件集合,可以幫助資料庫管理師 DBA 和開發者解釋從系統資料庫 performance_schema 取得的效能資料(請注意！MariaDB 預設並沒有安裝 sys 系統資料庫)。sys 資料庫的前幾個資料表清單（SQL 指令碼檔：Ch4_4_1c.sql）,如下圖：

Tables_in_sys
▶ host_summary
host_summary_by_file_io
host_summary_by_file_io_type
host_summary_by_stages
host_summary_by_statement_latency
host_summary_by_statement_type
innodb_buffer_stats_by_schema
innodb_buffer_stats_by_table
innodb_lock_waits
io_by_thread_by_latency
io_global_by_file_by_bytes

information_schema 資料庫

　　系 統 資 料 庫 information_schema 儲 存 的 是 資 料 庫 的 中 繼 資 料 （Meta-data），其內容包含資料庫名稱、資料表、欄位、資料類型、定序、字元集、角色和存取權限等。在 information_schema 資料庫的前幾個資料表清單 （SQL 指令碼檔：Ch4_4_1d.sql），如下圖：

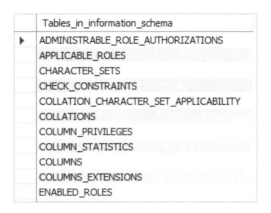

4-4-2 資料庫物件

　　MySQL 的系統或使用者資料庫都是由各種物件所組成，在 MySQL Workbench 的「Navigator」視窗的【Schemas】標籤，可以檢視資料庫的物件清單。例如：展開【聯絡人】資料庫，如右圖：

上述圖例在 MySQL 資料庫名稱【聯絡人】下的第一層物件說明，如下表：

物件	說明
Tables	資料表，即關聯表（Relations）
Views	檢視表，即視界（Views）的虛擬關聯表
Stored Procedures	預存程序，可以將例行、常用和複雜的資料庫操作預先建立 SQL 指令敘述集合，這是在資料庫管理系統執行的指令敘述集合，可以簡化相關或重複的資料庫操作
Functions	函數，這是將一或多個 SQL 指令敘述建立成函數，以便能夠重複呼叫這些常用的函數

在展開【聯絡資料】資料表後，可以看到資料表的相關物件，其說明下表：

物件	說明
Columns	欄位，展開可以看到資料表的欄位清單
Indexes	索引，展開可以看到資料表的索引清單
Foreign Keys	外來鍵，展開可以看到資料表的外來鍵清單
Triggers	觸發程序，這是一種特殊用途的預存程序，屬於主動執行的程序，不像預存程序是使用者執行，它是當資料表操作符合特定條件時，就自動執行觸發程序

4-5 新增 MySQL 使用者帳戶與伺服器連線

使用者帳戶管理是資料庫管理系統的身份識別系統，因為只有在資料庫管理系統擁有使用者帳戶和密碼的使用者，才允許建立資料庫連線，在授與權限後，使用者才能夠存取、設計、建立和維護資料庫。

4-5-1 新增 MySQL 使用者帳戶

在 MySQL 需要新增使用者帳戶後，才允許使用此帳戶來登入 MySQL 伺服器，基本上，使用者帳戶預設並沒有任何權限，我們需要授與存取權限後，MySQL 使用者帳戶才能管理或存取 MySQL 資料庫。

MySQL 使用者帳戶的完整名稱

MySQL 使用者帳戶的完整名稱共分成 2 部分：使用者名稱和主機名稱，例如：root 使用者的全名，如下：

```
root@localhost
```

上述 root 是使用者名稱，localhost 本機是主機名稱，如果是遠端的 MySQL 用戶端，主機名稱就是遠端的主機名稱或 IP 位址，如果允許使用者可以從任何遠端的 MySQL 用戶端來連線 MySQL 伺服器，主機名稱請使用'%'字元。

使用 MySQL Workbench 新增使用者帳戶

MySQL Workbench 管理工具支援圖形化介面來新增使用者帳戶，例如：新增使用者名稱 mydb，主機名稱是 localhost，擁有 DBManager 角色的管理權限，可以存取所有資料庫，其新增步驟如下：

1 請啟動 MySQL Workbench 使用 root 使用者建立連線後，在「Navigator」視窗選【Administration】標籤，再選【MANAGEMENT】下的【Users and Privileges】項目後，在右方標籤頁的使用者清單下方按【Add Account】鈕新增使用者帳戶。

❷ 在【Login】標籤的【Login Name】欄輸入使用者名稱【mydb】，
【Authentication Type】欄選【Standard】標準授權方式後，在【Limit to
Hosts Matching】欄輸入主機名稱【localhost】（只允許從本機登入，如
果是輸入【%】，允許本機和任何遠端來登入），然後在【Password】
和【Confirm Password】欄輸入兩次密碼。

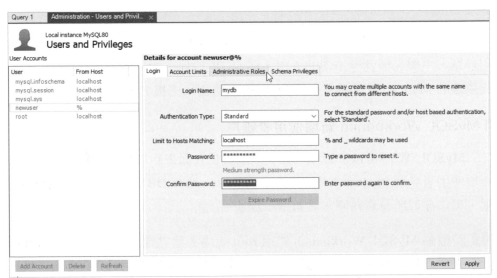

③ 選【Administration Roles】標籤，指定使用者帳戶的管理權限角色，請勾選【DBManger】角色（選【DBA】角色是授與資料庫管理師權限），按右下方【Apply】鈕套用使用者帳戶設定。

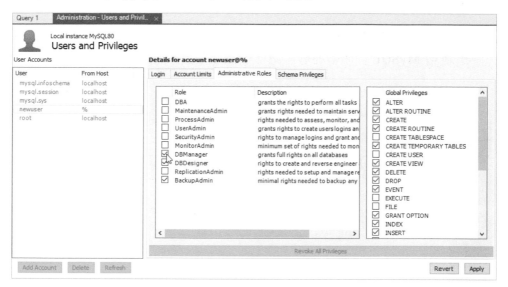

④ 可以看到新增的 mydb 使用者帳戶，如下圖：

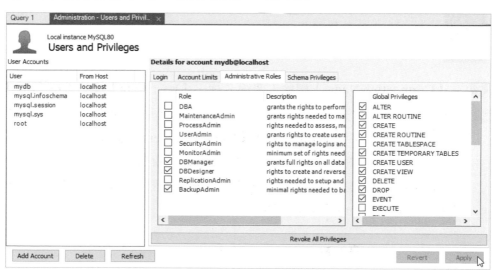

　如果沒有看到新增的帳戶，請按【Refresh】鈕重新整理，選帳戶後，按【Delete】鈕可以刪除使用者帳戶。

4-5-2 新增 MySQL 伺服器連線

在 MySQL 新增 mydb 使用者帳戶後，我們可以使用 mydb 使用者帳戶來新增 MySQL 伺服器連線，其步驟如下：

1 請啟動 MySQL Workbench，在 Home 標籤頁點選游標所在的【+】圖示來新增 MySQL 伺服器連線（第 2 個圖示是管理連線）。

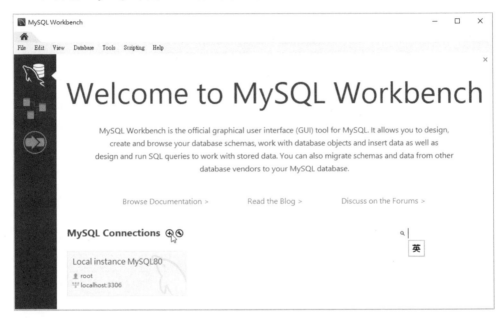

2 在【Connection Name】欄輸入連線名稱，【hostname】欄的主機名稱是本機 IP 位址（也可輸入 localhost），預設埠號是 3306，【username】欄輸入使用者帳戶【mydb】，在【Default Schema】欄輸入預設資料庫名稱來存取指定資料庫（請注意！輸入的資料庫需存在），保留空白就是 MySQL 伺服器的全域連線，可以存取擁有權限的所有資料庫，按下方【Test Connection】鈕測試連線。

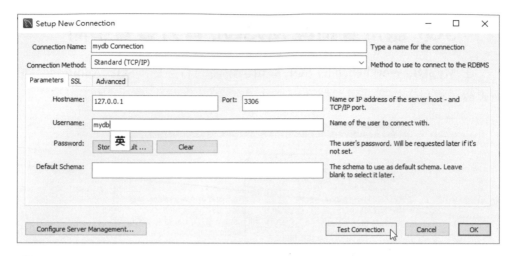

③ 在輸入密碼後可以看到成功連線的訊息視窗，請按二次【OK】鈕來新增
　MySQL 伺服器連線。

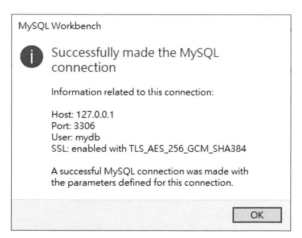

④ 可以看到新增的 MySQL 伺服器連線【mydb Connection】，如下圖：

4-6 | SQL 語法查詢與 MySQL 官方參考手冊

在 MySQL Workbench 的 SQL 編輯器視窗的右邊是「SQL Additions」協助視窗，提供下拉式清單選擇常用 SQL 指令的英文語法說明，如下圖：

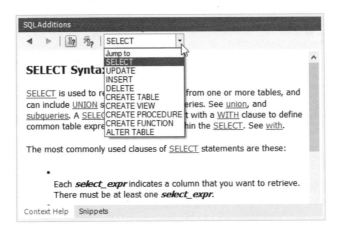

點選下方【Snippets】標籤，可在下拉式清單選擇分類的 SQL 語法清單，點選即可在浮動視窗檢視 SQL 語法，如下圖：

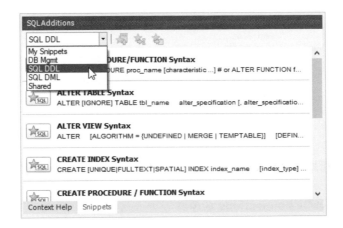

　　MySQL 官方參考手冊是英文內容的線上說明文件（可下載 PDF 檔），提供完整 MySQL 操作說明和 SQL 語法參考。當使用者在操作 MySQL 發生問題時，都可以試著自行進入 MySQL 官方參考手冊來找尋所需的解答，其首頁網址如下：

- https://dev.mysql.com/doc/refman/8.0/en/

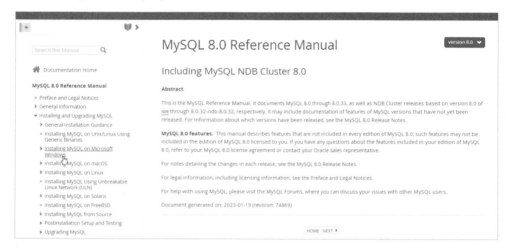

　　在上述參考手冊首頁展開左方分類項目，點選項目即可顯示指定項目的說明文件內容。如果找不到相關項目，請在左上角搜尋欄位，輸入關鍵字來搜尋 MySQL 官方參考手冊的相關內容。

資料庫設計工具的使用

5-1 資料庫設計的基礎

「資料庫設計」（Database Design）是一項大工程，因為資料庫儲存的資料牽涉到公司或組織的標準化資訊、資料處理和儲存方式，資料庫應用程式開發不能只會寫程式，還需要擁有資料庫相關的技術背景。

關聯式資料庫設計（Relational Database Design）是在建立關聯式資料庫，更正確的說，我們是建立關聯式資料庫綱要，也就是定義資料表、欄位和主索引等定義資料。

5-1-1 資料庫系統開發的生命周期

資料庫系統開發的生命周期是資料庫系統的開發流程，它和其他應用程式的開發過程並沒有什麼不同。資料庫系統開發的生命周期可以分成五個階段，其流程圖如下圖：

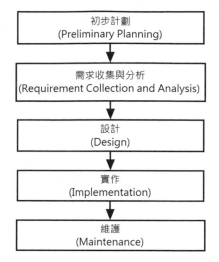

上述資料庫系統的開發流程中，第一階段的初步計劃是描述資料庫系統的目的、功能和預期目標等資訊。第二階段依照初步計劃進行資料收集、訪查來確定資料庫系統的需求，在此階段注重的是問題，而不是系統本身，在完成需求的收集後，就可以開始進行分析。

在之後三個階段是資料庫設計與實作部分，當分析完資料庫的需求後，就可以在第三階段進行資料庫設計，第四階段是在選擇的資料庫管理系統實作資料庫，例如：MySQL。最後第五階段，雖然資料庫系統已經設計完成，但是，還是需要定時維護資料庫系統，以維持資料庫系統的正常運作。

在本節主要是說明第三階段的資料庫設計，對比軟體系統開發，就是系統分析。事實上，完整資料庫設計分成兩個部分，如下：

- 資料庫設計（Database Design）：依照一定程序、方法和技術，使用結構化方式將概念資料模型（詳見下一節說明）轉換成資料庫的過程。

- 應用程式設計（Application Design）：撰寫程式建立使用者介面，並且將商業處理流程轉換成應用程式的執行流程，以便使用者能夠輕易存取所需的資訊，即所謂資料庫程式設計（Database Programming），進一步說明請參閱＜第 16 章：MySQL/MariaDB 用戶端程式開發－使用 Python 與 PHP 語言＞。

5-1-2 資料庫設計方法論

「資料庫設計方法論」（Database Design Methodology）是使用特定程序、技術和工具的結構化設計方法，一種結構化的資料庫設計方法，這是一種計劃性、按部就班來進行資料庫設計。

對於小型資料庫系統來說，就算沒有使用任何資料庫設計方法論，資料庫設計者一樣可以依據經驗來建立所需的資料庫。但是，對於大型資料庫設計的專案計劃來說，資料庫設計方法論就十分重要。

在本節說明的資料庫設計方法論，完整資料庫設計共分成三個階段：概念、邏輯和實體資料庫設計，如下圖：

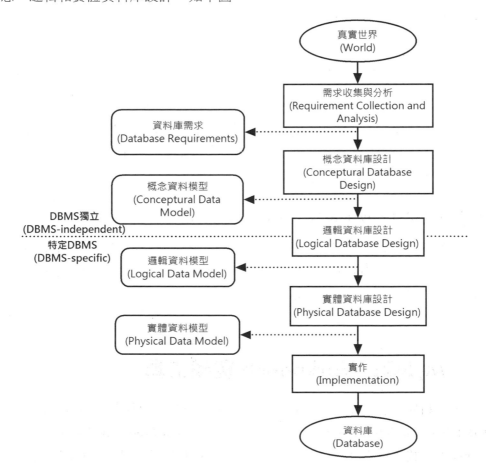

上述圖例顯示當從真實世界進行需求收集和分析後，就可以撰寫資料庫需求書，通常是使用文字來描述系統需求。接著進行三個階段的資料庫設計來建立所需的資料模型，在這三個階段主要是建立概念、邏輯和實體資料模型，如下：

概念資料庫設計（Conceptual Database Design）

概念資料庫設計是將資料庫需求轉換成概念資料模型的過程，並沒有針對特定資料庫管理系統或資料庫模型。簡單的說，概念資料模型是一種使用者了解的模型，用來描述真實世界的資料如何在資料庫中呈現。實體關聯圖是目前最廣泛使用的概念資料模型。

邏輯資料庫設計（Logical Database Design）

邏輯資料庫設計是將概念資料模型轉換成邏輯資料模型的過程，邏輯資料庫設計是針對特定資料庫模型來建立邏輯資料模型，例如：關聯式資料庫模型。

邏輯資料模型是一種資料庫管理系統了解的資料模型，擁有完整資料庫綱要，我們可以使用第 2 章的外來鍵參考圖建立邏輯資料模型。事實上，實體關聯圖不只可以建立概念資料模型，也可以建立邏輯資料模型，其最大差異在於邏輯資料模型是一個已經正規化的實體關聯圖。

實體資料庫設計（Physical Database Design）

實體資料庫設計是將邏輯資料模型轉換成關聯式資料庫管理系統的 SQL 指令碼，以便建立資料庫。實體資料模型可以描述資料庫的關聯表、檔案組織、索引設計和額外的完整性限制條件。

5-2 ｜MySQL Workbench 塑模工具

「資料庫設計工具」（Database Design Tools）也稱為資料庫塑模工具（Database Modeling Tools）或資料塑模工具（Data Modeling Tools），這是一套提供完整資料庫設計環境的應用程式，可以幫助我們執行資料庫設計、建立與維護資料庫。以關聯式資料庫來說，資料庫設計工具的最重要功能就是繪製實體關聯圖。

MySQL Workbench 管理工具內建資料塑模工具，可以幫助我們繪製實體關聯圖的資料庫模型（Database Model）。支援建立資料庫設計的兩種資料模型，如下：

- 邏輯資料模型（Logical Data Model）：針對 MySQL 資料庫系統建立的實體關聯圖。

- 實體資料模型（Physical Data Model）：將建立的資料模型輸出成 SQL 指令碼，可以連線 MySQL 伺服器來建立模型設計的資料表。

新增資料庫模型（Models）

MySQL Workbench 內建資料庫設計工具來繪製實體關聯圖，我們首先需要新增資料庫模型。例如：新增名為 Ch5_2 的資料庫模型，其步驟如下：

1 請執行「開始>MySQL>MySQL Workbench 8.0 CE」命令啟動 MySQL Workbench 管理工具，在 Home 標籤頁點選左邊第二項標籤頁的資料庫設計工具，如下圖：

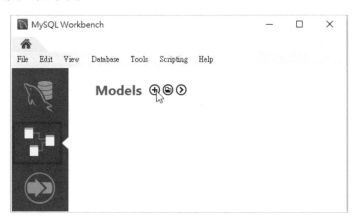

❷ 點選游標所在的【+】圖示（或執行「File>New Model」命令）來新增資
料庫模型，雙擊游標所在的【mydb】來更改資料庫名稱。

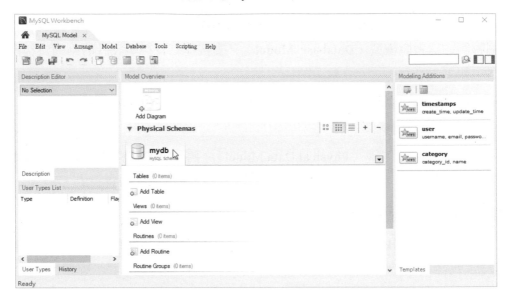

❸ 在【Name】欄輸入資料庫名稱【MW 教務系統】，Chartset 字元集是 uft8；
Collation 定序選【utf8_unicode_ci】，然後點選【MW 教務系統- Schema】
標籤頁後的【X】來關閉標籤頁。

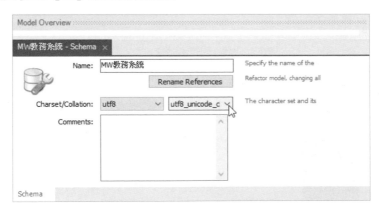

④ 請執行「File>Save Model」命令，在「Save Model」對話方塊切換至
「\MySQL\Ch05」路徑，在【檔案名稱】欄輸入【Ch5_2】，按【存檔】
鈕儲存模型檔（預設副檔名是.mwb）。

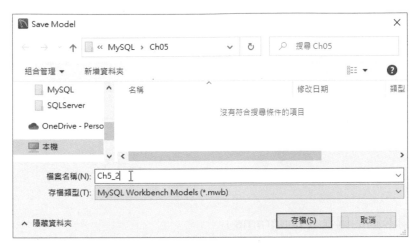

⑤ 可以看到上方標籤頁名稱已經改成【MySQL Model (Ch5_2.mwb)】，如
下圖：

⑥ 請執行「File>Exit」命令離開 MySQL Workbench 管理工具。

開啟資料庫模型（Models）

對於尚未完成的資料庫模型檔，MySQL Workbench 可以開啟存在的
Ch5_2.mwb 模型檔來進行模型的編輯，如下：

❶ 請重新啟動 MySQL Workbench，執行「File>Open Model」命令，在「Open Model」對話方塊切換路徑後，選【Ch5_2.mwb】後（Ch5_2.mwb.bak 是備份檔），按【開啟】鈕開啟模型檔。

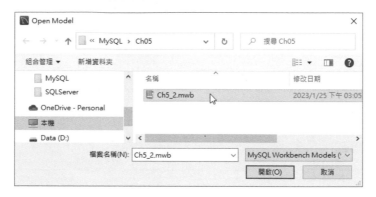

新增實體關聯圖的圖表（Diagrams）

在 MySQL Workbench 開啟模型檔後，就可以新增資料庫設計的實體關聯圖，請繼續上面的步驟，如下：

❶ 在「Model Overview」視窗，雙擊【Add Diagram】圖示，新增實體關聯圖的圖表。

❷ 可以新增一頁標籤頁的實體關聯圖的繪圖工具，如下圖：

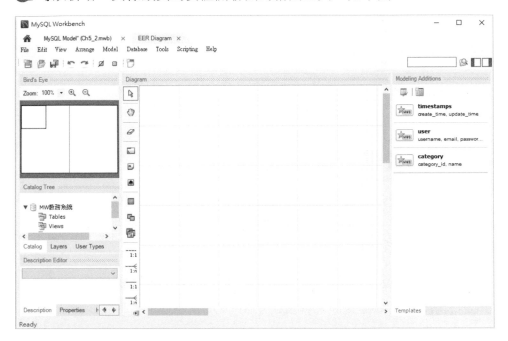

❸ 點選【MySQL Model (Ch5_2.mwb)】標籤，在【EER Diagram】圖示上，執行【右】鍵快顯功能表的【Rename Diagram...】命令。

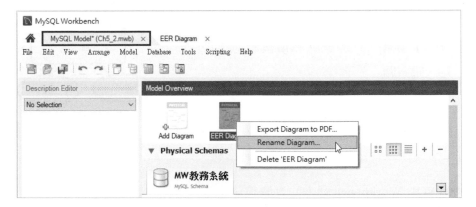

❹ 在對話方塊的欄位輸入圖表名稱，按【OK】鈕即可更名圖表。

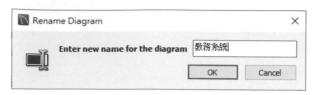

5-3 新增實體

實體（Entities）是從真實世界的資料識別出的東西。例如：人、客戶、產品或觀念等。屬性（Attributes）是實體擁有的特性，例如：學生實體擁有學號、姓名、地址和電話等屬性。

在 MySQL Workbench 新增圖表後，就可以新增實體關聯圖的實體和屬性，對於實體資料模型來說，就是建立 MySQL 資料庫的資料表定義資料。

5-3-1 實體的圖形符號

MySQL Workbench 圖表的實體與屬性圖形符號和第 3-1 節有些不同。例如：第 3-1 節的【學生】實體（已經刪除多重值屬性【地址】），如右圖：

上述【學生】實體是使用長方形表示實體型態；屬性是使用橢圓形的圖形符號，然後使用實線連接線來連接實體型態。

MySQL Workbench 圖表的實體是使用長方形圖形符號來表示，類似 UML 類別圖，如右圖：

上述 Students 學生實體的長方形分成三個部分，最上方是實體名稱；中間是屬性清單（即欄位），每一個屬性依序是欄位名稱和資料類型，在前方有鑰匙圖示的欄位是主鍵欄位；實心綠色小菱形是不允許 NULL；空心小菱形是允許 NULL，點選最下方的 Indexes，可展開索引清單。

5-3-2 新增與刪除實體

在 MySQL Workbench 建立模型和新增圖表後，就可以使用左方垂直繪圖工具列的圖示按鈕來新增和刪除實體。

新增實體

在 MySQL Workbench 開啟圖表後，就可以新增實體，例如：新增名為【Students】的實體（請注意！中文名稱無法在圖表正確的顯示），其步驟如下：

1 請啟動 MySQL Workbench 新增名為 Ch5_3_2.mwb 的模型檔和【學生】圖表後，開啟【學生】圖表，按左邊垂直繪圖工具列游標所在的第 7 個圖示【Place a New Table】。

❷ 然後在編輯區域的插入位置點選一下，可以新增預設名為 table1 的實體，請雙擊實體來更改實體名稱。

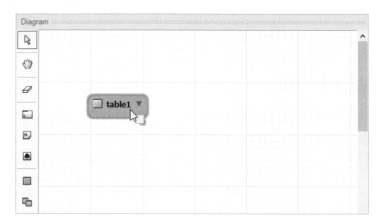

❸ 在【Table Name】欄輸入實體名稱【Students】（學生），就可以看到我們新增的實體，如下圖：

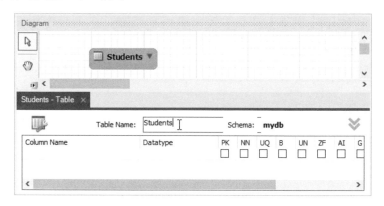

刪除實體

在編輯區域選取欲刪除的實體後，請執行【右】鍵快顯功能表的【Delete 'Students'】命令來刪除指定名稱的實體。

編輯實體

在編輯區域選取實體後，雙擊或執行【右】鍵快顯功能表的【Edit 'Students'】命令，可以重新編輯實體。

5-3-3 新增屬性清單和指定主鍵

在 MySQL Workbench 圖表新增【Students】實體後，就可以替實體新增屬性清單（即欄位）和指定主鍵，這就是在建立【學生】資料表的欄位定義資料，其步驟如下：

1 請啟動 MySQL Workbench 開啟 Ch5_3_2.mwb 模型檔和開啟【學生】圖表，雙擊【Students】（學生）實體來新增屬性清單。

2 在【Column Name】欄輸入【sid】（學號），【Datatype】欄選【CHAR()】，然後直接改成【CHAR(4)】，即長度 4，勾選【PK】表示是主鍵欄位；勾選【NN】是 NOT NULL 非空值，如下圖：

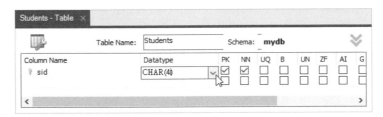

3 請雙擊 sid 的下一列新增下一個欄位，然後在【Column Name】欄輸入【name】（姓名），【Datatype】欄選【VARCHAR()】，然後改成【VARCHAR(12)】，即長度 12，勾選【NN】是 NOT NULL 非空值，如下圖：

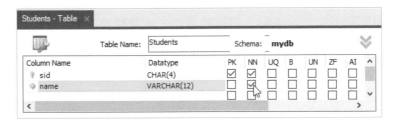

❹ 請重複上述步驟依序新增 tel（電話）和 birthday（生日）欄位，資料型態分別是 VARCHAR(15)和 DATE，可以看到最後建立的【Students】實體，如下圖：

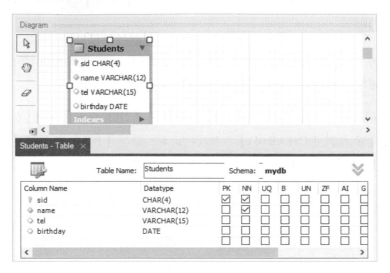

5-3-4　編輯屬性

在實體新增屬性清單後，我們可以更改屬性清單的排列順序、刪除屬性和重新編輯屬性的內容。

刪除屬性

實體如果有不再需要或輸入錯誤的屬性，請雙擊實體圖形後，選取屬性，然後執行【右】鍵快顯功能表的【Delete Selected】命令來刪除屬性，如下圖：

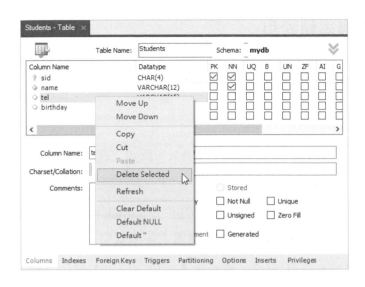

屬性排列順序

　　屬性清單的順序如果有問題，請直接執行上述【右】鍵快顯功能表的【Move Up】（往上移動）和【Move Down】（往下移動）命令來調整屬性的順序。

重新編輯屬性內容

　　如果需要重新編輯屬性內容，請在屬性清單選取屬性後，即可在下方重新編輯屬性內容，在【Default】欄位可以輸入預設值，如下圖：

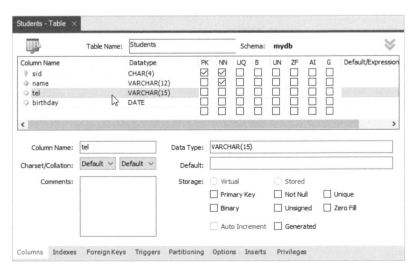

5-3-5　建立與編輯索引

在實體除了主索引（主鍵）外，我們還可以針對指定欄位新增索引來加速資料的搜尋與排序。

建立索引

在實體可以針對指定欄位來建立索引。例如：在【Students】實體建立名為【Students_idx】的索引，索引欄位是 name 姓名，其步驟如下：

❶ 請啟動 MySQL Workbench 開啟 Ch5_3_2.mwb 模型檔和開啟【學生】圖表，雙擊【Students】（學生）實體來新增索引。

❷ 選下方【Indexes】標籤，在左邊【Index Name】欄位，點選 PRIMARY 主索引（預設建立的索引）下方，即可輸入索引名稱【Students_idx】來新增索引，在【Type】欄位選索引種類是 INDEX 一般或 UNIQUE 唯一索引後，在中間勾選索引欄位【name】，如果不只一個欄位，請重複勾選欄位，如下圖：

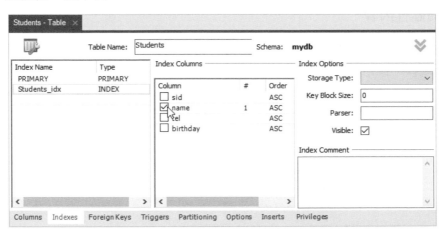

❸ 展開【Students】實體下方的 Indexes，可以看到新增的 Students_idx 索引（PRIMARY 是主索引），如右圖：

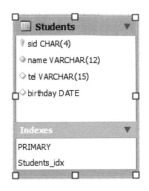

編輯與刪除索引

當需要編輯索引或複合主鍵的欄位時，請雙擊實體圖形，在下方選【Indexes】標籤，即可在左方選擇索引來重新編輯索引，如下圖：

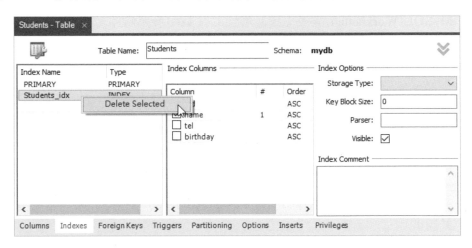

刪除索引請在索引名稱上，執行【右】鍵快顯功能表的【Delete Selected】命令。

5-4 | 建立關聯性

關聯性（Relationships）是指二個或多個實體之間擁有的關係，在 MySQL Workbench 圖表建立實體和新增屬性清單後，就可以建立關聯性來完成實體關聯圖的繪製。

5-4-1 關聯性的圖形符號

在 MySQL Workbench 關聯性的圖形符號是使用連接線表示實體之間是哪一種關聯性，在連接線端點是使用雞爪符號標示關聯性的限制條件。

關聯性的基數和參與條件

MySQL Workbench 圖表支援關聯性的基數和參與條件，這是使用雞爪符號標示在連接線的兩個端點，其關聯性參與條件使用的術語和第 3-1-5 節有些不同。例如：【講師】實體可以上很多門【課程】實體，或沒有教任何一門課程的一對多關聯性，如下圖：

上述圖例的講師實體是強制參與；課程實體是選項參與名為上課的關聯型態，其說明如下：

- 強制參與（Mandatory Participation）：即第 3-1-5 節的全部參與限制條件（Total Participation Constraints）。因為所有講師都需教課，所以講師實體完全參與上課關聯型態的強制參與。

- 選項參與（Optional Participation）：即第 3-1-5 節的部分參與限制條件（Partial Participation Constraints）。因為不是所有課程都有講師教，所以課程實體只有部分參與上課關聯型態，即選項參與。

在連接線端點如果有小圓圈標示可為 0 時，在此端實體就是選項參與；沒有小圓圈是強制參與，因為至少為 1。例如：【課程】實體是 0 到多，所以是選項參與；【講師】實體為 1，則是強制參與。

關聯性的種類

在 MySQL Workbench 圖表編輯工具的左邊垂直繪圖工具列的最後提供建立關聯性的按鈕，可以建立一對一、一對多和多對多關聯性（請注意！並不支援前述的選項參與），如下圖：

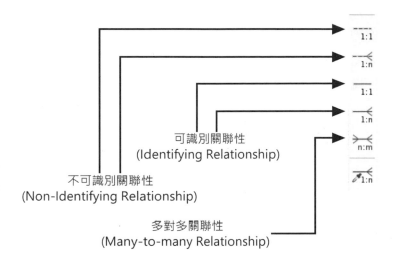

上述工具列的前 2 個按鈕是一對一和一對多的不可識別關聯性；之後 2 個按鈕是一對一和一對多的可識別關聯性，第 5 個按鈕是多對多關聯性，如果外來鍵欄位已經存在，請按最後一個按鈕來建立 2 個資料表指定欄位的一對多關聯性。

請注意！在 MySQL Workbench 圖表建立關聯性會自動替資料表新增外來鍵 FK，如果是可識別關聯性，新增的外來鍵也是主鍵；不可識別關聯性就是一般欄位。可識別/不可識別關聯性的說明，如下：

- 可識別關聯性（Identifying Relationship）：指外來鍵是實體的主鍵欄位之一。例如：當實體 A 關聯到實體 B，實體 A 的主鍵 k 不只是實體 B 的外來鍵，還是主鍵欄位之一。在 MySQL Workbench 圖表是使用實線來表示關聯性，例如：【訂單】實體的主鍵訂單編號不只是【訂單明細】實體的外來鍵，還是主鍵欄位之一，如下圖：

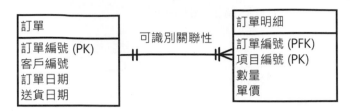

● 不可識別關聯性（Non-Identifying Relationship）：指外來鍵不是實體的主鍵欄位之一。例如：當實體 A 關聯到實體 B 時，實體 A 的主鍵 k 是實體 B 的外來鍵，但並不是主鍵欄位之一。在 MySQL Workbench 圖表是使用虛線表示不可識別關聯性，例如：【訂單】實體的外來鍵客戶編號並不是主鍵欄位之一，這是不可識別關聯性，如下圖：

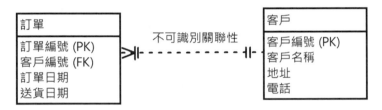

多對多關聯性

多對多關聯性在 MySQL Workbench 圖表可以使用兩個一對多可識別關聯性來建立，或使用內建多對多關聯性按鈕，可以自動替圖表建立一個結合的關聯實體型態，例如：【學生】實體和【測驗】實體的多對多關聯性，這是籍由【結果】關聯實體型態來建立 2 個一對多關聯性，如下圖：

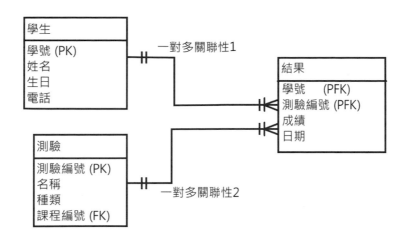

5-4-2 建立關聯性

在 MySQL Workbench 圖表新增實體和屬性清單後,就可以使用垂直繪圖工具列的按鈕,在實體之間建立關聯性。

建立一對一或一對多關聯性

因為一對一和一對多可識別關聯性和不可識別關聯性的建立步驟相同,筆者只以一對多可識別關聯性為例。例如:建立【Students】學生實體和其【Parents】家長實體之間的一對多可識別關聯性,其步驟如下:

1 請啟動 MySQL Workbench 開啟 Ch5_4_2.mwb 模型檔後,執行「File>Save Model As...」命令另存成 Ch5_4_2a.mwb 模型檔。

2 在「Model Overview」視窗雙擊【一對多關聯性】開啟圖表。

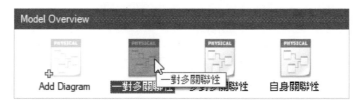

❸ 按左邊垂直繪圖工具列【Place a New 1:n Identifying Relationship】鈕後，
請先選「多」端的【Parents】實體（會新增外來鍵），然後選「一」端
的【Students】實體，可以建立黑色連接線的一對多關聯性，如下圖：

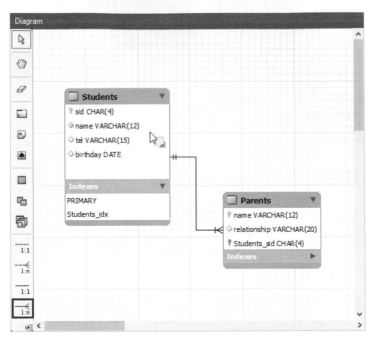

❹ 雙擊【Parents】資料表，可以看到最後新增的 Students_sid 欄位，這就
是 MySQL Workbench 自動新增的外來鍵，因為是可識別關聯性，所以
也是主鍵，如下圖：

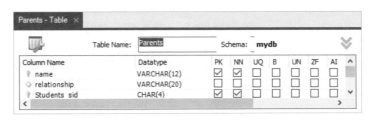

方法一：使用 2 個一對多關聯性來建立多對多關聯性

MySQL Workbench 圖表可以建立 2 個針對結合實體的一對多關聯性來建立多對多關聯性。例如：【Results】結果實體是結合實體（沒有主鍵），二個一對多關聯性，如下：

- 首先建立【Students】實體和【Results】實體之間的一對多關聯性。
- 再建立【Exams】測驗實體和【Results】實體之間的一對多關聯性。

即可完成【Students】實體和【Exams】實體之間的多對多關聯性，其步驟如下：

1 請啟動 MySQL Workbench 開啟上一小節另存的 Ch5_4_2a.mwb 模型檔後，在「Model Overview」視窗雙擊【多對多關聯性】開啟圖表，可以看到【Students】、【Exams】和【Results】三個實體。

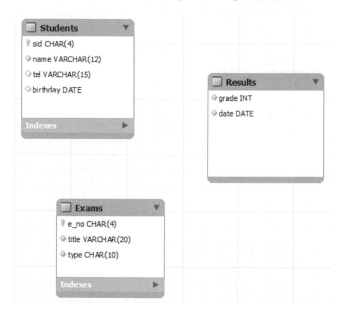

❷ 按左邊垂直繪圖工具列【Place a New 1:n Identifying Relationship】鈕後，先選「多」端的【Results】實體，再選「一」端的【Students】實體，可以建立黑色連接線的關聯性，如下圖：

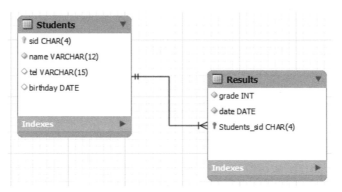

❸ 再按左邊垂直繪圖工具列【Place a New 1:n Identifying Relationship】鈕後，先選「多」端的【Results】實體，再選「一」端的【Exams】實體，即可建立 2 個一對多關聯性。

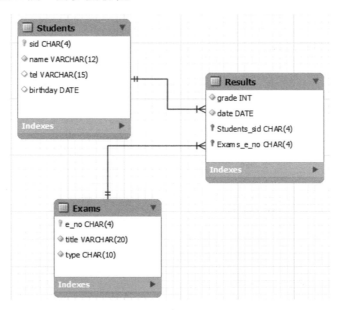

多重關聯型態（Ternary Relationship Type）是一種擁有三個或更多實體型態之間的關聯性，其建立方式就是依序建立多個一對多關聯性。

方法二：自動新增結合實體來建立多對多關聯性

MySQL Workbench 圖表可以替我們自動新增結合實體來建立多對多關聯性，其步驟如下：

1 請先另存 Ch5_4_2.mwb 成為 Ch5_4_2b.mwb 模型檔後，開啟【多對多關聯性】圖表。

2 按左邊垂直繪圖工具列【Place a New n:m Identifying Relationship】鈕後，先選「多」端的【Students】實體，再選「多」端的【Exams】實體，可以自動新增【Students_has_Exams】結合實體來建立多對多關聯性，如下圖：

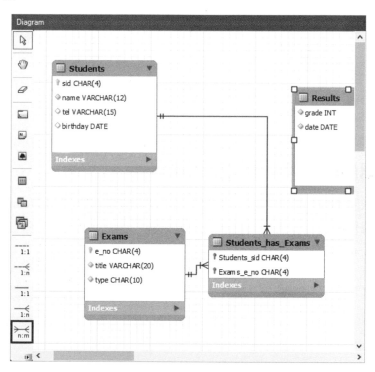

建立自身關聯性

「自身關聯性」（Self Relationship）是指實體的外來鍵是參考同一實體自己的主鍵。例如：在【Employees】員工實體建立自身關聯性，因為員工的長官也是一位員工，其步驟如下：

1 請啟動 MySQL Workbench 開啟 Ch5_4_2a.mwb 模型檔案後，在「Model Overview」視窗雙擊【自身關聯性】開啟圖表，可以看到【Employees】員工實體。

2 按左邊垂直繪圖工具列【Place a New 1:n Non-Identifying Relationship】鈕後，先選【Employees】實體，在移開後，再回頭選一次【Employees】實體建立自身關聯性，可以看到新增不可識別自身關聯性的連接線，如下圖：

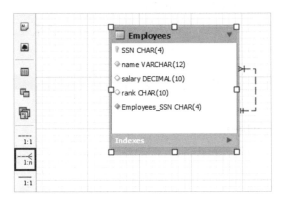

5-4-3　編輯關聯性與參考完整性規則

在選取關聯性的連接線後，執行【右】鍵快顯功能表的【Delete】命令可以刪除關聯性，因為實體有自動新增的外來鍵，所以會顯示一個對話方塊。

選【Delete】會刪除實體新增的外來鍵欄位；【Keep】會保留實體新增的外來鍵欄位。請雙擊【Parents】實體，選下方【Foreign Keys】標籤，可以看到新增的外來鍵限制條件【fk_Parents_Students】，如下圖：

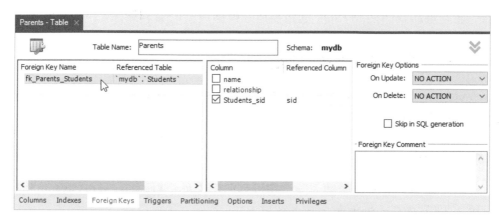

在左邊選【fk_Parents_Students】，可以在中間看到對應的關聯欄位，如果有錯誤，請在此更改關聯欄位，在右邊「Foreign Key Option」窗格是外來鍵選項，其說明如下：。

- On Update 和 On Delete：選擇 2 個實體在更新和刪除操作時使用的參考完整性規則，其設定值的說明如下：

  - NO ACTION：沒有使用參考完整性規則。

  - RESTRICT：拒絕刪除或更新操作。

  - CASCADE：連鎖性處理方式是當更新或刪除時，需要作用在所有影響的外來鍵，否則拒絕此操作。

  - SET NULL：將所有可能的外來鍵都設為空值，否則拒絕此操作。

  - Skip in SQL generation：是否在產生 SQL 指令碼時，跳過不處理。

5-5 匯出實體關聯圖和建立模型設計的資料庫

MySQL Workbench 提供匯出功能，可以將實體關聯圖匯出成 PDF 檔和圖檔，並且幫助我們在 MySQL 伺服器建立模型設計的資料庫。

5-5-1 匯出圖表的實體關聯圖

MySQL Workbench 圖表提供匯出功能，可以將繪製的模型圖匯出成 PDF 檔或 PNG 圖檔。

匯出成 PDF 檔

對於繪製的實體關聯圖，除了可以列印出來外，MySQL Workbench 也可以匯出 PDF 格式的模型圖，其步驟如下：

❶ 請啟動 MySQL Workbench 開啟 Ch5_4_2a.mwb 模型檔後，在「Model Overview」視窗的【多對多關聯性】圖表上，執行【右】鍵快顯功能表的【Export Diagram to PDF】命令。

❷ 在切換路徑，輸入檔名，按【存檔】鈕匯出成 PDF 檔。

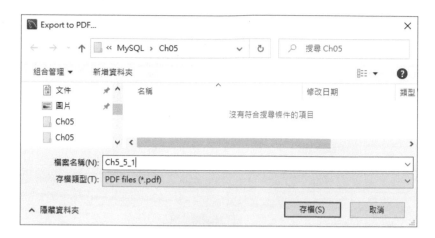

匯出成 PNG 圖檔

在「Model Overview」視窗雙擊開啟【多對多關聯性】圖表後，執行「File>Export>Export as PNG...」命令，可以匯出成 PNG 圖檔，如下圖：

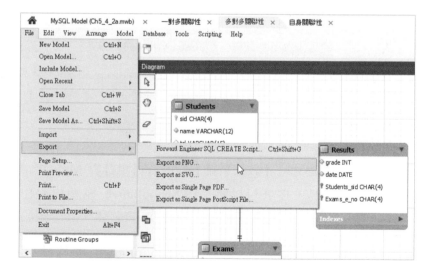

5-5-2 在 MySQL 建立模型設計的資料庫

MySQL Workbench 可以使用模型的實體關聯圖來產生 MySQL 資料庫綱要的 SQL 指令碼（即實體資料庫設計），然後連線 MySQL 伺服器建立我們模型所設計的資料庫和資料表。

我們已經使用 MySQL Workbench 改用英文名稱來重繪第 3-1 節【教務系統】範例資料庫的實體關聯圖（模型檔：MWSchool.mwb），如下圖：

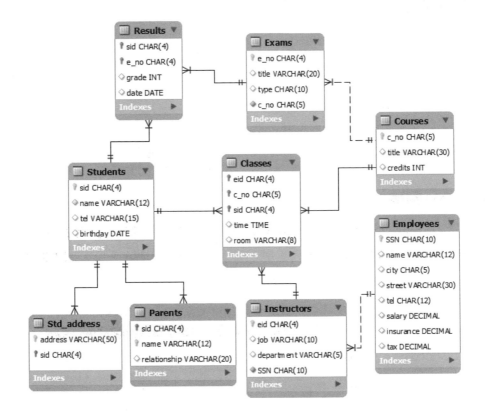

上述圖例的實體關聯圖是【教務系統】範例資料庫針對 MySQL 資料庫系統建立的實體資料模型。接著可以將 MWSchool.mwb 模型檔輸出成名為 MWSchool.sql 的 SQL 指令碼檔案，和建立 MySQL 資料庫，其步驟如下：

1 請啟動 MySQL Workbench 開啟 MWSchool.mwb 模型檔後，執行「Database>Forward Engineer」命令，可以看到設定連線 MySQL 伺服器參數的精靈畫面。

2 在輸入 MySQL 連線設定後，按【Next】鈕。

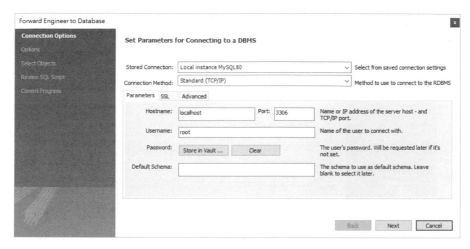

3 設定產生 SQL 指令碼的選項，請在「Code Generation」區段勾選【DROP objects before each CREATE object】在建立前先刪除物件，和【Generate DROP SCHEMA】產生刪除資料庫的指令碼，按【Next】鈕。

Forward Engineer to Database

Connection Options
Options
Select Objects
Review SQL Script
Commit Progress

Set Options for Database to be Created

Tables
- [ ] Skip creation of FOREIGN KEYS
- [ ] Skip creation of FK Indexes as well
- [ ] Generate separate CREATE INDEX statements
- [ ] Generate INSERT statements for tables
- [ ] Disable FK checks for INSERTs

Other Objects
- [ ] Don't create view placeholder tables
- [ ] Do not create users. Only create privileges (GRANTs)

Code Generation
- [x] DROP objects before each CREATE object
- [x] Generate DROP SCHEMA
- [ ] Omit schema qualifier in object names
- [ ] Generate USE statements
- [ ] Add SHOW WARNINGS after every DDL statement
- [x] Include model attached scripts

Back   Next   Cancel

4 在輸入連線密碼後，選擇產生的物件，請勾選【Export MySQL Table Objects】匯出資料表物件，按【Next】鈕。

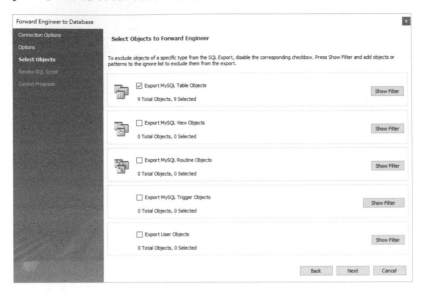

5 可以看到產生的 SQL 指令碼檔案，請按下方【Save to File...】鈕儲存成「MySQL\Ch05\MWSchool.sql」檔案後，按【Next】鈕。

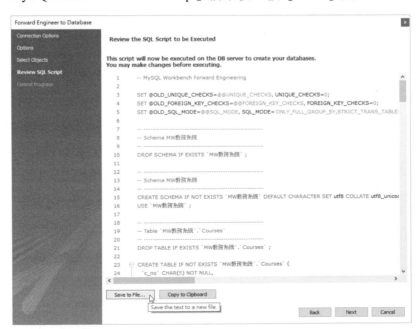

6 在輸入連線密碼後，可以看到目前產生資料庫的進度，在完成後，請按
　　【Close】鈕。

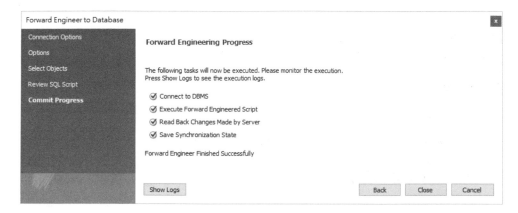

　　在 MySQL Workbench 可以看到 MySQL 伺
服器建立的【mw 教務系統】資料庫，展開可以
看到建立的資料表清單，如右圖：

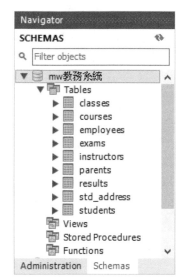

｜Memo

MariaDB 目前不支援 MySQL 8.x 版預設的 utf8mb4_0900_ai_ci 定序，在 INDEX
指令不支援 VISIBLE/INVISIBLE 關鍵字，VISIBLE 關鍵字（預設值）可以使用
此索引來最佳化查詢，INVISIBLE 關鍵字是不使用。MWSchool_MariaDB.sql
是修改後適用 MariaDB 伺服器的版本。

5-6 反向工程從資料庫來產生模型

在第 5-5-2 節是從資料庫模型來產生 MySQL 資料庫和資料表，反向工程就是反過來，從 MySQL 伺服器的資料庫來產生實體關聯圖，例如：我們準備產生 world 範例資料庫的實體關聯圖（MariaDB 請先執行 Word_MariaDB.sql 建立 word 資料庫），其步驟如下：

❶ 請啟動 MySQL Workbench 執行「Database>Reverse Engineer」命令，可以看到設定連線 MySQL 伺服器參數的精靈畫面。

❷ 在輸入 MySQL 連線設定後，按【Next】鈕。

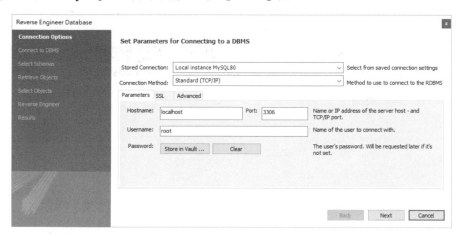

❸ 在輸入連線密碼後，可以取得 MySQL 伺服器的資料庫清單和相關設定，按【Next】鈕。

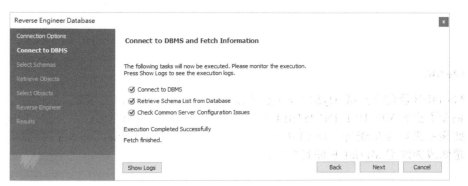

④ 選擇反向工程的資料庫，請勾選【world】，按【Next】鈕。

⑤ 在輸入連線密碼後，可以取得可執行反向工程的資料庫物件，在完成後，按【Next】鈕。

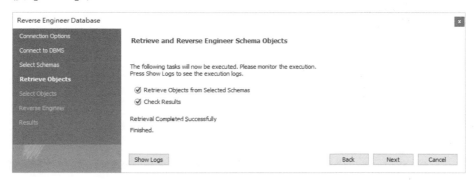

⑥ 請勾選【Import MySQL Table Objects】匯入 3 個資料表物件，按【Execute >】鈕開始執行反向工程。

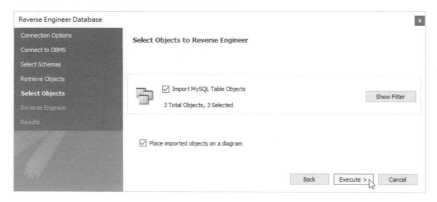

❼ 可以看到目前的執行進度，在完成後，按【Next】鈕。

❽ 可以看到反向工程的執行結果，請按【Finish】鈕。

在 MySQL Workbench 可以看到建立的實體關聯圖，如右圖：

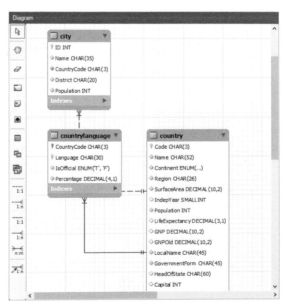

SQL 語言與資料庫建置

6-1 | SQL 語言的基礎

SQL 語言是一種第四代程式語言，可以用來查詢或編輯關聯式資料庫的記錄資料，它是 70 年代由 IBM 公司研發，並且在 1986 年成為 ANSI 標準的一種關聯式資料庫語言。

6-1-1 SQL 結構化查詢語言

「SQL」（Structured Query Language）的全名是結構化查詢語言，在本書簡稱為 SQL 語言。SQL 語言是在 1980 年成為「ISO」（International Organization for Standardization）和「ANSI」（American National Standards Institute）的標準資料庫語言，其版本分為 1989 年的 ANSI-SQL 89 和 1992 年制定的 ANSI-SQL 92，也稱為 SQL 2，這是目前關聯式資料庫的標準語言，ANSI-SQL 99 稱為 SQL 3，適用在物件關聯式資料庫的 SQL 語言。

早在 1970 年，E. F. Codd 建立關聯式資料庫模型時，就提出一種構想的資料庫語言，一種完整和通用的資料庫存取語言，雖然當時並沒有真正建立語法，但這便是 SQL 的起源。

1974 年 Chamberlin 和 Boyce 建立 SEQUEL 的語言，這是 SQL 的原型。IBM 稍加修改後作為其關聯式資料庫管理系統的資料庫語言，稱為 System R，1980 年 SQL 的名稱正式誕生，從哪天開始，SQL 逐漸壯大成為一種標準的關聯式資料庫語言。

目前的 SQL 語言雖然都源於 ANSI-SQL，不過，在支援上仍有些差異，有些沒有完全支援 ANSI-SQL 指令；有些自行擴充程式化功能，新增 ANSI-SQL 沒有的條件與迴圈指令，例如：MySQL 的 SQL 語言、SQL Server 的 Transact-SQL（簡稱 T-SQL）、Oracle 的 PL/SQL（Procedure Language Extension to SQL）和 IBM 的 SQL PL。

6-1-2 SQL 語言的基本語法

SQL 語言的基礎是關聯式代數和計算，SQL 語法可以視為是一種關聯式計算的版本，一種非程序式（Non-procedural）查詢語言，因為這是一種宣告語言，所以並不用一步一步描述執行過程，如下：

```
SELECT * FROM 員工
WHERE 薪水 >= 30000;
```

上述 MySQL 的 SQL 指令敘述可以查詢【員工】資料表中，薪水超過 3 萬元的員工記錄資料，最後的「;」符號是 SQL 指令敘述的結束符號。基本上，SQL 指令敘述是直接告訴資料庫管理系統描述需要什麼樣的查詢結果，我們並不用詳細說明如何取得查詢結果的步驟。

SQL 語法元素

MySQL 的 SQL 語言是擴充 ANSI-SQL 語言，其基本語法是由多個以關鍵字（Keywords）開頭的子句（Clauses）所組成的指令敘述（Statements），例如：前述 SQL 指令敘述是 SELECT、FROM 和 WHERE 子句所組成，SELECT、FROM 和 WHERE 就是關鍵字。

如同其他程式語言，SQL 也是由多種語法元素組成，其說明如下：

- 識別名稱（Identifiers）：MySQL 執行個體的資料庫物件名稱，所有資料庫物件都擁有對應的識別名稱，例如：資料庫、資料表、檢視表、預存程序和觸發程序等。

- 資料類型（Data Types）：指定欄位、SQL 變數或參數可以儲存的資料內容，詳細的資料類型說明請參閱＜第 7-1 節：MySQL 資料類型＞。

- 函數（Functions）：MySQL 內建或自訂函數，例如：CURDATE()內建函數可以傳回目前的日期，可以使用函數來指定欄位預設值。

- 運算式（Expressions）：在 SQL 指令敘述的子句可以使用運算式來取得單一值，例如：欄位名稱和變數等運算式就是取得欄位和變數的單一值。

- 關鍵字（Keywords）：在 MySQL 擁有特殊意義的保留字（Reserved Words），例如：SELECT、FROM 和 WHERE 等都是關鍵字。

SQL 語法元素除了上述五種元素外，我們還可以加上註解（Comments）文字，詳細說明請參閱＜第 13 章：MySQL/MariaDB 的 SQL 程式設計＞。

識別名稱的命名原則

名稱是 MySQL 各種資料庫物件的名稱，我們在撰寫 SQL 指令敘述時需要使用這些物件的識別名稱，其命名規則如下：

- 正常物件的名稱長度不可超過 64 個字元；BEGIN/END 的標籤名稱是 16 個字元；別名是 256 個字元。

- 識別名稱在 MySQL 內部是儲存成 Unicode 字元，可以使用 a 到 z 和從 A 到 Z 的字元、數字 0~9、底線或其他語系的字元，例如：中文字元。

- MySQL 資料庫、資料表和觸發程序等識別名稱在 Windows 作業系統是「不區分英文大小寫」；Unix/Linux 作業系統是區分英文大小寫，建議在 MySQL 命名上不要區分英文大小寫。

- 識別名稱不建議使用 SQL 關鍵字或保留字，所以不建議包含任何大小寫的關鍵字，如果一定需要使用關鍵字，請使用反引號（`）括起，這是鍵盤位在 `Tab` 鍵上方的符號，如下：

```
SELECT * FROM `select` WHERE `select`.id > 100;
```

- 識別名稱不允許數字開頭、特殊字元開頭、內嵌空格或使用關鍵字，否則需要使用反引號括起。

6-1-3　SQL 語言的指令種類

　　SQL 語言的指令依功能分成 DDL、DML 和 DCL 三種。一般來說，資料庫管理師最常使用 DDL 和 DCL 指令，DDL 指令是用來建立資料庫、資料表和相關物件；DCL 是資料庫的權限管理。SQL 程式設計者主要是使用 DML 指令來查詢和更新記錄資料，其說明如下：

- 資料定義語言 DDL（Data Definition Language）：DDL 指令是用來建立、修改、刪除資料庫物件的資料表、檢視表、索引、預存程序、觸發程序和函數等，如下表：

DDL 指令	說明
CREATE/ALTER/DROP DATABASE CREATE/ALTER/DROP SCHEMA	建立、更改和刪除資料庫，MySQL 的 DATABASE 和 SCHEMA 代表相同的資料庫
CREATE/ALTER/DROP TABLE	建立、更改和刪除資料表
CREATE/ALTER/DROP VIEW	建立、更改和刪除檢視表
CREATE/DROP INDEX	建立和刪除索引
CREATE/DROP PROCEDURE	建立和刪除預存程序
CREATE/DROP TRIGGER	建立和刪除觸發程序
CREATE/DROP FUNCTION	建立和刪除函數

- 資料操作語言 DML（Data Manipulation Language）：DML 指令是針對資料表儲存記錄的指令，可以插入、刪除、更新和查詢記錄資料，如下表：

DML 指令	說明
INSERT	在資料表插入一筆新記錄
UPDATE	更新資料表已經存在的記錄
DELETE	刪除資料表已經存在的記錄
SELECT	使用條件查詢資料表符合條件的記錄

- 資料控制語言 DCL（Data Control Language）：資料庫安全管理的權限設定指令，主要有 GRANT、DENY 和 REVOKE 指令。

本書內容主要是說明 SQL 語言的 DDL 和 DML 指令。對於書附的 SQL 指令碼檔案，請參閱第 4-3-3 節的說明啟動 MySQL Workbench，就可以開啟和執行書附 SQL 指令碼檔案。

6-2 | MySQL 字元集與定序

我們在 MySQL 建立資料庫之前，需要先了解什麼是字元集與定序。

6-2-1 字元集

「字元」（Character）就是我們使用語言文字的最基本單位，例如：英文字母、中文字、阿拉伯數字和標點符號等。「字元集」（Character Set）就是指某種語言文字的全部字元集合。例如：「ASCII」（American Standard Code for Information Interchange）是英文字母和阿拉伯數字的字元集，英文字母 A 是 65；B 是 66 等。

因為中文字比英文字母多很多，至少需要使用 2 個位元組數值來代表常用的中文字，繁體中文的字元集是 Big5；簡體中文有 GB 和 HZ。也就是說，1個中文字佔用 2 個以上位元組，至少是 2 個英文字母。

　　「統一字碼」（Unicode）是由 Unicode Consortium 組織制定的一個能包括全世界文字的字元集，包含 GB2312 和 Big5 的所有中文字，即 ISO 10646字元集。Unicode 常用的編碼方式有兩種：UTF-8 為 8 位元編碼；UTF-16 為16 位元編碼。

　　簡單的說，在 MySQL 資料庫指定字元集可以決定資料庫儲存記錄資料的語言文字種類，我們可以使用 SHOW CHARACTER SET 指令來顯示 MySQL支援的 Chartset 字元集和其 Default collation 預設定序（SQL 指令碼檔：Ch6_2_1.sql），如下：

```
SHOW CHARACTER SET;
```

Charset	Description	Default collation	Maxlen
armscii8	ARMSCII-8 Armenian	armscii8_general_ci	1
ascii	US ASCII	ascii_general_ci	1
big5	Big5 Traditional Chinese	big5_chinese_ci	2
binary	Binary pseudo charset	binary	1
cp1250	Windows Central European	cp1250_general_ci	1
cp1251	Windows Cyrillic	cp1251_general_ci	1
cp1256	Windows Arabic	cp1256_general_ci	1

　　因為字元集有很多種，以中文內容來說，我們是使用 Unicode 統一字碼，請在 SHOW CHARACTER SET 指令後加上 LIKE 子句，可以篩選出 utf 開頭的字元集（SQL 指令碼檔：Ch6_2_1a.sql），如下：

```
SHOW CHARACTER SET LIKE 'utf%';
```

Charset	Description	Default collation	Maxlen
utf16	UTF-16 Unicode	utf16_general_ci	4
utf16le	UTF-16LE Unicode	utf16le_general_ci	4
utf32	UTF-32 Unicode	utf32_general_ci	4
utf8mb3	UTF-8 Unicode	utf8mb3_general_ci	3
utf8mb4	UTF-8 Unicode	utf8mb4_0900_ai_ci	4

上述 utf8 字元集有 2 種 utf8mb3 和 utf8mb4，在國際上使用的 UTF-8 是對應 MySQL 的 utf8mb4，mb4 是指最多使用 4 個位元組來儲存；mb3 是使用 3 個位元組。

▌Memo

請注意！在 MySQL 8.x 版選 utf8 字元集就是 utf8mb3，在未來版本會遵循國際標準改為 utf8mb4，所以我們在建立 MySQL 資料庫時請使用 utf8mb4 字元集。

6-2-2 定序

「定序」（Collation）是指定字元集的排序規則，因為定序是依據字元集來定義排序規則，所以一種字元集可以擁有多種定序（可指定預設定序），但一種定序一定只能基於一種字元集。基本上，在排序規則上，我們常需區分英文字母大小寫和發音時腔調的差異等，其簡單說明如下：

- Case sensitivity(CS)：區分英文字母大小寫，英文字母的大寫 A 和小寫 a 是不同的。

- Case Insensitive(CI)：不區分英文字母大小寫，也就是當查詢英文字母的大寫 A，連小寫 a 也一併查詢到。

- Binary(BIN)：使用二進位值進行比較。

- Accent sensitivity(AS)：區分發音時腔調的差異。

- Accent Insensitive(AI)：不區分發音時腔調的差異。

例如：utf8（目前版本的 MySQL 是對應 utf8mb3）字元集預設定序是 utf8_general_ci（對應 utf8mb3_general_ci），最後的 ci 是不區分英文字母大小寫。簡單的說，定序方式可以決定這些記錄資料如何進行比較和排序，我們可以使用 SHOW COLLATION 指令來顯示 MySQL 支援的定序種類，第 2 欄是針對的字元集（SQL 指令碼檔：Ch6_2_2.sql），如下：

```
SHOW COLLATION;
```

Collation	Charset	Id	Default	Compiled	Sortlen	Pad_attribute
armscii8_bin	armscii8	64		Yes	1	PAD SPACE
armscii8_general_ci	armscii8	32	Yes	Yes	1	PAD SPACE
ascii_bin	ascii	65		Yes	1	PAD SPACE
ascii_general_ci	ascii	11	Yes	Yes	1	PAD SPACE
big5_bin	big5	84		Yes	1	PAD SPACE
big5_chinese_ci	big5	1	Yes	Yes	1	PAD SPACE

對於指定字元集的定序，例如：utf8mb4，我們可以在 SHOW COLLATION 指令後加上 LIKE 子句，篩選出 utf8mb4 開頭的定序（SQL 指令碼檔：Ch6_2_2a.sql），如下：

```
SHOW COLLATION LIKE 'utf8mb4%';
```

Collation	Charset	Id	Default	Compiled	Sortlen	Pad_attribute
utf8mb4_swedish_ci	utf8mb4	232		Yes	8	PAD SPACE
utf8mb4_tr_0900_ai_ci	utf8mb4	265		Yes	0	NO PAD
utf8mb4_tr_0900_as_cs	utf8mb4	288		Yes	0	NO PAD
utf8mb4_turkish_ci	utf8mb4	233		Yes	8	PAD SPACE
utf8mb4_unicode_520_ci	utf8mb4	246		Yes	8	PAD SPACE
utf8mb4_unicode_ci	utf8mb4	224		Yes	8	PAD SPACE
utf8mb4_vietnamese_ci	utf8mb4	247		Yes	8	PAD SPACE
utf8mb4_vi_0900_ai_ci	utf8mb4	277		Yes	0	NO PAD

上述 utf8mb4 字元集的定序支援多種語言，以中文來說，主要是使用 utf8mb4_general_ci、utf8mb4_unicode_ci 和 utf8mb4_0900_ai_ci，在 MySQL 8.0 之前版本的預設定序是 utf8mb4_general_ci；之後版本是 utf8mb4_0900_ai_ci，其說明如下：

- utf8mb4_general_ci：不區分英文字母大小寫，沒有實作完整 Unicode 標準，排序速度快，但有可能出錯。

- utf8mb4_unicode_ci：不區分英文字母大小寫，完整實作 Unicode 標準，為了和 MariaDB 相容，在建立 MySQL 資料庫時建議使用此定序。

- utf8mb4_0900_ai_ci：在 MySQL 8.0 版新增支援 Unicode 9.0.0 標準的定序，不區分英文字母大小寫；也不區分腔調。

▌Memo ┈┈

請注意！MariaDB 10.x.x 版資料庫系統並不支援 MySQL 8.x 版的 utf8mb4_0900_ai_ci 定序，如果在 SQL 指令碼檔有使用此定序，我們需修改成 utf8mb4_unicode_ci 或 utf8mb4_general_ci 定序，才能在 MariaDB 伺服器正確的 執行。

6-3 ┃ 建立使用者資料庫

在完成第 5 章的資料庫設計後，我們就可以使用 MySQL Workbench 或直接執行 SQL 的 CREATE DATABASE/SCHEMA 指令來建立 MySQL 使用者資料庫。

6-3-1　在 MySQL Workbench 建立資料庫

MySQL Workbench 提供相關圖形介面，我們只需在相關欄位輸入資料就可以建立資料庫。例如：建立名為【教務系統】的資料庫，其步驟如下：

❶ 請啟動 MySQL Workbench 連線 MySQL 伺服器後，在「Navigator」視窗選【Schemas】標籤，然後請在空白區域執行【右】鍵快顯功能表的【Create Schema...】命令。

❷ 在【Name】欄輸入資料庫名稱【教務系統】，下方字元集和定序指定可
　儲存中文的【utf8】字元集和【utf8_unicode_ci】定序，按【Apply】鈕。

❸ 可以看到建立資料庫的 SQL 指令敘述，請按【Apply】鈕。

❹ 預設勾選【Execute SQL Statements】，按【Finish】鈕建立教務系統資
　料庫。

5　當建立資料庫後，在「Navigator」視窗的
【Schemas】標籤，可以看到新建立的【教務
系統】資料庫（如果沒有看到，請執行【右】
鍵快顯功能表的【Refresh All】命令），如
右圖：

6　在【教務系統】資料庫上，執行【右】鍵快顯功能表的【Schema Inspector】
命令，可以檢視資料庫資訊的字元集是 utf8mb3；定序是 utf8mb3_
unicode_ci，如下圖：

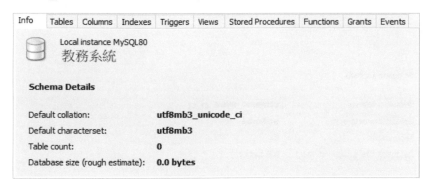

6-3-2　使用 SQL 指令建立資料庫

SQL 語言是使用 CREATE DATABASE 或 CREATE SCHEMA 指令來建立
資料庫，其基本語法如下：

```
CREATE {DATABASE | SCHEMA} [IF NOT EXISTS] 資料庫名稱
[[DEFAULT] CHARACTER SET 字元集名稱]
[[DEFAULT] COLLATE 定序名稱];
```

在上述語法使用「[]」方括號括起的子句表示可有可無；在「{}」大括號
是使用「|」分隔的多種關鍵字，可選其中之一。此語法可以建立名為【資料庫
名稱】的資料庫，在之前的 IF NOT EXISTS 可以判斷當資料庫不存在時，才
建立資料庫，存在會顯示警告訊息。

在 CHARACTER SET 子句指定資料庫的字元集；COLLATE 子句指定使用的定序，如果沒有指定，就是使用 MySQL 預設的設定，在這 2 個子句之前可加上 DEFAULT，表示設定成資料庫預設的字元集和定序。

SQL 指令碼檔：Ch6_3_2.sql

請使用 MySQL 預設字元集和定序來建立名為【圖書】的資料庫，如下：

```
CREATE DATABASE 圖書;
```

當成功建立資料庫後，可以看到字元集是 utf8mb4；定序是 utf8mb4_0900_ai_ci，如下圖：

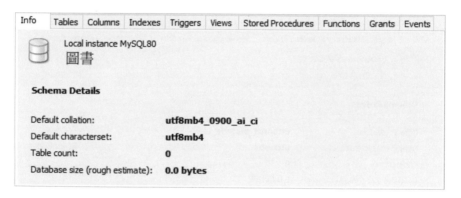

SQL 指令碼檔：Ch6_3_2a.sql

我們準備改用 CREATE SCHEMA 指令來建立名為【圖書】的資料庫，並且加上 IF NOT EXISTS，如下：

```
CREATE SCHEMA IF NOT EXISTS 圖書;
```

上述指令碼的執行結果，可以看到因為【圖書】資料庫已經存在，所以在「Output」視窗的最後顯示一個三角形圖示的警告訊息，無法建立資料庫，如下圖：

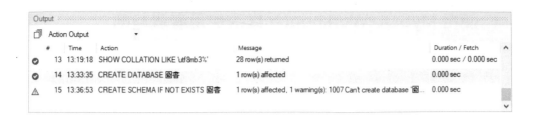

📟 (**SQL 指令碼檔：Ch6_3_2b.sql**)

我們準備建立名為【學校】的資料庫，指定字元集是 utf8mb4；定序是 utf8mb4_general_ci，在【學校】識別名稱有使用反引號括起（位在 `Tab` 鍵上方的按鍵），如下：

```
CREATE SCHEMA IF NOT EXISTS `學校`
CHARACTER SET utf8mb4
COLLATE utf8mb4_general_ci;
```

📟 (**SQL 指令碼檔：Ch6_3_2c.sql**)

我們準備建立名為【銷售管理】的資料庫，只有指定字元集是 big5，此時的定序就是預設定序 big5_chinese_ci，如下：

```
CREATE DATABASE `銷售管理`
CHARACTER SET big5;
```

6-4 | 修改使用者資料庫

在 MySQL 成功建立使用者資料庫後，如果資料庫結構有變更，我們可以使用 MySQL Workbench 或 SQL 指令來修改使用者資料庫，而不用重新建立資料庫。

6-4-1　使用 MySQL Workbench 修改使用者資料庫

MySQL Workbench 提供相關圖形介面來修改使用者資料庫。例如：修改【教務系統】資料庫的字元集和定序，分別改成 utf8mb4 和 utf8mb4_unicode_ci，其步驟如下：

❶ 請啟動 MySQL Workbench 連線 MySQL 伺服器後，在「Navigator」視窗【Schemas】標籤的【教務系統】資料庫上，執行【右】鍵快顯功能表的【Alter Schema...】命令。

❷ 在【Chartset/Collation】欄分別選【utf8mb4】字元集和【utf8mb4_unicode_ci】定序（如果介面無法完整顯示名稱，在 2 個 unicode 是選第 2 個），按【Apply】鈕。

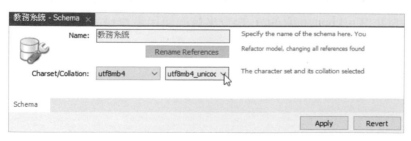

③ 可以看到 SQL 指令碼，請按【Apply】鈕，再按【Finish】鈕完成資料庫更改，如下：

```
ALTER SCHEMA `教務系統`
DEFAULT CHARACTER SET utf8mb4
DEFAULT COLLATE utf8mb4_unicode_ci;
```

上述 DEFAULT 指定資料庫預設的字元集和定序。請執行【右】鍵快顯功能表的【Schema Inspector】命令來檢視字元集與定序是否已經成功修改。

6-4-2　使用 SQL 指令修改使用者資料庫

SQL 語言可以使用 ALTER DATABASE 或 ALTER SCHEMA 指令來修改使用者資料庫，其基本語法如下：

```
ALTER {DATABASE | SCHEMA} 資料庫名稱
[CHARACTER SET 字元集名稱]
[COLLATE 定序名稱];
```

上述語法是修改名為【資料庫名稱】的資料庫，可以單獨修改字元集或定序，也可以同時修改字元集和定序。

🖥 SQL 指令碼檔：Ch6_4_2.sql

請更改【圖書】資料庫的定序，改成 utf8mb4_unicode_ci，如下：

```
ALTER DATABASE 圖書
COLLATE utf8mb4_unicode_ci;
```

🖥 SQL 指令碼檔：Ch6_4_2a.sql

請更改【學校】資料庫的字元集和定序，分別改成 big5 和 big5_chinese_ci，如下：

```
ALTER SCHEMA 學校
CHARACTER SET big5
COLLATE big5_chinese_ci;
```

6-5 刪除使用者資料庫

對於不再需要的使用者資料庫，我們可以使用 MySQL Workbench 或 SQL 的 DROP DATABASE/SCHEMA 指令來刪除使用者資料庫。

使用 MySQL Workbench 刪除使用者資料庫

在 MySQL Workbench 刪除 Ch6_3_2c.sql 建立的【銷售管理】資料庫，其步驟如下：

1 請啟動 MySQL Workbench 連線 MySQL 伺服器後，在「Navigator」視窗【Schemas】標籤的【銷售管理】資料庫上，執行【右】鍵快顯功能表的【Drop Schema...】命令。

2 在確認對話方塊選【Drop Now】是馬上刪除，請選【Review SQL】可以在檢視 SQL 指令碼後再執行刪除。

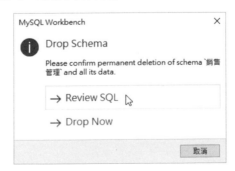

③ 可以看到 SQL 指令 DROP DATABASE，請按【Execute】鈕執行 SQL
指令來刪除資料庫，【Cancel】鈕是取消刪除。

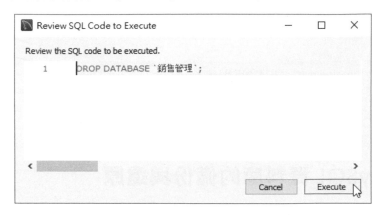

使用 SQL 指令刪除使用者資料庫

在 SQL 語言刪除資料庫是使用 DROP DATABASE 或 DROP SCHEMA 指
令，其基本語法如下：

```
DROP {DATABASE | SCHEMA} [IF EXISTS] 資料庫名稱;
```

上述語法的【資料庫名稱】就是欲刪除的資料庫名稱，在之前的 IF EXISTS
是當資料庫存在時才刪除，否則會顯示警告訊息。

SQL 指令碼檔：Ch6_5.sql

使用 DROP DATABASE 指令刪除第 4-3-3 節建立的【聯絡人】資料庫，
如下：

```
DROP DATABASE 聯絡人;
```

SQL 指令碼檔：Ch6_5a.sql

改用 DROP SCHEMA 指令刪除第 4-3-3 節建立的【聯絡人】資料庫，並且
加上 IF EXISTS，如下：

```
DROP SCHEMA IF EXISTS 聯絡人;
```

因為上述資料庫已經在之前刪除了，所以在「Output」視窗顯示警告訊息，如下圖：

#	Time	Action	Message	Duration / Fetch
✓ 26	14:52:38	DROP DATABASE `銷售管理`	0 row(s) affected	0.000 sec
✓ 27	15:02:15	DROP DATABASE 聯絡人	1 row(s) affected	0.015 sec
⚠ 28	15:02:43	DROP SCHEMA IF EXISTS 聯絡人	0 row(s) affected, 1 warning(s): 1008 Can't drop database 聯絡...	0.000 sec

6-6 | MySQL 資料庫的備份與還原

　　MySQL 可以使用 MySQL Workbench 圖形介面來幫助我們備份資料庫，以便當資料庫系統故障或錯誤時，能夠還原資料庫。MariaDB 並不支援 MySQL Workbench，請改用附錄 B-4 節的 phpMyAdmin。

> **█ Memo** ┈┈┈┈┈┈┈┈┈┈┈┈┈┈┈┈┈┈┈┈┈┈┈┈┈┈┈┈┈┈┈┈┈┈┈┈┈
>
> 請注意！MySQL Workbench 備份與還原資料庫是執行 mysqldump 命令列工具，此工具因為 MySQL 資料庫檔案名稱是 big5 編碼，和資料表記錄資料使用 utf-8 編碼的衝突問題，並無法備份與還原中文命名的資料庫，所以本書從第 7 章開始的【教務系統】資料庫會改成英文名稱【school】。

6-6-1　備份資料庫

　　當資料庫系統故障或錯誤而造成資料遺失時，我們就需要借助資料庫備份與還原，才能夠快速恢復資料庫系統的正常運作。對於資料庫管理師來說，一項很重要的工作，就是記得定時備份資料庫。

　　備份（Backup）是使用備份工具（可能是資料庫管理系統的內建功能或其他廠商開發的工具程式），將資料庫儲存的資料儲存在備份裝置的儲存媒體。基本上，備份資料庫的時機共有三種，如下：

- 即時備份：當有新記錄資料產生時，就立即執行備份。

- 定期備份：在固定時間周期的執行備份，例如：每日固定時間執行一次，或每間隔 12 小時備份一次等。

- 手動備份：當有需要或發生特殊情況時執行備份，我們可以自行決定在何時執行所需的備份作業。

在本節準備使用 MySQL 安裝的範例資料庫 world 為例，說明如何使用 MySQL Workbench 來手動備份 world 資料庫，其步驟如下：

❶ 請啟動 MySQL Workbench 連線 MySQL 伺服器後，執行「Server>Data Export」命令。

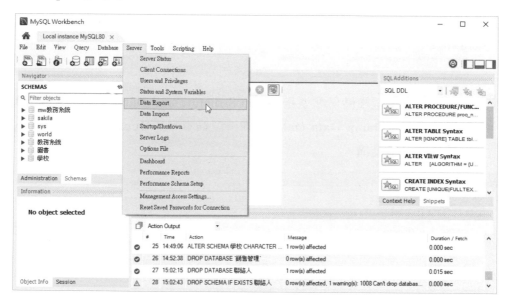

② 在【Administration – Data Export】標籤頁的「Table to Export」框勾選
欲備份的資料庫，可以勾選多個資料庫，以此例勾選【world】。

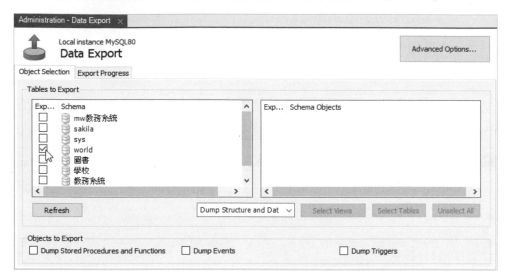

③ 在下拉式清單選擇備份類型是 Dump Structure and Data 備份資料庫結構
和記錄資料；Dump Data Only 只備份記錄資料；Dump Structure Only
只備份資料庫結構。

4 然後在下方選【Export to Self-Contained File】備份成單一 SQL 指令碼
檔案後，按之後按鈕選擇備份路徑和檔名，以此例是「D:\MySQL\Ch06\
World.sql」，勾選【Include Create Schema】包含建立資料庫的 SQL 指
令。

5 選【Export Progress】標籤，按右下方【Start Export】鈕開始備份資料
庫（按鈕會改成【Export Again】鈕），在中間顯示備份訊息，如下圖：

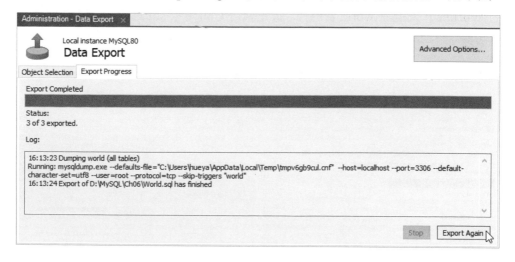

上述訊息"Export of D:\MySQL\Ch06\World.sql has finished"指出已經完成
資料庫備份，在「D:\MySQL\Ch06」資料夾可以看到匯出建立的 SQL 指令碼
檔案：World.sql，如下圖：

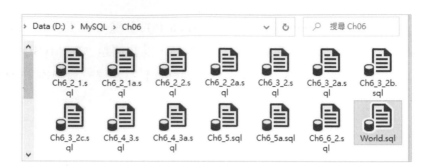

6-6-2 還原資料庫

MySQL 的還原（Restore）作業就是一種回復處理，可以將備份作業建立的備份資料回存至資料庫系統，我們可以在資料庫系統發生錯誤或故障後，使用還原作業來恢復資料庫系統的正常運作。

例如：因為 world 資料庫發生故障，我們可以使用第 6-6-1 節備份資料庫的 World.sql 來還原 world 資料庫（請先執行 Ch6_6_2.sql 刪除 world 資料庫），其步驟如下：

❶ 請啟動 MySQL Workbench 連線 MySQL 伺服器後，執行「Server>Data Import」命令。

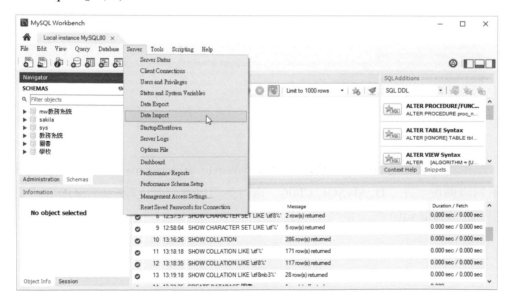

2 選【Import from Self-Contained File】使用單一 SQL 指令碼檔案來還原
資料庫後，按之後按鈕選擇路徑和檔名，以此例是「D:\MySQL\Ch06\
World.sql」。

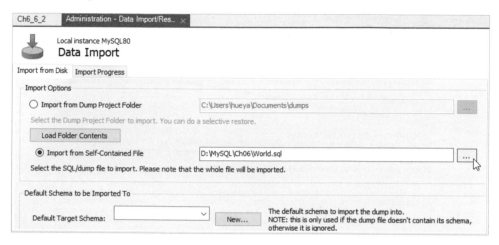

3 如果 SQL 指令碼檔內容不包含建立資料庫的指令，我們可以在下方
「Default Schema to be Imported To」框選擇匯入哪一個資料庫，按
【New...】鈕可以新增一個資料庫。

❹ 選【Import Progress】標籤，按右下方【Start Import】鈕開始還原資料
　庫（按鈕會改成【Import Again】鈕），在中間顯示還原訊息，如下圖：

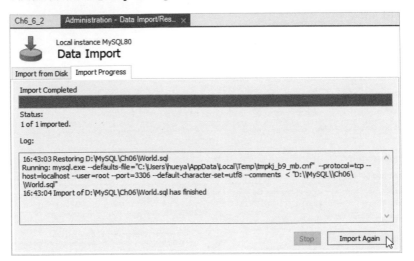

　　上述訊息 "Import of D:\MySQL\Ch06\
World.sql has finished" 指出已經完成資料庫
還原，在「Navigator」視窗的【Schemas】標
籤，可以看到還原的【world】資料庫（如果
沒有看到，請執行【右】鍵快顯功能表的
【Refresh All】命令），如右圖：

建立資料表與完整性
限制條件

7-1 | MySQL 資料類型

MySQL 資料類型（Data Type）也稱為資料型別或資料型態，可以定義資料表欄位能夠儲存哪一種資料，和使用多少位元組來儲存資料，即資料尺寸或範圍。基本上，MySQL 資料類型可以分成四大類：數值、日期/時間、字串和 JSON 資料類型。

█ Memo

請注意！因為 MySQL 資料庫檔案名稱是 big5 編碼，和資料表記錄資料使用 utf-8 編碼的衝突問題，MySQL 資料庫名稱不建議使用中文名稱，所以從本章開始的【教務系統】資料庫會改成英文【school】，資料表等其他資料庫物件使用中文命名並沒有問題。

7-1-1 數值資料類型

MySQL 數值資料類型是用來儲存數值資料，包含二進位的位元資料、整數和浮數數，浮點數就是有小數的數值資料。

位元資料類型

位元資料類型 BIT 是用來儲存位元資料，BIT(m)可以指定儲存 m 位元的資料，m 的範圍是 1~64，沒有指定預設 m 是 1，如下表：

資料類型	資料範圍
BIT	0 ~ 1
BIT(8)	0 ~ 255
BIT(64)	0 ~ 18,446,744,073,709,551,615

BIT 資料類型的位元值是使用 b'value'格式來指定 0 或 1 的二進位值，例如：b'111'和 b'10000000' 分別代表 7 和 128。因為 BIT 資料類型的值可以是 1 或 0，特別適合使用在開/關、真/假和 True/False 等布林資料的欄位，即 1 為 True；0 為 False。

整數資料類型

整數資料類型是儲存整數但沒有小數的數值資料，例如：1、-23、589 和 8888 等正負整數。MySQL 提供數種整數資料類型來儲存不同範圍的整數資料，我們可以依照欄位可能整數值的範圍來決定使用哪一種整數資料類型，如下表：

資料類型	資料範圍	位元組數
TINYINT	-128 ~ 127	1
SMALLINT	-32,768 ~ 32,767	2
MEDIUMINT	-8,388,608 ~ 8,388,607	3
INTEGER	-2,147,483,648 ~ 2,147,483,647	4
BIGINT	-9,223,372,036,854,775,808 ~ 9,223,372,036,854,775,807	8

上表的 INTEGER 資料類型可寫成同義字 INT。MySQL 可以在資料類型後加上 UNSIGNED 關鍵字，成為無符號整數，即沒有負數，如下表：

資料類型	資料範圍	位元組數
TINYINT UNSIGNED	0 ~ 255	1
SMALLINT UNSIGNED	0 ~ 65,535	2
MEDIUMINT UNSIGNED	0 ~ 16,777,215	3
INTEGER UNSIGNED	0 ~ 4,294,967,295	4
BIGINT UNSIGNED	0 ~ 18,446,744,073,709,551,615	8

例如：學生成績範圍是整數的 0~100 分，因為沒有負值，所以成績欄位的最佳資料類型是 TINYINT UNSIGNED。

浮點數資料類型

浮點數資料類型是遵循 IEEE（Institute of Electrical and Electronic Engineers）的資料類型，可以用來儲存擁有小數點的數值資料。此類型也稱為不精確小數資料類型，因為當數值非常大或非常小時，其儲存資料是一個近似值（Approximate），例如：1/3 的除法因無法整除，其結果就是一個近似值。

MySQL 支援的兩種浮點數資料類型只有精確度上的差異，當欄位資料並不強調精確值，或希望使用較少空間來儲存時，我們可以使用浮點數資料類型來儲存擁有小數點的數值資料，如下表：

資料類型	說明
FLOAT(n)	單精度浮點數，可以指定 n 值的儲存尺寸，0~23 是佔用 4 位元組的單精度 FLOAT，24~53 是佔用 8 位元組的雙精度浮點數 DOUBLE
DOUBLE	佔用 8 位元組的雙精度浮點數

上述 DOUBLE 資料類型的同義字有 DOUBLE PRECISION 或 REAL。

精確小數資料類型

　　精確小數資料類型是儲存包含小數的數值資料，而且完全保留數值資料的精確度（Precision），特別適用在儲存科學和貨幣資料。在 MySQL 提供兩種精確小數資料類型 DECIMAL(p, s)和 NUMERIC(p, s)，這兩種資料類型完全相同。

　　當使用 DECIMAL 和 NUMBERIC 資料類型定義資料表欄位時，我們需要指定精確度（Precision，全部的位數）和小數位數（Scale，小數點右邊的位數），例如：當數值最大值是 9999.9999 時，其小數位數有 4 位數（即小數點之下的位數），精確度（全部位數，不包含小數點）是 8 位數，如下：

```
NUMERIC(8,4)
DECIMAL(8,4)
```

7-1-2　日期/時間資料類型

　　日期/時間資料類型可以儲存日期與時間資料，MySQL 提供五種日期/時間資料類型，如下表：

資料類型	說明
DATE	儲存 YYYY-MM-DD 格式的日期資料，其範圍是'1000-01-01' ～ '9999-12-31'
TIME	儲存 HH:MM:SS 或 HHH:MM:SS 格式的時間資料，其範圍是 '-838:59:59' ~ '838:59:59'
DATETIME	儲存 YYYY-MM-DD HH:MM:SS 格式的日期/時間資料，其範圍是 '1000-01-01 00:00:00' ~ '9999-12-31 23:59:59'
YEAR	儲存 YYYY 格式的年份資料，其範圍是 1901 ~ 2155，如果不符合格式，其值會轉換成 0000
TIMESTAMP	將日前時區 YYYY-MM-DD HH:MM:SS 格式的日期/時間資料轉換成 UTC 日期/時間來儲存，其範圍是'1970-01-01 00:00:01' UTC ~ '2038-01-19 03:14:07' UTC

上表的 TIMESTAMP 和 DATETIME 資料類型提供自動初始和更新目前的日期/時間功能，我們可以在建立資料表欄位定義時，使用下列兩種子句來設定，如下：

- DEFAULT CURRENT_TIMESTAMP 子句：在新增記錄時自動初始日期/時間
- ON UPDATE CURRENT_TIMESTAMP 子句：在更新記錄時，自動更新日期/時間。

7-1-3 字串資料類型

在電腦系統讀寫的位元串流（Byte Stream）是一序列的位元組資料。MySQL 可以將位元組資料解碼成字元（英文字或中文字）、數字或符號，即字串資料類型的資料，如果不作任何解碼就是二進位字串資料類型。

字串資料類型

字串資料類型是儲存字串資料，例如：'陳會安'、'This is a book.'和'Joe Chen'等。MySQL 的字串資料類型可以儲存固定長度或變動長度的字串，如下表：

資料類型	最大字元數	儲存的位元組數
CHAR(n)	255	固定長度字串，佔用 n 字元數
VARCHAR(n)	65535	變動長度字串，佔用 n 字元數加 1 或 2 位元組
TINYTEXT	255	變動長度字串，佔用字元數加 1 位元組
TEXT	65535	變動長度字串，佔用字元數加 2 位元組
MEDIUMTEXT	16,772,215	變動長度字串，佔用字元數加 3 位元組
LONGTEXT	4,294,967,295	變動長度字串，佔用字元數加 4 位元組

上表(n)是指定儲存的字串長度（即字元數，沒有指明就是 1），例如：CHAR(10)和 VARCHAR(10)在 MySQL 5.0 之後版本，可以儲存最多 10 個字元的資料，即 10 個英文字或 10 個中文字。

資料類型 CHAR(10)是儲存固定長度字串，如果存入字串長度沒有 10 個字元，仍然佔用 10 個字元；VARCHAR(10)是儲存變動長度字串，如果是空字串，佔用 1 位元組，若存入 5 個字元，就會佔用 5 個字元加 2 個位元組的空間。

二進位字串資料類型

二進位字串資料類型是儲存二進位字串（Binary String）資料，也就是未經解碼的位元串流，可以儲存字串資料，也可以儲存二進位資料的圖檔、Word 文件或 Excel 試算表等，如下表：

資料類型	最大位元組數	儲存的位元組數
BINARY(n)	255	固定長度二進位字串，佔用 n 位元組數
VARBINARY(n)	65535	變動長度二進位字串，佔用 n 位元組數加 1 或 2 位元組
TINYBLOB	255	變動長度二進位字串，佔用位元組數加 1 位元組
BLOB	65535	變動長度二進位字串，佔用位元組數加 2 位元組
MEDIUMBLOB	16,772,215	變動長度二進位字串，佔用位元組數加 3 位元組
LONGBLOB	4,294,967,295	變動長度二進位字串，佔用位元組數加 4 位元組

上述(n)是指定儲存二進位資料長度為 n（即位元組數，沒有指明就是 1），例如：使用 BINARY(10)和 VARBINARY(10) 可以儲存最多 10 個位元組的資料，其可儲存的英文字和中文字數，會因使用的 MySQL 字元集而不同。

列舉和集合資料類型

ENUM 列舉和 SET 集合類型是兩種特殊的字串資料類型。ENUM 列舉型態提供預設字串清單可供選擇，例如：尺寸有 small、medium 和 large 共三種，如下：

```
ENUM('small', 'medium', 'large')
```

當欄位的資料類型是上述 ENUM 列舉類型時，其欄位值就只能是這 3 種值之一。SET 集合類型提供一組「,」逗號分隔的成員清單，例如：集合的成員有 a 和 b，如下：

```
SET('a', 'b')
```

當欄位的資料類型是上述 SET 集合類型時，其欄位值就只能從集合清單中選擇 1 至多個成員，其可能值（第 1 個是空字串）如下：

```
''
'a'
'b'
'a, b'
```

7-1-4　JSON 資料類型

「JSON」的全名為（JavaScript Object Notation），這是由 Douglas Crockford 創造的一種可以自我描述和容易了解的資料交換格式，使用大括號定義成對的鍵和值（Key-value Pairs），相當於物件的屬性和值，如下：

```
{
    "key1": "value1",
    "key2": "value2",
    "key3": "value3",
    …
}
```

在 MySQL 5.7.8 之前版本，我們可以使用 VARCHAR 或 TEXT 等資料類型來儲存 JSON 字串，從 MySQL 5.7.8 之後版本開始，MySQL 原生支援名為 JSON 的資料類型（進一步說明請參閱附錄 A-4 節），其特點如下：

- 自動檢查 JSON 資料格式，不符合 JSON 語法會顯示錯誤訊息。
- JSON 資料儲存經過優化處理，可以更有效率的存取 JSON 資料。
- JSON 資料類型的欄位不可有預設值。

7-2 資料表建立與儲存引擎

MySQL 可以使用 MySQL Workbench 或 SQL 指令建立資料表，和指定使用的 MySQL 儲存引擎。

> **Memo**
>
> 請使用 MySQL Workbench 執行「Ch07\School.sql」的 SQL 指令碼檔案，可以建立名為【school】的資料庫，我們準備在此資料庫建立第 5-5-2 節邏輯資料庫設計模型的資料表（改用中文的資料表和欄位名稱）。

7-2-1 使用 MySQL Workbench 建立資料表

MySQL Workbench 提供圖形介面來建立資料表的定義資料，例如：在【school】資料庫建立名為【學生】的資料表，其步驟如下：

① 請啟動 MySQL Workbench 連線 MySQL 伺服器後，在「Navigator」視窗選【Schemas】標籤，展開【school】資料庫，在【Tables】上執行【右】鍵快顯功能表的【Create Table...】命令。

❷ 在【Table Name】欄輸入資料表名稱【學生】，下方可選擇資料表的字元集/定序，和儲存引擎（請參閱第 7-2-5 節）。

❸ 然後在下方雙擊【Column Name】下方的欄位後，輸入欄位名稱【學號】，【Datatype】資料類型欄選 CHAR()後，改成 CHAR(4)，勾選【PK】主鍵和【NN】不允許空值。

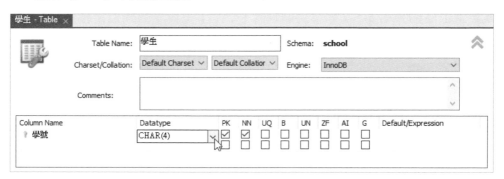

上述編輯畫面的【Column Name】是欄位名稱，【Datatype】是第 7-1 節的資料類型，之後欄位是資料表欄位的屬性，其說明如下表：

欄位屬性	說明
PK	PRIMARY KEY 主鍵，指定此欄位是資料表主鍵
NN	NOT NULL 非空值，欄位值不可是 NULL
UQ	UNIQUE KEY，建立欄位的唯一索引
B	BINARY，欄位使用 Binary 定序的二進位值比較
UN	UNSIGNED，數值欄位是無符號正值，沒有負值
ZF	ZERO FILL，數值欄位會依據長度在左邊填滿 0
AI	AUTO INCREMENT，整數欄位可自動累加數值，需是主鍵欄位
G	Generated 是生成欄位，詳見第 7-2-4 節的說明
Default/Expression	指定欄位預設值或生成欄位的運算式

> **Memo**
>
> 如果主索引鍵（即主鍵）是多個欄位的複合鍵，請將各主鍵欄位都勾選 PK 和 NN。
> 因為主鍵本身就是一種 MySQL 條件約束，其進一步說明請參閱＜第 7-3-2 節：
> 建立 PRIMARY KEY 條件約束＞。

❹ 請依序輸入第 5-5-2 節實體關聯圖【學生】資料表的欄位定義資料（使用
中文名稱）後，按右下角【Apply】鈕（需放大視窗才看得到）。

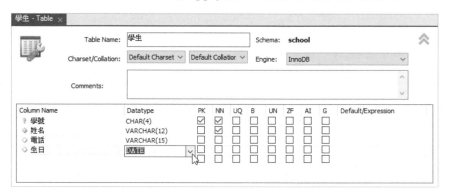

❺ 可以看到建立資料表的 SQL 指令敘述，請按【Apply】鈕。

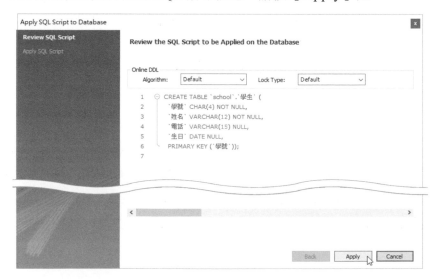

6 預設勾選【Execute SQL Statements】，按【Finish】鈕建立學生資料表。

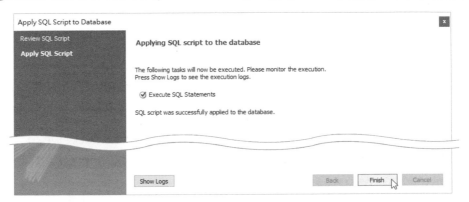

當成功建立資料表後，在「Navigator」視窗的【Schemas】標籤，可以在【school】資料庫下，看到新建立的【學生】資料表（如果沒有看到，請執行【右】鍵快顯功能表的【Refresh All】命令），如右圖：

7-2-2 使用 SQL 指令建立資料表

SQL 語言是使用 CREATE TABLE 指令在目前使用的資料庫建立資料表，其基本語法如下：

```
CREATE TABLE [IF NOT EXISTS] 資料表名稱 (
    欄位名稱 1    資料類型    [欄位屬性清單],
    欄位名稱 2    資料類型    [欄位屬性清單],
    欄位名稱 3    資料類型    [欄位屬性清單],
    ……
    欄位名稱 n    資料類型    [欄位屬性清單]
    [資料表屬性清單]
)
```

```
[[DEFAULT] CHARACTER SET [=] 字元集名稱]
[COLLATE [=] 定序名稱]
[ENGINE [=] 儲存引擎名稱];
```

上述語法建立名為【資料表名稱】的資料表，在之前的 IF NOT EXISTS 可以判斷當資料表不存在時，才建立資料表，存在會顯示警告訊息。

在括號內是以逗號分隔的欄位定義清單，依序為欄位名稱、資料類型和欄位屬性清單（如有多個，請使用空白字元分隔），常用欄位屬性就是第 7-2-1 節的 PRIMARY KEY、NOT NULL、NULL（可以是空值）、UNIQUE KEY、DEFAULT、AUTO_INCREMENT 等

Memo

PRIMARY KEY 和 UNIQUE KEY 欄位屬性都是指定欄位值是唯一值來避免重複資料，不過，同一資料表只允許指定一個 PRIMARY KEY 主索引鍵；但是可以有多個 UNIQUE KEY 欄位，相當於是候選鍵，而且 UNIQUE KEY 欄位允許欄位值是 NULL 空值，不過，也只允許有一筆記錄的欄位資料是空值，否則就會產生重複資料。

如果需要建立多欄位複合鍵的主鍵，我們需要使用【資料表屬性清單】的 PRIMARY KEY 條件約束，詳見＜第 7-3-2 節：建立 PRIMARY KEY 條件約束＞。

在欄位定義清單後是資料表屬性清單（如有多個，請使用逗號分隔），這部分是用來建立 MySQL 完整性限制條件，筆者準備在下一節再詳細說明。在「()」括號外是 CHARACTER SET 字元集和 COLLATION 定序，如果沒有指定，就是使用資料庫的預設值，「＝」可有可無，最後的 ENGINE 是儲存引擎，詳見第 7-2-5 節的說明。

因為資料表是建立在指定的資料庫，在使用 CREATE TABLE 指令前，我們需要使用 USE 指令切換成為目前使用的資料庫，其基本語法如下：

```
USE 資料庫名稱;
```

　　上述語法可以切換至名為【資料庫名稱】的資料庫，成為目前使用的資料庫，在同一個 SQL 指令碼檔案，我們可以重複使用 USE 指令來切換成不同資料庫來執行所需的 SQL 指令敘述，例如：切換成【school】資料庫，如下：

```
USE school;
```

SQL 指令碼檔：Ch7_2_2.sql

　　請在【school】資料庫新增【員工】資料表，其主鍵是【身份證字號】欄位，【城市】欄位有指定預設值是'台北'。首先使用 USE 指令切換成【school】的目前資料庫，如下：

```
USE school;
CREATE TABLE 員工 (
    身份證字號  CHAR(10)    NOT NULL PRIMARY KEY,
    姓名        VARCHAR(12) NOT NULL,
    城市        VARCHAR(5)  DEFAULT '台北',
    街道        VARCHAR(30),
    電話        CHAR(12),
    薪水        DECIMAL,
    保險        DECIMAL,
    扣稅        DECIMAL
);
```

　　上述 SQL 指令碼檔案有 USE 和 CREATE TABLE 指令共 2 個 SQL 指令敘述，在每一個 SQL 指令敘述的最後都需要使用「;」符號來表示 SQL 指令敘述的結束。

SQL 指令碼檔：Ch7_2_2a.sql

　　請在【school】資料庫新增【課程】資料表，資料類型 INT 就是 INTEGER，UNSIGNED 表示學分是正數；不會是負數，如下：

```
USE school;
CREATE TABLE 課程 (
    課程編號  CHAR(5)     NOT NULL PRIMARY KEY ,
    名稱      VARCHAR(30) NOT NULL ,
    學分      INT UNSIGNED DEFAULT 3
);
```

📖 **SQL 指令碼檔：Ch7_2_2b.sql**

請在【school】資料庫新增【教授】資料表，並且新增自動編號的【建檔編號】欄位作為主鍵，【教授編號】欄位是唯一索引，如下：

```
USE school;
CREATE TABLE 教授 (
    建檔編號    INT          AUTO_INCREMENT PRIMARY KEY,
    教授編號    CHAR(4)      NOT NULL UNIQUE KEY,
    職稱       VARCHAR(10),
    科系       VARCHAR(5),
    身份證字號  CHAR(10)     NOT NULL
);
```

7-2-3 使用現成資料表來建立新資料表

如果已經擁有現成的資料表，MySQL 可以使用 CREATE TABLE / LIKE 指令，建立出相同欄位定義資料的新資料表，例如：【課後輔導課程】資料表的欄位定義和【school】資料庫的【課程】資料表的定義相同，我們可以直接使用【課程】資料表來建立【課後輔導課程】資料表。

📖 **SQL 指令碼檔：Ch7_2_3.sql**

請在【school】資料庫新增【課後輔導課程】資料表，其欄位定義和【課程】資料表完全相同，如下：

```
CREATE TABLE school.課後輔導課程 LIKE school.課程;
```

上述 SQL 指令碼因為使用資料庫物件的完整名稱，所以就不需要使用 USE 指令來切換至目前的資料庫。我們在 CREATE TABLE 指令和 LIKE 子句都是使用資料表物件的完整名稱，其基本語法如下：

```
資料庫名稱.資料表名稱
```

上述「.」句點前是資料庫名稱；之後是資料表名稱，所以【課後輔導課程】資料表的完整名稱是【school.課後輔導課程】。相同語法也可以使用在檢視表、索引和預存程序等其他資料庫物件的完整名稱。

7-2-4 建立生成欄位

生成欄位（Generated Column）也稱為自動欄位，在 SQL Server 稱為計算欄位，這是一種特殊的資料表欄位，其欄位值是從其他欄位值計算而得，其基本語法如下：

```
生成欄位名稱 資料類型 [GENERATED ALWAYS] AS (欄位值運算式)
   [VIRTUAL | STORED] [NOT NULL | NULL]
   [UNIQUE [KEY]] [[PRIMARY] KEY]
```

上述 VIRTURL 和 STORED 是生成欄位的資料儲存方式，其說明如下：

- VIRTUAL 生成欄位：在查詢時才執行計算，所以沒有真正的儲存資料，如同是一個虛擬欄位，此為預設值。

- STORED 生成欄位：在插入或更新時會進行欄位值的計算，和正常欄位一樣會佔用儲存空間。

上述兩種欄位都可使用 NOT NULL，但只有 STORED 生成欄位可作為索引或主鍵。在 MySQL Workbench 建立生成欄位是勾選【G】後，在【Default/Expression】欄位輸入運算式:(`總價` / `數量`)，在運算式的欄位名稱有使用反引號括起，如下圖：

Column Name	Datatype	PK	NN	UQ	B	UN	ZF	AI	G	Default/Expression
🔑 估價單編號	INT	☑	☑	☐	☐	☐	☐	☑	☐	
◇ 產品編號	CHAR(4)	☐	☑	☐	☐	☐	☐	☐	☐	
◇ 總價	DECIMAL(5,1)	☐	☑	☐	☐	☐	☐	☐	☐	
◇ 數量	INT	☐	☑	☐	☐	☐	☐	☐	☐	'1'
◇ 平均單價	DECIMAL(10,0)	☐	☐	☐	☐	☐	☐	☐	☑	(`總價` / `數量`)
		☐	☐	☐	☐	☐	☐	☐	☐	

🖥 **SQL 指令碼檔：Ch7_2_4.sql**

請在【school】資料庫新增【估價單】資料表，最後的【平均單價】欄位是一個生成欄位，其運算式是【總價 / 數量】，如下：

```
USE school;
CREATE TABLE 估價單 (
   估價單編號   INT      NOT NULL AUTO_INCREMENT PRIMARY KEY,
```

```
   產品編號      CHAR(4)  NOT NULL,
   總價         DECIMAL(5, 1) NOT NULL,
   數量         INT      NOT NULL DEFAULT 1,
   平均單價      DECIMAL AS  (總價 / 數量)
);
```

7-2-5 資料庫檔案結構與 MySQL 儲存引擎

MySQL 實體資料庫結構是在探討資料庫檔案的檔案結構（File Organizations）。檔案結構是安排記錄如何儲存在目錄和檔案中，不同的檔案結構不只佔用不同大小的空間，因為結構不同，所以擁有不同的存取方式。MySQL 資料庫結構分為兩種，如下：

- 邏輯資料庫結構：使用者觀點的資料庫結構，MySQL 邏輯資料庫結構是由資料表、檢視表、索引和限制條件等物件所組成。

- 實體資料庫結構：實際儲存觀點的資料庫結構，也就是如何將資料儲存在磁碟的結構，以作業系統來說，MySQL 資料庫是以目錄和檔案為單位來儲存在磁碟。

MySQL 資料庫的資料目錄

MySQL 資料庫在安裝時已經指定資料庫儲存的資料目錄，我們可以使用 SHOW VARIABLES 指令來顯示 datadir 變數值，即 MySQL 伺服器的資料目錄（SQL 指令碼檔：Ch7_2_5.sql），如下：

```
SHOW VARIABLES LIKE 'datadir';
```

Variable_name	Value
datadir	C:\ProgramData\MySQL\MySQL Server 8.0\Data\

上述目錄就是 MySQL 資料庫儲存的資料目錄，一個資料庫是一個子目錄，例如：world 資料庫，如下圖：

請注意！在 MySQL 資料目錄如果使用中文名稱的資料庫或資料表，其目錄和檔案名稱是使用 big5 編碼的字串，並無法在 Windows 作業系統正確的顯示中文。

MySQL 儲存引擎

儲存引擎（Storage Engine）是 MySQL 資料庫的重要特色之一，我們可以依需求來指定資料表使用的儲存引擎，透過儲存引擎的特點來提供多樣化的資料庫應用。在 MySQL 可以使用 SHOW ENGINE 指令顯示支援的儲存引擎清單，常用的儲存引擎有三種，其簡單說明如下：

- MyISAM 儲存引擎：MySQL 5.5 之前版本的預設儲存引擎，此引擎不支援交易處理、外來鍵，但是執行效率高。每一個資料庫是使用三種檔案來儲存，副檔名.sdi 是資料表定義資料（舊版副檔名是.frm）；.MYD是記錄資料；.MYI 是索引資料，例如：students 資料表，如下圖：

students.MYD   students.MYI   students_562.sdi

- InnoDB 儲存引擎：MySQL 5.5 之後版本的預設儲存引擎，支援交易處理、紀錄鎖定、外來鍵和自動回復，InnoDB 儲存引擎的資料表資料是儲存在副檔名.ibd 的檔案，例如：students2 資料表，如下圖：

students2.ibd

- MEMORY 儲存引擎：因為資料表的資料是儲存在記憶體之中，所以執行效率最高，不過，只要關閉 MySQL 伺服器，在資料表儲存的資料就會全部消失，因為資料是儲存在記憶體，在資料目錄只有資料表定義資料.sdi（舊版副檔名是.frm），例如：students3 資料表，如下圖：

students3_564.s
di

MySQL Workbench 在新增資料表時，可以在【Engine】欄位選擇使用的資料庫引擎，如下圖：

SQL 指令碼檔案：Ch7_2_5a~5c.sql 分別使用 ENGINE 子句指定建立 MyISAM、InnoDB 和 Memory 三種儲存引擎的 Student、Student2 和 Student3 資料表，以 Ch7_2_5.sql 為例，如下：

```sql
USE school;
CREATE TABLE IF NOT EXISTS students (
  sid CHAR(4) NOT NULL PRIMARY KEY,
  name VARCHAR(12) NOT NULL,
  tel VARCHAR(15) NULL DEFAULT NULL,
  birthday DATE NULL DEFAULT NULL
)
ENGINE = MyISAM;
```

在上述指令碼最後使用 ENGINE 子句指定資料表使用的儲存引擎，更改儲存引擎是使用第 7-4 節的 ALTER TABLE 指令，如下：

```sql
ALTER TABLE Students ENGINE = InnoDB;
```

7-2-6 查詢 MySQL 資料表的資訊

MySQL 支援相關指令來查詢 MySQL 資料表的資訊，我們可以使用 DESCRIBE 指令顯示【學生】資料表的相關資訊（SQL 指令碼檔：Ch7_2_6.sql），如下：

```sql
USE school;
DESCRIBE 學生;
```

	Field	Type	Null	Key	Default	Extra
▶	學號	char(4)	NO	PRI	NULL	
	姓名	varchar(12)	NO		NULL	
	電話	varchar(15)	YES		NULL	
	生日	date	YES		NULL	

上述表格顯示資料表的欄位名稱、資料類型、是否允許 NULL、索引鍵和預設值等資訊。更進一步，可以使用 SHOW FULL FIELDS FROM 指令，額外顯示資料表的定序、權限和註解等資訊（SQL 指令碼檔：Ch7_2_6a.sql），如下：

```sql
USE school;
SHOW FULL FIELDS FROM 學生;
```

	Field	Type	Collation	Null	Key	Default	Extra	Privileges	Comment
▶	學號	char(4)	utf8mb4_unicode_ci	NO	PRI	NULL		select,insert,update,references	
	姓名	varchar(12)	utf8mb4_unicode_ci	NO		NULL		select,insert,update,references	
	電話	varchar(15)	utf8mb4_unicode_ci	YES		NULL		select,insert,update,references	
	生日	date	NULL	YES		NULL		select,insert,update,references	

因為在 MySQL 的 information_schema 系統資料庫儲存有資料庫、資料表、欄位、資料類型、定序、字元集、角色和存取權限等資訊，換句話說，我們可以使用第 8 章的 SELECT 指令直接查詢系統資料表來取得資料表的相關資訊，例如：查詢 world 範例資料庫（MariaDB 請第 6 章的 World_MariaDB.sql 建立此資料庫）的資料表資訊（SQL 指令碼檔：Ch7_2_6b.sql），如下：

```
SELECT TABLE_SCHEMA, TABLE_NAME, TABLE_ROWS, ENGINE,
       TABLE_COLLATION, AUTO_INCREMENT
FROM information_schema.TABLES
WHERE TABLE_SCHEMA = 'world';
```

上述 WHERE 子句的條件是'world'資料庫，其執行結果如下圖：

	TABLE_SCHEMA	TABLE_NAME	TABLE_ROWS	ENGINE	TABLE_COLLATION	AUTO_INCREMENT
▶	world	city	4046	InnoDB	utf8mb4_0900_ai_ci	4079
	world	country	239	InnoDB	utf8mb4_0900_ai_ci	NULL
	world	countrylanguage	984	InnoDB	utf8mb4_0900_ai_ci	NULL

上述 TABLE_SCHEMA 欄是資料庫名稱；TABLE_NAME 欄是資料表名稱；TABLE_ROWS 欄是記錄數；ENGINE 欄是儲存引擎；TABLE_COLLATION 欄是定序；AUTO_INCREMENT 欄是目前自動累加的數值。

如果想查詢我們建立 MySQL 資料表的 SQL 指令敘述，可以使用 SHOW CREATE TABLE 指令（SQL 指令碼檔：Ch7_2_6c.sql），如下：

```
USE school;
SHOW CREATE TABLE 員工;
```

上述指令碼可以顯示建立員工資料表的 SQL 指令敘述，如下圖：

	Table	Create Table
▶	員工	CREATE TABLE `員工` (`身份證字號` char(10) COLLATE utf8mb4_unicode_ci NOT NULL, `姓名` varchar(...

7-3 建立完整性限制條件

在 MySQL 資料庫建立完整性限制條件就是加上條件約束，我們可以透過條件約束來檢查儲存資料的正確性。不但可以防止將錯誤資料存入資料表，還能夠避免資料表之間欄位資料的不一致。

7-3-1 條件約束的基礎

條件約束（Constraints）可以定義欄位檢查規則，檢查輸入資料是否允許存入資料表欄位，事實上，我們就是在建立資料庫的完整性限制條件來維護資料完整性。

MySQL 條件約束分為針對單一欄位值的「欄位層級條件約束」（Column-level Constraints）和多個欄位值的「資料表層級條件約束」（Table-level Constraints），其說明如下表：

條件約束	欄位層級	資料表層級
NOT NULL	指定欄位不可是空值	N/A
PRIMARY KEY	指定單一欄位的主鍵	指定一到多欄位集合的主鍵
UNIQUE KEY	指定單一欄位建立唯一索引	指定一到多欄位集合的值建立唯一索引
CHECK	指定單一欄位值的範圍	指定多欄位值的範圍
FOREIGN KEY / REFERENCES	N/A	指定一到多欄位集合的外來鍵，即建立關聯性

簡單的說，如果條件約束是針對單一欄位，請使用欄位層級條件約束；若超過一個欄位，就只能使用資料表層級的條件約束。

在第 7-2 節已經說明過欄位層級的 NOT NULL、PRIMARY KEY 和 UNIQUE KEY，在本節準備說明資料表層級的 PRIMARY KEY、CHECK 和 FOREIGN KEY 條件約束。

7-3-2　建立 PRIMARY KEY 條件約束

PRIMARY KEY 條件約束就是資料表的主鍵，在第 7-2 節已經說明過如何建立欄位層級的 PRIMARY KEY 條件約束。

使用 MySQL Workbench 建立 PRIMARY KEY 條件約束

如果主鍵是多個欄位的複合鍵，MySQL Workbench 請同時勾選各主鍵欄位的【PK】和【NN】欄位。

使用 SQL 指令建立 PRIMARY KEY 條件約束

在 SQL 語言的 CREATE TABLE 指令可以指定資料表層級的 PRIMARY KEY 條件約束，其基本語法如下：

```
[CONSTRAINT 條件約束名稱] PRIMARY KEY (欄位清單)
```

上述語法可以建立名為【條件約束名稱】的條件約束，因為是主鍵，MySQL 預設條件約束名稱是 PRIMARY，雖然可以自行指定條件約束名稱，但名稱會被忽略，在括號內是欄位清單，如果是多個欄位的複合鍵，請使用逗號分隔欄位名稱。

🖥️ (SQL 指令碼檔：Ch7_3_2.sql)

請在【school】資料庫新增【訂單明細】資料表，主鍵是【訂單編號】和【項目序號】欄位的複合鍵，如下：

```
USE school;
CREATE TABLE 訂單明細 (
    訂單編號    INT         NOT NULL,
    項目序號    SMALLINT    NOT NULL,
    數量        INT         DEFAULT 1,
    PRIMARY KEY (訂單編號, 項目序號)
);
```

在 Ch7_3_2a.sql 建立的【訂單明細 2】資料表，就有指定條件約束名稱（此名稱會被忽略，名稱仍然是 PRIMARY），如下：

```
CREATE TABLE 訂單明細 2 (
    訂單編號    INT        NOT NULL,
    項目序號    SMALLINT   NOT NULL,
    數量        INT        DEFAULT 1,
    CONSTRAINT 多欄位主鍵 PRIMARY KEY (訂單編號，項目序號)
);
```

7-3-3　建立 CHECK 條件約束

CHECK 條件約束是限制欄位值是否在指定範圍之內，其內容是一個條件運算式，運算結果如為 True，就允許存入欄位資料；False 就不允許存入。例如：在【員工】資料表的【扣稅】欄位值，一定小於【薪水】欄位值，即新增【薪水 > 扣稅】條件運算式。

在本書使用的 MySQL Workbench 版本尚未支援圖形介面來建立 CHECK 條件約束，我們只能使用 SQL 指令建立 CHECK 條件約束。

在 SQL 語言的 CREATE TABLE 指令可以建立 CHECK 條件約束，欄位層級是位在欄位屬性清單，其建立的條件約束只針對此欄位有效；資料表層級是位在資料表屬性清單，條件約束對整個資料表都有效，其基本語法如下：

```
[CONSTRAINT 條件約束名稱] CHECK (條件運算式)
```

上述語法在 CHECK 條件約束的括號內是條件運算式，如果沒有指定條件約束名稱，MySQL 會自動替它命名（MariaDB 不支援指定條件約束名稱）。

💻 **SQL 指令碼檔：Ch7_3_3.sql**

請在【school】資料庫新增【訂單】資料表，在【訂單總價】和【付款總額】欄位有建立欄位層級的 CHECK 條件約束，如下：

```
USE school;
CREATE TABLE 訂單 (
    訂單編號    INT   NOT NULL AUTO_INCREMENT PRIMARY KEY,
```

```
   訂單總價    DECIMAL NOT NULL
   CONSTRAINT 訂單總價_條件約束 CHECK (訂單總價 > 0),
   付款總額    DECIMAL DEFAULT 0 CHECK (付款總額 > 0)
);
```

上述 CREATE TABLE 指令新增 2 個 CHECK 條件約束，第 1 個有指定條件約束名稱。

SQL 指令碼檔：Ch7_3_3a.sql

請在【school】資料庫新增【我的訂單】資料表，擁有資料表層級的 CHECK 條件約束，如下：

```
USE school;
CREATE TABLE 我的訂單 (
   訂單編號    INT     NOT NULL AUTO_INCREMENT PRIMARY KEY,
   訂單總價    DECIMAL NOT NULL,
   付款總額    DECIMAL DEFAULT 0,
   CHECK ( (訂單總價 > 0) AND (付款總額 > 0)
           AND (訂單總價 > 付款總額))
);
```

上述 CREATE TABLE 指令的最後建立資料表層級的 CHECK 條件約束，因為條件包含多個資料表欄位，所以不能使用欄位層級的 CHECK 條件約束。

7-3-4　建立資料表的關聯性

資料表的關聯性（Relationships）是二個或多個資料表之間擁有的關係，在資料表之間建立關聯性（Relationships）的目的是建立參考完整性（Referential Integrity），這是資料表與資料表之間的完整性限制條件。基本上，資料表關聯性可以分為三種，如下：

- 一對一的關聯性（1:1）：指一個資料表的單筆記錄只關聯到另一個資料表的單筆記錄，這是指資料表一筆記錄的欄位值可以被其他資料表一筆記錄的欄位值所參考。

- 一對多的關聯性（1:N）：指一個資料表的單筆記錄關聯到另一個資料表的多筆記錄，這是指資料表一筆記錄的欄位值可以被其他資料表多筆記錄的欄位值所參考。

- 多對多的關聯性（M:N）：指一個資料表的多筆記錄關聯到另一個資料表的多筆記錄，這是指資料表多筆記錄的欄位值可以被其他資料表多筆記錄的欄位值所參考。

MySQL 資料表需要使用 InnoDB 儲存引擎（此為 MySQL 預設儲存引擎），才支援建立資料表之間的關聯性，事實上，在 MySQL 建立資料表之間的關聯性，就是在新增 FOREIGN KEY 條件約束。

請注意！經筆者測試，本書使用的 MySQL Workbench 工具在圖形介面可能無法成功選到關聯欄位。所以，在本節只說明如何使用 SQL 指令來建立關聯性，即新增 FOREIGN KEY 條件約束，在 CREATE TABLE 指令是在資料表層級的資料表屬性清單來建立關聯性，其基本語法如下：

```
[CONSTRAINT 條件約束名稱]
 [[FOREIGN KEY (欄位清單)]
  REFERENCES 參考資料表名稱 (欄位清單)
  [ON DELETE {RESTRICT | CASCADE | SET NULL | NO ACTION}]
  [ON UPDATE {RESTRICT | CASCADE | SET NULL | NO ACTION}]]
```

上述語法在括號內的欄位清單如果為多欄位的複合鍵，請使用逗號分隔各欄位，REFERENCES 子句是參考資料表，括號是參考資料表的主鍵。ON DELETE 和 ON UPDATE 子句的說明，如下：

- ON DELETE 子句：指定當刪除參考資料表的關聯記錄時，資料表的記錄需要如何處理，RESTRICT（預設值）是當擁有關聯記錄時，就拒絕刪除，並且產生錯誤訊息，CASCADE 是將關聯記錄一併刪除，SET NULL 是將關聯記錄的外來鍵欄位設為 NULL（欄位需允許 NULL），但不刪除，最後的 NO ACTION 和 RESTRICT 相同。

- ON UPDATE 子句：指定當更新參考資料表的關聯記錄時，資料表的記錄需要如何處理，RESTRICT（預設值）是當擁有關聯記錄時，就拒絕更新，並且產生錯誤訊息，CASCADE 是將關聯記錄一併更新，SET

NULL 是將關聯記錄的外來鍵欄位設為 NULL（欄位需允許 NULL），最後的 NO ACTION 和 RESTRICT 相同。。

SQL 指令碼檔：Ch7_3_4.sql

請在【school】資料庫建立【班級】資料表，並且使用 FOREIGN KEY 條件約束，建立與【學生】、【課程】和【教授】資料表之間的關聯性，可以新增 3 個 FOREIGN KEY 條件約束，如下：

```
USE school;
CREATE TABLE 班級 (
    教授編號    CHAR(4)    NOT NULL,
    課程編號    CHAR(5)    NOT NULL,
    學號       CHAR(4)    NOT NULL,
    上課時間    DATETIME,
    教室       VARCHAR(8),
    PRIMARY KEY (學號, 教授編號, 課程編號),
    FOREIGN KEY (學號) REFERENCES 學生 (學號),
    FOREIGN KEY (教授編號) REFERENCES 教授 (教授編號),
    FOREIGN KEY (課程編號) REFERENCES 課程 (課程編號)
);
```

在 MySQL Workbench 可以檢視建立的外來鍵條件約束（檢視沒有問題；編輯就不一定成功），請在「Navigator」視窗的【Schemas】標籤，展開【school】資料庫，在【班級】資料表上，執行【右】鍵快顯功能表的【Alter Table...】命令修改資料表。

然後在下方選【Foreign Keys】標籤，可以看到 3 個 FOREIGN KEY 條件約束，因為在上述 SQL 指令並沒有替條件約束命名，這 3 個名稱是 MySQL 自動命名的條件約束名稱，如下圖：

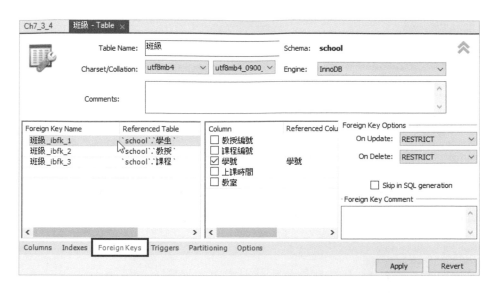

在左邊框選 FOREIGN KEY 條件約束，就可以在右邊框看到勾選的關聯欄位，和參考資料表的對應欄位名稱。

7-4 修改與刪除資料表

MySQL 可以使用 MySQL Workbench 或 SQL 指令來修改或刪除資料表，使用的是 RENAME TABLE、ALTER TABLE 和 DROP TABLE 指令。

7-4-1 修改資料表名稱

在建立資料表後，如果需要，我們可以使用 MySQL Workbench 或 SQL 指令來修改資料表名稱。

使用 MySQL Workbench 修改資料表名稱

請在「Navigator」視窗的【Schemas】標籤，展開【school】資料庫，在【估價單】資料表上，執行【右】鍵快顯功能表的【Alter Table...】命令修改資料表，即可在【Table Name】欄輸入新的資料表名稱，如下圖：

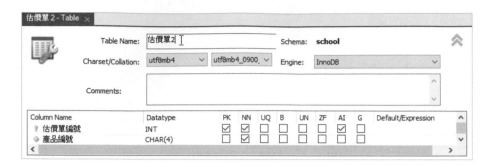

按右下方【Apply】鈕,可以看到 ALTER TABLE/RENAME TO 指令來更改資料表名稱,請按【Apply】鈕,再按【Finish】鈕來更名資料表,如下圖:

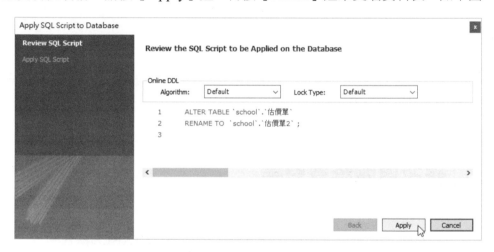

使用 SQL 指令修改資料表名稱

在 MySQL 可以使用 RENAME TABLE 指令來更改資料表名稱,其基本語法如下:

```
RENAME TABLE 原資料表名稱 TO 新資料表名稱
    [, 原資料表名稱 TO 新資料表名稱2] ...;
```

上述指令可以將【原資料表名稱】更改成 TO 關鍵字後的【新資料表名稱】,如果不只一個,請使用「,」號分隔。如果是使用 ALTER TABLE 指令,就是使用 RENAME TO 子句,其基本語法如下:

```
ALTER TABLE 原資料表名稱
RENAME [TO] 新資料表名稱;
```

　　上述指令可以將【原資料表名稱】更改成 RENAME TO 子句的【新資料表名稱】，請注意！一次只能更改一個資料表的名稱。

■ SQL 指令碼檔：Ch7_4_1.sql

　　請使用 RENAME TABLE 指令，修改【school】資料庫的【訂單】資料表名稱成為【學校訂單】，如下：

```
USE school;
RENAME TABLE 訂單 TO 學校訂單;
```

■ SQL 指令碼檔：Ch7_4_1a.sql

　　請使用 ALTER TABLE 指令，修改【school】資料庫的【課後輔導課程】資料表名稱成為【學校課後輔導課程】，如下：

```
USE school;
ALTER TABLE 課後輔導課程
RENAME TO 學校課後輔導課程;
```

7-4-2　修改資料表欄位

　　對於已經建立的資料表，我們可以使用 MySQL Workbench 或 SQL 指令來新增或刪除欄位定義資料。

使用 MySQL Workbench 修改資料表欄位

　　請在「Navigator」視窗的【Schemas】標籤，展開【school】資料庫，在資料表上，執行【右】鍵快顯功能表的【Alter Table...】命令，就可以開啟資料表欄位定義的編輯視窗來修改資料表欄位的定義資料。

使用 SQL 指令修改資料表欄位

　　SQL 修改資料表欄位是使用 ALTER TABLE 指令，其基本語法如下：

```
ALTER TABLE 資料表名稱
ADD [COLUMN] 新欄位名稱 資料類型 [欄位屬性清單]
       [FIRST | AFTER 存在欄名];
或
DROP [COLUMN] 欄位名稱;
或
MODIFY [COLUMN] 欄位名稱 新資料類型 [FIRST | AFTER 存在欄名];
```

　　上述 ADD 或 ADD COLUMN 子句是新增欄位，如果不只一個，請使用逗號分隔（FIRST | AFTER 指定欄位新增的位置）；DROP COLUMN 子句是刪除欄位；MODIFY COLUMN 子句是修改資料類型和是否允許 NULL 空值。

SQL 指令碼檔：Ch7_4_2.sql

　　請在【school】資料庫執行 2 次 ALTER TABLE 指令，可以修改【我的訂單】資料表，新增【訂單日期】、【送貨日期】和【付款日期】三個欄位，資料類型都是 DATETIME，因為新增 2 個資料表欄位，所以使用「,」逗號分隔，其中訂單日期使用 FIRST，所以是新增此欄位成第 1 個欄位，如下：

```
USE school;
ALTER TABLE 我的訂單
    ADD 訂單日期 DATETIME NOT NULL FIRST,
    ADD COLUMN 送貨日期 DATETIME;
ALTER TABLE 我的訂單
    ADD 付款日期 DATETIME AFTER 付款總額;
```

　　上述第 2 個 ALTER TABLE 指令只有新增一個欄位，因為有使用 AFTER，所以是插入在【付款總額】欄位後，其執行結果如右圖：

SQL 指令碼檔：Ch7_4_2a.sql

請在【school】資料庫修改【我的訂單】資料表，刪除【送貨日期】欄位，如下：

```
USE school;
ALTER TABLE 我的訂單
    DROP COLUMN 送貨日期;
```

SQL 指令碼檔：Ch7_4_2b.sql

請在【school】資料庫修改【我的訂單】資料表，將【訂單日期】欄位的資料類型改為 VARCHAR(20)，如下：

```
USE school;
ALTER TABLE 我的訂單
    MODIFY COLUMN 訂單日期 VARCHAR(20) NOT NULL;
```

7-4-3　修改條件約束

對於已經建立的條件約束，我們可以修改資料表的條件約束，因為 MySQL Workbench 在條件約束的外來鍵操作介面有些問題，在本節主要是使用 SQL 指令來修改資料表的條件約束。

SQL 語言是使用 ALTER TABLE 指令修改條件約束，其基本語法如下：

```
ALTER TABLE 資料表名稱
ADD CONSTRAINT 條件約束定義;
或
DROP CONSTRAINT 條件約束名稱;
```

上述 ADD CONSTRAINT 子句可以新增條件約束定義（即第 7-3 節條件約束的 SQL 語法），條件約束定義包含：PRIMARY KEY、UNIQUE KEY、FOREIGN KEY、DEFAULT 和 CHECK 條件約束。DROP CONSTRAINT 子句是刪除指定名稱的條件約束。

🖥 (**SQL 指令碼檔：Ch7_4_3.sql**)

　　請在【school】資料庫修改【員工】資料表，新增【薪水】欄位的 CHECK 條件約束，條件運算式為【薪水 > 18000】，如下：

```
USE school;
ALTER TABLE 員工
    ADD CONSTRAINT 薪水_條件
        CHECK (薪水 > 18000);
```

　　在上述 ALTER TABLE 指令新增的 CHECK 條件約束有指定條件約束名稱【薪水_條件】。

🖥 (**SQL 指令碼檔：Ch7_4_3a.sql**)

　　請在【school】資料庫修改【員工】資料表，刪除名為【薪水_條件】的條件約束，如下：

```
USE school;
ALTER TABLE 員工
    DROP CONSTRAINT 薪水_條件;
```

7-4-4　刪除資料表

　　對於資料庫已經存在的資料表，我們可以啟動 MySQL Workbench，在「Navigator」視窗的【Schemas】標籤展開資料庫，在資料表上，執行【右】鍵快顯功能表的【Drop Table...】命令，就可以刪除資料表，可以看到一個對話方塊。

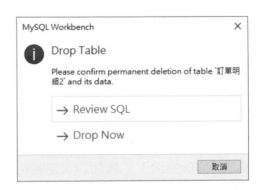

選【Review SQL】可以先檢視 SQL 指令碼，再決定是否刪除；【Drop Now】是馬上刪除資料表。

SQL 指令是使用 DROP TABLE 指令來刪除資料表，刪除範圍包含資料表索引、記錄資料和檢視表，其基本語法如下：

```
DROP TABLE [IF EXISTS] 資料表名稱;
```

上述語法可以從資料庫刪除名為【資料表名稱】的資料表，在之前的 IF EXISTS 是當資料表存在時才刪除，否則會顯示警告訊息。

📺 (**SQL 指令碼檔：Ch7_4_4.sql**)

請在【school】資料庫刪除【我的訂單】資料表，如下：

```
USE school;
DROP TABLE 我的訂單;
```

7-5 暫存資料表的建立

暫存資料表（Temporary Tables）是一種因需求而暫時用來儲存資料所建立的資料表，這些暫存資料表只有在使用者的工作階段（Session）存在，即使用者連線時存在，當使用者離線後，MySQL 就會自動刪除這些暫存資料表，所以在不同的工作階段可以使用同名的暫存資料表。

基本上，MySQL 基於執行 SQL 指令時的需要，預設就會自動建立所需的暫存資料表，例如：UNION、DISTINCT、檢視表、導出資料表、CTE、ORDER BY 和 GROUP BY 等，當然，如果我們需要，也可以使用 CREATE TEMPORARY TABLE 指令來建立暫存資料表；DROP TEMPORARY TABLE 指令刪除暫存資料表，其語法和 CREATE TABLE 和 DROP TABLE 指令相同。

SQL 指令碼檔：Ch7_6.sql

請在 MySQL 新增名為【我的課程】資料表，這是一個暫存資料表，如下：

```
USE school;
CREATE TEMPORARY TABLE 我的課程 (
    課程編號    CHAR(5) ,
    名稱        VARCHAR(30) ,
    學分        INT
);
```

　SQL 指令碼檔：Ch7_6a.sql

請在 MySQL 刪除【我的課程】的暫存資料表，如下：

```
USE school;
DROP TEMPORARY TABLE 我的課程;
```

Chapter 8

SELECT 敘述的
基本查詢

8-1 | SELECT 查詢指令

SELECT 指令是 DML 指令中語法最複雜的一個，其基本語法如下：

```
SELECT 欄位清單
FROM 資料表來源
[WHERE 搜尋條件]
[GROUP BY 欄位清單]
[HAVING 搜尋條件]
[ORDER BY 欄位清單]
[LIMIT 取出部分記錄]
```

上述語法的【欄位清單】是查詢結果的欄位清單，WHERE 子句的搜尋條件是由多個比較和邏輯運算式所組成，可以過濾 FROM 子句資料表來源的記錄資料。在 SELECT 指令各子句的簡單說明，如下表：

子句	說明
SELECT	指定查詢結果包含哪些欄位
FROM	指定查詢的資料來源是哪些資料表
WHERE	過濾查詢結果的條件，可以從資料表來源取得符合條件的查詢結果
GROUP BY	可以將相同欄位值的欄位群組在一起，以便執行群組查詢
HAVING	搭配 GROUP BY 子句進一步過濾群組查詢的條件
ORDER BY	指定查詢結果的排序欄位
LIMIT	可以限制傳回的記錄數，或取出部分範圍的記錄資料

8-2 | SELECT 子句

在 SELECT 指令的 SELECT 子句可以指定查詢結果包含哪些欄位，其基本語法如下：

```
SELECT [{ALL | DISTINCT}]
    欄位名稱 [[AS] 欄位別名] [, 欄位規格 [[AS] 欄位別名]…]
```

上述 SELECT 指令預設值顯示 ALL 所有記錄的欄位值，DISTINCT 關鍵字只顯示不重複欄位值的記錄資料，【欄位名稱】就是查詢結果的欄位值，可以使用 AS 關鍵字指定欄位別名，如果不只一個，請使用「,」逗號分隔。

8-2-1 資料表的欄位

在 SELECT 子句可以直接指明需要查詢的欄位名稱清單，或使用「*」符號代表資料表的所有欄位。

查詢資料表的部分欄位

SELECT 子句可以指明查詢結果所需的欄位清單，即查詢資料表中所需的部分欄位。

SQL 指令碼檔：Ch8_2_1.sql

　　請查詢【學生】資料表的所有學生記錄，不過，只顯示學號、姓名和生日三個欄位，如下：

```
SELECT 學號, 姓名, 生日 FROM 學生;
```

　　上述 SELECT 指令顯示【學生】資料表的學號、姓名和生日共 3 個以「,」逗號分隔的欄位名稱，可以在 MySQL Workbench 資料表記錄的編輯介面看到有 8 筆記錄，在最後一列可以新增記錄，如下圖：

學號	姓名	生日
▶ S001	陳會安	2003-09-03
S002	江小魚	2004-02-02
S003	張無忌	2002-05-03
S004	陳小安	2002-06-13
S005	孫燕之	NULL
S006	周杰輪	2003-12-23
S007	蔡一零	2003-11-23
S008	劉得華	2003-02-23
✱ NULL	NULL	NULL

　　SQL 查詢結果傳回的記錄數是顯示在下方「Output」視窗，可以看到傳回 8 筆記錄資料，如下圖：

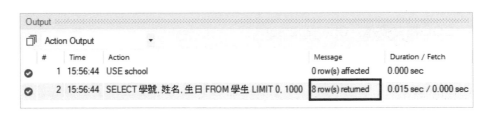

查詢資料表的所有欄位

　　查詢結果如果需要顯示資料表的所有欄位，在 SELECT 指令請直接使用「*」符號代表資料表的所有欄位，而不用一一列出欄位清單。

🖥　SQL 指令碼檔：Ch8_2_1a.sql

　　請查詢【課程】資料表的所有課程記錄和顯示所有欄位，如下：

```
SELECT * FROM 課程;
```

　　上述 SELECT 指令的執行結果顯示【課程】資料表的所有記錄和欄位，共有 8 筆記錄，如下圖：

	課程編號	名稱	學分
▶	CS101	計算機概論	4
	CS111	線性代數	4
	CS121	離散數學	4
	CS203	程式語言	3
	CS205	網頁程式設計	3
	CS213	物件導向程式設計	2
	CS222	資料庫管理系統	3
	CS349	物件導向分析	3
＊	NULL	NULL	NULL

8-2-2　欄位別名

　　在 SELECT 指令預設使用資料表定義的欄位名稱來顯示查詢結果，基於需要，我們可以使用 AS 關鍵字指定欄位別名，AS 關鍵字本身是可有可無。

🖥　SQL 指令碼檔：Ch8_2_2.sql

　　請查詢【學生】資料表的學號、姓名和生日資料，為了方便閱讀，將顯示的欄位名稱改為【學生學號】、【學生姓名】和【學生生日】的欄位別名，如下：

```
SELECT 學號 AS 學生學號, 姓名 AS 學生姓名,
       生日 學生生日
FROM 學生;
```

　　上述 SELECT 指令顯示【學生】資料表的學號、姓名和生日欄位和欄位別名（在生日欄位沒有使用 AS），我們可以看到欄位標題顯示的是別名，而不是原來的欄位名稱，如下圖：

	學生學號	學生姓名	學生生日
▶	S001	陳會安	2003-09-03
	S002	江小魚	2004-02-02
	S003	張無忌	2002-05-03
	S004	陳小安	2002-06-13
	S005	孫燕之	`NULL`
	S006	周杰輪	2003-12-23
	S007	蔡一零	2003-11-23
	S008	劉得華	2003-02-23

8-2-3 計算值欄位

在 SELECT 子句的欄位可以資料表的欄位名稱，也可以是算術運算子、字串或函數所組成的運算式欄位。因為計算值欄位沒有欄位名稱，可以使用 AS 關鍵字指定計算值欄位的別名。

算術運算子

在 SELECT 子句的計算值欄位支援多種數學運算的算術運算子（Arithmetic Operators），其說明如下表：

算術運算子	說明
+	加法
-	減法
*	乘法
/	除法
%	餘數

算術運算子可以使用在 SELECT 子句的欄位清單，讓我們使用算術運算式來計算欄位值。例如：計算多個欄位的總和、使用欄位組成算術運算式或遞增一個固定值等。

SQL 指令碼檔：Ch8_2_3.sql

　　因為【員工】資料表的薪水需要扣除稅金才是實拿的薪水，我們可以使用算術運算式來查詢【員工】資料表的薪水資料，顯示每位員工的薪水淨額，如下：

```
SELECT 身份證字號, 姓名,
       薪水-扣稅 AS 薪水淨額
FROM 員工
```

　　上述 SELECT 指令可以顯示員工的薪水淨額，如下圖：

	身份證字號	姓名	薪水淨額
▶	A123456789	陳慶新	78000.00
	A221304680	郭富城	34200.00
	A222222222	楊金欉	78000.00
	D333300333	王心零	49000.00
	D444403333	劉得華	24500.00
	E444006666	小龍女	24500.00
	F213456780	陳小安	49000.00
	F332213046	張無忌	49000.00
	H098765432	李鴻章	58500.00

使用字串連接的 CONCAT() 函數

　　計算值欄位如果是一個字串運算式，可以包含一至多個字串類型的欄位，和字串常數（Char String Constants），這是使用單引號或雙引號括起的一序列字元，如下：

```
'Abcdefg'
'5678'
'MySQL 資料庫設計'
```

　　上述字串常數可以使用 CONCAT() 函數，來連接多個欄位值和字串常數，其語法如下：

```
CONCAT(字串 1, 字串 2, 字串 3…)
```

📺 (SQL 指令碼檔：Ch8_2_3a.sql)

　　因為【員工】資料表的地址資料是兩個欄位所組成，我們可以使用
CONCAT()函數連接 2 個欄位來顯示員工的地址資料，如下：

```
SELECT 身份證字號, 姓名,
       CONCAT(城市, '市', 街道) AS 地址
FROM 員工;
```

　　上述 SELECT 指令可以顯示員工的地址資料，如下圖：

	身份證字號	姓名	地址
▶	A123456789	陳慶新	台北市信義路
	A221304680	郭富城	台北市忠孝東路
	A222222222	楊金欉	桃園市中正路
	D333300333	王心零	桃園市經國路
	D444403333	劉得華	新北市板橋區文心路
	E444006666	小龍女	新北市板橋區中正路
	F213456780	陳小安	新北市新店區四維路
	F332213046	張無忌	台北市仁愛路
	H098765432	李鴻章	基隆市信四路

使用更多的 SQL 函數

　　在計算值欄位的運算式也可以使用 MySQL 內建數學、字串或日期/時間函
數。例如：LEFT()、CONCAT()、CURDATE()、DATEDIFF()、TIMESTAMPDIFF()
等函數和聚合函數（請參閱＜第 8-5 節：聚合函數＞）等。

　　關於 MySQL 函數的進一步說明，請參閱＜附錄 A：MySQL 內建函數和
JSON 欄位處理＞或 MySQL 官方參考手冊。

📺 (SQL 指令碼檔：Ch8_2_3b.sql)

　　因為【學生】資料表只有學生生日資料，並沒有年齡，我們可以搭配 MySQL
函數來計算出學生年齡，如下：

```
SELECT 學號, 姓名,
       CURDATE() AS 今天,
       TIMESTAMPDIFF(YEAR, 生日, CURDATE()) AS 年齡
FROM 學生;
```

上述 SELECT 指令使用 CURDATE()函數取得今天的日期/時間，然後使用 TIMESTAMPDIFF()函數計算和生日的年份差，即可計算出學生的年齡，如下圖：

	學號	姓名	今天	年齡
▶	S001	陳會安	2023-01-30	19
	S002	江小魚	2023-01-30	18
	S003	張無忌	2023-01-30	20
	S004	陳小安	2023-01-30	20
	S005	孫燕之	2023-01-30	NULL
	S006	周杰輪	2023-01-30	19
	S007	蔡一零	2023-01-30	19
	S008	劉得華	2023-01-30	19

8-2-4　刪除重複記錄 – ALL 和 DISTINCT

資料表記錄的欄位值如果有重複值，在 SELECT 子句預設顯示 ALL 所有欄位值，如果不想顯示重複值，我們可以使用 DISTINCT 關鍵字刪除重複欄位值，當欄位擁有重複值，就只會顯示其中一筆記錄。

SQL 指令碼檔：Ch8_2_4.sql

請查詢【課程】資料表的課程資料擁有幾種不同的學分數，如下：

```
SELECT DISTINCT 學分 FROM 課程;
```

上述 SELECT 指令的【課程】資料表欄位學分擁有重複值，所以只會顯示其中一筆，如下圖：

	學分
▶	4
	3
	2

上述查詢結果顯示 3 筆記錄，因為記錄有重複的欄位值。如果是使用 DISTINCTROW 關鍵字，就可以分辨出重複記錄。

8-3 | FROM 子句

SELECT 指令是使用 FROM 子句指定查詢的來源資料表是哪些資料表，可以是一個資料表或多個相關聯的資料表。在本章的 SQL 指令碼檔都是從單一資料表取得查詢結果，第 9 章才會說明如何從多個資料表取得查詢結果，即合併查詢和子查詢。

基本上，FORM 子句可以使用的資料表種類，如下：

- 長存資料表（Permanent Tables）：使用 CREATE TABLE 指令建立的一般資料表。

- 暫存資料表（Temporary Tables）：使用 CREATE TEMPORATORE TABLE 指令建立的暫存資料表，或由子查詢取得中間結果記錄資料的暫存資料表，這部分的說明請參閱第 9 章。

- 檢視表（Views）：一種建立在長存資料表上的虛擬資料表，其進一步說明請參閱第 11 章。

在本節之前已經使用 FROM 子句指定資料表來源是長存資料表，這一節準備說明 FORM 子句的來源資料表是 CREATE TEMPORATORE TABLE 指令建立的暫存資料表，請先執行 SQL 指令碼檔案：Ch8_3.sql 建立名為【我的課程】的暫存資料表，和新增 2 筆課程記錄。

SQL 指令碼檔：Ch8_3a.sql

在執行 Ch8_3.sql 建立【我的課程】暫存資料表後，請查詢【我的課程】暫存資料表的課程記錄資料，如下：

```
SELECT * FROM 我的課程;
```

上述 SELECT 指令的 FORM 子句是暫存資料表，我們一樣可以查詢暫存資料表的記錄資料，如右圖：

課程編號	名稱	學分
CS101	計算機概論	4
CS121	離散數學	4

8-4 | WHERE 子句

SELECT 指令是用 FROM 字句指出查詢哪個資料表的哪些欄位，事實上，WHERE 子句的篩選條件才是真正的查詢條件，可以過濾記錄和找出符合所需條件的記錄資料，其基本語法如下：

```
WHERE 搜尋條件
```

上述搜尋條件是使用運算子建立的過濾篩選條件，查詢結果可以取回符合條件的記錄資料。

8-4-1 比較運算子

比較運算子（Comparison Operators）的傳回值是布林資料類型的 True、False 或 NULL (UNKNOWN)。MySQL 的值 1 是 True；0 是 False。在 WHERE 子句的搜尋條件可以是比較運算子建立的條件運算式，其運算元如果是欄位值，可以是字串、數值或日期/時間等資料。

MySQL 的 SQL 語言支援的比較運算子，其說明如下表：

比較運算子	說明
=	相等
<=>	相等，可以安全比較 NULL 值和非 NULL 值
<>、!=	不相等
>	大於
>=	大於等於
<	小於
<=	小於等於

述語（Predicates）的原意是句子的敘述內容，即動詞、修飾語、受詞和補語等，MySQL 的述語視為是一種比較運算子，其說明如下表：

述語或比較運算子	說明
LIKE	包含，只需是子字串即符合條件
BETWEEN/AND	在一個範圍之內
IN	屬於清單的其中之一

上表 LIKE、BETWEEN/AND 和 IN 可以配合 NOT 邏輯運算子建立 NOT LIKE、NOT BETWEEN/AND 和 NOT IN 比較運算子，這幾個比較運算子的說明請參閱第 8-4-2 節的說明。

條件值是字串

WHERE 子句的條件運算式可以使用比較運算子來執行字串比較，請注意！欄位條件的字串需要使用單引號或雙引號括起。

SQL 指令碼檔：Ch8_4_1.sql

請在【學生】資料表查詢學號為'S002'學生的詳細資料，如下：

```
SELECT * FROM 學生
WHERE 學號='S002';
```

上述 SELECT 指令可以找到 1 筆符合條件的記錄，如下圖：

	學號	姓名	性別	電話	生日
▶	S002	江小魚	女	03-33333333	2004-02-02
*	NULL	NULL	NULL	NULL	NULL

條件值是數值

WHERE 子句的條件運算式如果條件值是數值，數值欄位不需使用單引號或雙引號括起。

 SQL 指令碼檔：Ch8_4_1a.sql

請查詢【員工】資料表的薪水欄位小於 50000 元的員工記錄，如下：

```
SELECT * FROM 員工
WHERE 薪水<50000;
```

上述 SELECT 指令可以找到 3 筆符合條件的記錄，如下圖：

身份證字號	姓名	城市	街道	電話	薪水	保險	扣稅
A221304680	郭富城	台北	忠孝東路	02-55555555	35000.00	1000.00	800.00
D444403333	劉得華	新北	板橋區文心路	04-55555555	25000.00	500.00	500.00
E444006666	小龍女	新北	板橋區中正路	04-55555555	25000.00	500.00	500.00
NULL	NULL	NULL	NULL	NULL	NULL	NULL	NULL

條件值是日期/時間

WHERE 子句的條件運算式如果是日期/時間的比較，如同字串，也需要使用單引號或雙引號括起。

 SQL 指令碼檔：Ch8_4_1b.sql

查詢【學生】資料表的學生生日是'2004-02-02'的學生記錄，如下：

```
SELECT * FROM 學生
WHERE 生日='2004-02-02';
```

上述 SELECT 指令可以找到 1 筆符合條件的記錄，如下圖：

學號	姓名	性別	電話	生日
S002	江小魚	女	03-33333333	2004-02-02
NULL	NULL	NULL	NULL	NULL

LIKE 包含子字串述語

WHERE 子句的條件欄位可以使用 LIKE 述語進行比較，LIKE 述語是子字串查詢，只需有包含子字串就符合條件。我們還可以配合萬用字元來進行範本字串的比對，如下表：

萬用字元	說明
%	代表 0 或更多任易長度字元的任何字串
_	代表一個字元長度的任何字元

SQL 指令碼檔：Ch8_4_1c.sql

請查詢【教授】資料表屬於資訊相關科系 CS 和 CIS 的教授記錄，如下：

```
SELECT * FROM 教授
WHERE 科系 LIKE '%S%';
```

上述 SELECT 指令的條件是使用 LIKE 述語查詢科系欄位擁有英文字母'S'科系的教授資料。換句話說，只需欄位值擁有子字串'S'就符合條件，共找到 3 筆記錄，如下圖：

	教授編號	職稱	科系	身份證字號
▶	I001	教授	CS	A123456789
	I002	教授	CS	A222222222
	I003	副教授	CIS	H098765432
*	NULL	NULL	NULL	NULL

SQL 指令碼檔：Ch8_4_1d.sql

請查詢【班級】資料表上課教室是在二樓的課程資料，如下：

```
SELECT DISTINCT 課程編號, 上課時間, 教室
FROM 班級
WHERE 教室 LIKE '%2_-%';
```

上述 SELECT 指令的'_'萬用字元可以代表任何一個字元。【教室】欄位的第 2 個字元代表樓層編號'2'，第 3 個字元可以是任何字元，第 4 個字元的'-'是教室編號的格式符號，最後一個字元是教室配備，也可以是任何字元，共找到 5 筆記錄，如下圖：

課程編號	上課時間	教室
CS213	09:00:00	622-G
CS121	08:00:00	221-S
CS203	10:00:00	221-S
CS203	14:00:00	327-S
CS111	15:00:00	321-M

BETWEEN/AND 範圍述語

BETWEEN/AND 述語可以定義欄位值需要符合的範圍，其範圍值可以是文字、數值或和日期/時間資料。

SQL 指令碼檔：Ch8_4_1e.sql

請查詢【學生】資料表生日欄位的範圍是 2003 年 1 月 1 日到 2003 年 12 月 31 日出生的學生記錄，如下：

```
SELECT * FROM 學生
WHERE 生日 BETWEEN '2003-1-1' AND '2003-12-31';
```

上述 SELECT 指令為日期範圍，共找到 4 筆記錄，如下圖：

學號	姓名	性別	電話	生日
S001	陳會安	男	02-22222222	2003-09-03
S006	周杰輪	男	02-33333333	2003-12-23
S007	蔡一零	女	03-66666666	2003-11-23
S008	劉得華	男	02-11111122	2003-02-23
NULL	NULL	NULL	NULL	NULL

SQL 指令碼檔：Ch8_4_1f.sql

因為學生修課學分數還差了 2~3 個學分，我們可以查詢【課程】資料表看看還有哪些 2~3 學分的課程可以選修，如下：

```
SELECT * FROM 課程
WHERE 學分 BETWEEN 2 AND 3;
```

上述 SELECT 指令的條件是學分欄位的數字範圍，包含 2 和 3，共找到 5 筆記錄，如下圖：

	課程編號	名稱	學分
▶	CS203	程式語言	3
	CS205	網頁程式設計	3
	CS213	物件導向程式設計	2
	CS222	資料庫管理系統	3
	CS349	物件導向分析	3
✱	NULL	NULL	NULL

IN 述語

IN 述語只需是清單其中之一即可，我們需要列出一串字串或數值清單作為條件，欄位值只需是其中之一，就符合條件。

SQL 指令碼檔：Ch8_4_1g.sql

學生已經選 CS101、CS222、CS100 和 CS213 四門課，我們準備查詢【課程】資料表關於這些課程的詳細資料，如下：

```
SELECT * FROM 課程
WHERE 課程編號 IN ('CS101', 'CS222', 'CS100', 'CS213');
```

上述 SELECT 指令只有課程編號欄位值屬於清單之中，才符合條件，共找到 3 筆記錄（因為沒有課程編號 CS100），如下圖：

	課程編號	名稱	學分
▶	CS101	計算機概論	4
	CS213	物件導向程式設計	2
	CS222	資料庫管理系統	3
✱	NULL	NULL	NULL

📖 SQL 指令碼檔：Ch8_4_1h.sql

因為學生這學期選課的學分數還差 2 或 4 個學分，請使用 IN 述語查詢【課程】資料表看看還有哪些課程可以修，如下：

```
SELECT * FROM 課程
WHERE 學分 IN (2, 4);
```

上述 SELECT 指令只有學分是 2 和 4 才符合條件，共找到 4 筆記錄，如下圖：

	課程編號	名稱	學分
▶	CS101	計算機概論	4
	CS111	線性代數	4
	CS121	離散數學	4
	CS213	物件導向程式設計	2
*	NULL	NULL	NULL

8-4-2　邏輯運算子

邏輯運算子（Logical Operators）可以判斷是否符合某些條件，或連接多個條件運算式來建立出複雜條件。在 WHERE 子句的搜尋條件可以使用邏輯運算子來連接多個比較運算式，可以傳回 True、False 或 NULL (UNKNOWN)值的布林資料類型。

MySQL 的 SQL 語言支援的常用邏輯運算子說明，如下表：

邏輯運算子	說明
NOT	非，否定運算式的結果
AND	且，需要連接的 2 個運算子都會真，才是真
OR	或，只需其中一個運算子為真，即為真

NOT 運算子

NOT 運算子可以搭配述語或條件運算式，取得與條件相反的查詢結果，如下表：

比較運算子	說明
NOT LIKE	否定 LIKE 述語
NOT BETWEEN	否定 BETWEEN/AND 述語
NOT IN	否定 IN 述語

SQL 指令碼檔：Ch8_4_2.sql

因為學生已經選 CS101、CS222、CS100 和 CS213 四門課，所以準備查詢【課程】資料表，看看還有什麼課程可以修，如下：

```
SELECT * FROM 課程
WHERE 課程編號 NOT IN ('CS101', 'CS222', 'CS100', 'CS213');
```

上述 SELECT 指令只需課程編號不是 CS101、CS222、CS100 和 CS213 就符合條件，共找到 5 筆記錄，如下圖：

課程編號	名稱	學分
CS111	線性代數	4
CS121	離散數學	4
CS203	程式語言	3
CS205	網頁程式設計	3
CS349	物件導向分析	3
NULL	NULL	NULL

AND 與 OR 運算子

AND 運算子連接的前後運算式都必須同時為真，整個 WHERE 子句的條件才為真。

SQL 指令碼檔：Ch8_4_2a.sql

請查詢【課程】資料表的課程編號欄位包含'1'子字串，而且課程名稱欄位有'程式'子字串，如下：

```
SELECT * FROM 課程
WHERE 課程編號 LIKE '%1%' AND 名稱 LIKE '%程式%';
```

上述 SELECT 指令共找到 1 筆符合條件的記錄，如下圖：

課程編號	名稱	學分
CS213	物件導向程式設計	2
NULL	NULL	NULL

OR 運算子在 WHERE 子句連接的前後條件，只需任何一個條件為真，即為真。

SQL 指令碼檔：Ch8_4_2b.sql

請查詢【課程】資料表的課程編號欄位包含'3'子字串，或課程名稱欄位有'程式'子字串，如下：

```
SELECT * FROM 課程
WHERE 課程編號 LIKE '%3%' OR 名稱 LIKE '%程式%';
```

上述 SELECT 指令共找到 4 筆符合條件的記錄，如下圖：

課程編號	名稱	學分
CS203	程式語言	3
CS205	網頁程式設計	3
CS213	物件導向程式設計	2
CS349	物件導向分析	3
NULL	NULL	NULL

連接多個條件與括號

在 WHERE 子句的條件可以使用 AND 和 OR 連接多個不同條件。因為位在括號中的運算式會優先運算，我們可以使用括號來產生不同的查詢結果。

SQL 指令碼檔：Ch8_4_2c.sql

請查詢【課程】資料表的課程編號欄位包含'2'子字串，和課程名稱欄位有'程式'子字串，或學分大於等於 4，如下：

```
SELECT * FROM 課程
WHERE 課程編號 LIKE '%2%'
  AND 名稱 LIKE '%程式%'
  OR 學分>=4;
```

上述 SELECT 指令共找到 6 筆符合條件的記錄，如下圖：

	課程編號	名稱	學分
▶	CS101	計算機概論	4
	CS111	線性代數	4
	CS121	離散數學	4
	CS203	程式語言	3
	CS205	網頁程式設計	3
	CS213	物件導向程式設計	2
*	NULL	NULL	NULL

SQL 指令碼檔：Ch8_4_2d.sql

請查詢【課程】資料表的課程編號欄位包含'2'子字串，和課程名稱欄位有'程式'子字串，或學分大於等於 4，後 2 個條件有使用括號括起，如下：

```
SELECT * FROM 課程
WHERE 課程編號 LIKE '%2%'
  AND (名稱 LIKE '%程式%'
  OR 學分>=4);
```

上述 SELECT 指令因為有括號，所以只找到 4 筆符合條件的記錄，如下圖：

	課程編號	名稱	學分
▶	CS121	離散數學	4
	CS203	程式語言	3
	CS205	網頁程式設計	3
	CS213	物件導向程式設計	2
*	NULL	NULL	NULL

8-4-3　算術運算子

在 WHERE 子句的條件一樣可以使用算術運算子（Arithmetic Operators）的加、減、乘、除和餘數，即執行數學運算，換句話說，我們可以在 WHERE 子句的條件加上算術運算子的運算式。

SQL 指令碼檔：Ch8_4_3.sql

請查詢【員工】資料表的薪水在扣稅和保險金額後的薪水淨額小於 40000 元的員工記錄，如下：

```
SELECT 身份證字號, 姓名, 電話 FROM 員工
WHERE (薪水-扣稅-保險) < 40000;
```

上述 SELECT 指令共找到 3 筆符合條件的記錄，如下圖：

	身份證字號	姓名	電話
▶	A221304680	郭富城	02-55555555
	D444403333	劉得華	04-55555555
	E444006666	小龍女	04-55555555
*	NULL	NULL	NULL

8-5 聚合函數的摘要查詢

「聚合函數」（Aggregate Functions）也稱為「欄位函數」（Column Functions），可以進行選取記錄欄位值的筆數、平均、範圍和統計函數，以便提供進一步欄位資料的分析結果。

當 SELECT 指令敘述擁有聚合函數，就稱為「摘要查詢」（Summary Query）。常用聚合函數的說明，如下表：

函數	說明
COUNT(運算式)	計算記錄筆數
AVG(運算式)	計算欄位平均值
MAX(運算式)	取得記錄欄位的最大值
MIN(運算式)	取得記錄欄位的最小值
SUM(運算式)	取得記錄欄位的總計

上表函數參數的運算式通常是欄位名稱，或由欄位名稱建立的運算式。如果需要刪除重複欄位值，我們一樣可以加上 DISTINCT 關鍵字，如下：

```
COUNT(DISTINCT 生日)
```

8-5-1 COUNT()函數

SQL 指令可以配合 COUNT()函數計算查詢的記錄數，「*」參數可以統計資料表的所有記錄數，或指定欄位不是 NULL 空值的記錄數。

SQL 指令碼檔：Ch8_5_1.sql

請查詢【學生】資料表的學生總數，如下：

```
SELECT COUNT(*) AS 學生數 FROM 學生;
```

學生數
8

SQL 指令碼檔：Ch8_5_1a.sql

請在【學生】資料表查詢有生日資料的學生總數，即生日欄位不是空值 NULL 的記錄數，如下：

```
SELECT COUNT(生日) AS 學生數 FROM 學生;
```

上述 SELECT 指令因為【學生】資料表的生日欄位有空值，所以查詢結果的記錄數是 7，如下：

學生數
▶ 7

SQL 指令碼檔：Ch8_5_1b.sql

請查詢【員工】資料表的員工薪水高過 40000 元的員工總數，如下：

```
SELECT COUNT(*) AS 員工數 FROM 員工
WHERE 薪水 > 40000;
```

員工數
▶ 6

8-5-2　AVG()函數

SQL 指令只需配合 AVG()函數，就可以計算指定欄位的平均值。

SQL 指令碼檔：Ch8_5_2.sql

請在【員工】資料表查詢員工薪水的平均值，如下：

```
SELECT AVG(薪水) AS 平均薪水 FROM 員工;
```

平均薪水
▶ 50555.555556

請在【課程】資料表查詢課程編號包含'1'子字串的課程總數，和學分的平均值，如下：

```
SELECT COUNT(*) AS 課程總數,
       AVG(學分) AS 學分平均值
FROM 課程 WHERE 課程編號 LIKE '%1%';
```

課程總數	學分平均值
4	3.5000

8-5-3 MAX()函數

SQL 指令配合 MAX()函數，可以計算符合條件記錄的欄位最大值。

請在【員工】資料表查詢保險金額第一名員工的金額，如下：

```
SELECT MAX(保險) AS 保險金額 FROM 員工;
```

保險金額
5000.00

請在【課程】資料表查詢課程編號包含'1'子字串的最大學分數，如下：

```
SELECT MAX(學分) AS 最大學分數 FROM 課程
WHERE 課程編號 LIKE '%1%';
```

最大學分數
4

8-5-4　MIN()函數

SQL 指令配合 MIN()函數，就可以計算出符合條件記錄的欄位最小值。

💻 SQL 指令碼檔：Ch8_5_4.sql

請在【員工】資料表查詢保險金額最後一名員工的金額，如下：

```
SELECT MIN(保險) AS 保險金額 FROM 員工;
```

保險金額
▶ 500.00

💻 SQL 指令碼檔：Ch8_5_4a.sql

請在【課程】資料表查詢課程編號包含'1'子字串的最少學分數，如下：

```
SELECT MIN(學分) AS 最少學分數 FROM 課程
WHERE 課程編號 LIKE '%1%';
```

最少學分數
▶ 2

8-5-5　SUM()函數

SQL 指令只需配合 SUM()函數，可以計算出符合條件記錄的欄位總和。

💻 SQL 指令碼檔：Ch8_5_5.sql

請在【員工】資料表計算出員工的薪水總和與平均，如下：

```
SELECT SUM(薪水) AS 薪水總額,
       SUM(薪水)/COUNT(*) AS 薪水平均
FROM 員工;
```

薪水總額	薪水平均
▶ 455000.00	50555.555556

SQL 指令碼檔：Ch8_5_5a.sql

請在【課程】資料表計算課程編號包含'1'子字串的學分數總和，如下：

```
SELECT SUM(學分) AS 學分總和 FROM 課程
WHERE 課程編號 LIKE '%1%';
```

學分總和
▶ 14

8-6 群組查詢 GROUP BY 子句

SELECT 指令的 GROUP BY 子句可以建立群組查詢，不只如此，我們還可以進一步配合聚合函數來查詢所需的統計資料。

8-6-1 GROUP BY 子句

群組是以資料表的指定欄位來進行分類，分類方式是將欄位值中重複值結合起來歸成一類。例如：在【班級】資料表統計每一門課有多少位學生上課的學生數，【課程編號】欄位是建立群組的欄位，可以將修此課程的學生結合起來，如下圖：

班級

教授編號	學號	課程編號	上課時間	教室
I001	S001	CS101	12:00pm	180-M
I002	S003	CS121	8:00am	221-S
I003	S001	CS203	10:00am	221-S
I003	S002	CS203	14:00pm	327-S
I002	S001	CS222	13:00pm	100-M
I002	S002	CS222	13:00pm	100-M
I002	S004	CS222	13:00pm	100-M
I001	S003	CS213	9:00am	622-G
I003	S001	CS213	12:00pm	500-K

課程編號	學生數
CS101	1
CS121	1
CS203	2
CS222	3
CS213	2

上述圖例可以看到【課程編號】欄位值中重複值已經進行分類，只需使用聚合函數統計各分類的記錄數，就可以知道每一門課有多少位學生上課。SQL 語言是使用 GROUP BY 子句指定群組欄位，其基本語法如下：

```
GROUP BY 欄位清單
```

上述語法的欄位清單就是建立群組的欄位，如果不只一個，請使用「,」逗號分隔。

SQL 指令碼檔：Ch8_6_1.sql

請在【班級】資料表查詢課程編號和計算每一門課程有多少位學生上課，如下：

```
SELECT 課程編號, COUNT(*) AS 學生數
FROM 班級 GROUP BY 課程編號;
```

上述 SELECT 指令使用 GROUP BY 子句以【課程編號】建立群組後，使用 COUNT()聚合函數計算每一門課程的群組有多少位學生上課，如下圖：

課程編號	學生數
CS101	3
CS111	3
CS121	2
CS203	4
CS213	4
CS222	3
CS349	2

SELECT 指令的 GROUP BY 子句可以在資料表進行指定欄位的分類，建立所需的群組。當使用 GOUP BY 進行查詢時，資料表需要滿足一些條件，如下：

- 資料表的欄位擁有重複值，可以結合成群組。
- 資料表擁有其他欄位可以配合聚合函數進行資料統計，如下表：

函數	進行的資料統計
AVG()函數	計算各群組的平均
SUM()函數	計算各群組的總和
COUNT()函數	計算各群組的記錄數

SQL 指令碼檔：Ch8_6_1a.sql

請在【學生】資料表使用群組查詢來統計男和女性別的學生數，如下：

```
SELECT 性別, COUNT(*) AS 學生數
FROM 學生 GROUP BY 性別;
```

上述 SELECT 指令使用 GROUP BY 子句以【性別】欄位建立群組後，使用 COUNT()聚合函數計算學生數，如下圖：

性別	學生數
男	5
女	3

8-6-2 HAVING 子句

GROUP BY 子句可以配合 HAVING 子句指定搜尋條件，以便進一步縮小查詢範圍，其基本語法如下：

```
HAVING 搜尋條件
```

HAVING 子句和 WHERE 子句的差異，如下：

- HAVING 子句可以使用聚合函數，但 WHERE 子句不可以。

- 在 HAVING 子句條件所參考的欄位一定屬於 SELECT 子句的欄位清單；WHERE 子句則可以參考 FORM 子句資料表來源的所有欄位。

SQL 指令碼檔：Ch8_6_2.sql

請在【班級】資料表找出學生'S002'上課的課程清單，如下：

```
SELECT 學號, 課程編號 FROM 班級
GROUP BY 課程編號, 學號
HAVING 學號 = 'S002';
```

上述 SELECT 指令使用 GROUP BY 子句以【課程編號】和【學號】欄位建立群組，HAVING 子句使用【學號】欄位為條件進一步搜尋 S002 上課的課程清單，如下圖：

	學號	課程編號
▶	S002	CS222
	S002	CS203
	S002	CS111

SQL 指令碼檔：Ch8_6_2a.sql

請在【班級】資料表找出教授編號是'I003'，其教授課程有超過 2 位學生上課的課程清單，如下：

```
SELECT 課程編號, COUNT(*) AS 學生數
FROM 班級
WHERE 教授編號 = 'I003'
GROUP BY 課程編號
HAVING COUNT(*) >= 2;
```

上述 SELECT 指令先使用 WHERE 子句建立搜尋條件，然後使用 GROUP BY 子句以【課程編號】欄位建立群組，HAVING 子句使用聚合函數為條件，可以進一步搜尋 2 位學生上課的課程清單，如下圖：

	課程編號	學生數
▶	CS203	4
	CS213	2

8-6-3　WITH ROLLUP 關鍵字

　　在 GROUP BY 子句可以使用 ROLLUP 顯示多層次統計資料的摘要資訊（Summary Information），也就是執行各欄位值加總運算的小計或總和。WITH ROLLUP 關鍵字是針對第一個欄位執行加總運算。

　SQL 指令碼檔：Ch8_6_3.sql

　　請在【班級】資料表找出教授'I001'和'I003'教授課程的學生數小計和加總，如下：

```
SELECT 教授編號, 課程編號, COUNT(學號) AS 總數
FROM 班級
WHERE 教授編號 IN ('I001', 'I003')
GROUP BY 教授編號, 課程編號 WITH ROLLUP;
```

　　上述 SELECT 指令使用 WITH ROLLUP 執行加總和小計，如下圖：

教授編號	課程編號	總數
I001	CS101	3
I001	CS213	2
I001	CS349	2
I001	NULL	7
I003	CS203	4
I003	CS213	2
I003	NULL	6
NULL	NULL	13

　　上述圖例第 4 和 7 列是教授所教學生數的小計，第 8 列是學生數總計。

8-7 | 排序 ORDER BY 子句

　　SELECT 指令可以使用 ORDER BY 子句依照欄位由小到大或由大到小進行排序，其基本語法如下：

```
ORDER BY 運算式 {ASC | DESC} [, 運算式 {ASC | DESC}…]
```

上述語法的排序方式預設是由小到大排序的 ASC，如果希望由大至小，請使用 DESC 關鍵字。

SQL 指令碼檔：Ch8_7.sql

請在【員工】資料表查詢薪水大於 35000 元的員工記錄，並且使用薪水欄位進行由大至小排序，如下：

```
SELECT 姓名, 薪水, 電話 FROM 員工
WHERE 薪水 > 35000
ORDER BY 薪水 DESC;
```

上述 SELECT 指令共找到 6 筆符合條件的記錄，使用【薪水】欄位由大到小進行排序，如下圖：

姓名	薪水	電話
▶ 陳慶新	80000.00	02-11111111
楊金欉	80000.00	03-11111111
李鴻章	60000.00	02-33111111
王心零	50000.00	NULL
陳小安	50000.00	NULL
張無忌	50000.00	02-55555555

SQL 指令碼檔：Ch8_7a.sql

請在【員工】資料表查詢薪水大於 35000 元的員工記錄，並且使用薪水欄位進行由小至大排序，如下：

```
SELECT 姓名, 薪水, 電話 FROM 員工
WHERE 薪水 > 35000
ORDER BY 薪水 ASC;
```

上述 SELECT 指令共找到 6 筆符合條件的記錄，使用【薪水】欄位由小到大進行排序，如右圖：

姓名	薪水	電話
▶ 王心零	50000.00	NULL
陳小安	50000.00	NULL
張無忌	50000.00	02-55555555
李鴻章	60000.00	02-33111111
陳慶新	80000.00	02-11111111
楊金欉	80000.00	03-11111111

8-8 | LIMIT 子句限制傳回的記錄數

在 SELECT 指令的最後可以使用 LIMIT 子句限制查詢結果，只取出前 n 筆記錄或從第 m 筆開始取出 n 筆記錄資料。

LIMIT 子句

LIMIT n 可以取得資料來源的前 n 筆記錄，如果使用 ORDER BY 子句進行排序，可以顯示排序後的前幾筆記錄。

🖥️ (SQL 指令碼檔：Ch8_8.sql)

請在【學生】資料表顯示前 3 筆學生記錄資料，如下：

```
SELECT * FROM 學生 LIMIT 3;
```

上述 SELECT 指令可以使用資料表主索引的順序來取出前 3 筆記錄，如下圖：

	學號	姓名	性別	電話	生日
▶	S001	陳會安	男	02-22222222	2003-09-03
	S002	江小魚	女	03-33333333	2004-02-02
	S003	張無忌	男	04-44444444	2002-05-03
*	NULL	NULL	NULL	NULL	NULL

LIMIT 子句和 OFFSET 關鍵字

LIMIT 子句除了 n，還可以加上位移 m，其基本語法有兩種寫法，如下：

```
LIMIT m, n
LIMIT n OFFSET m
```

上述 LIMIT 子句可以先位移 m 筆記錄後，取回 n 筆記錄資料。

SQL 指令碼檔：Ch8_8a.sql

請在【學生】資料表位移 2 筆記錄後，取出 3 筆學生記錄資料，如下：

```
SELECT  * FROM 學生 LIMIT 2, 3;
```

上述 SELECT 指令可以使用資料表主索引的順序，從 8 筆記錄先位移 2 筆，才取出 3 筆學生記錄資料，如下圖：

	學號	姓名	性別	電話	生日
▶	S003	張無忌	男	04-44444444	2002-05-03
	S004	陳小安	男	05-55555555	2002-06-13
	S005	孫燕之	女	06-66666666	NULL
*	NULL	NULL	NULL	NULL	NULL

SQL 指令碼檔：Ch8_8b.sql

請在【課程】資料表位移 2 筆記錄後，取出 3 筆課程記錄資料，如下：

```
SELECT  * FROM 課程
ORDER BY 學分 DESC
LIMIT 3 OFFSET 2;
```

上述 SELECT 指令使用 ORDER BY 子句指定【學分】欄位從大到小排序，然後使用 LIMIT/OFFSET 取出位移 2 筆後的 3 筆課程記錄資料，如右圖：

	課程編號	名稱	學分
▶	CS121	離散數學	4
	CS203	程式語言	3
	CS205	網頁程式設計	3
*	NULL		NULL	NULL

SELECT 敘述的進階查詢

9-1 SQL 的多資料表查詢

▌Memo

請啟動 MySQL Workbench 執行本書範例「Ch08\Ch8_School.sql」的 SQL 指令碼檔案,可以建立本章測試所需的【school】資料庫、資料表和記錄資料,如果在第 8 章已經執行過,就不需要再次執行。

　　基本上,第 8 章的 SELECT 指令是從單一資料表取得查詢結果,在本章 SELECT 指令是從兩個或多個資料表取得查詢結果。SQL 多資料表查詢主要有三種:合併查詢、集合運算查詢和子查詢。

合併查詢(Join Query)

　　合併查詢是最常使用的多資料表查詢,其主要目的是將正規化分割的資料表,還原成使用者習慣閱讀的資訊。因為正規化的目的是避免資料重複,但是,擁有重複資料的資訊反而易於使用者閱讀和了解。

集合運算查詢（Set Operation Query）

SQL 可以使用集合運算：聯集、交集或差集來執行兩個資料表的集合運算查詢。聯集查詢可以取出兩個資料表的所有記錄，其中若有重複記錄，就只會顯示一筆；交集查詢是兩個資料表都存在的記錄；差集查詢是取出存在其中一個資料表，而不存在另一個資料表的記錄資料。

子查詢（Subquery）

子查詢也是一種多資料表查詢，子查詢是在 SELECT 指令（主查詢）中擁有其他 SELECT 指令（子查詢），也稱為巢狀查詢（Nested Query）。

一般來說，子查詢的目的是在建立主查詢的條件，因為條件值需要從另一個資料表取得，所以再使用 SELECT 指令來取得條件值。

9-2 合併查詢

SQL 語言的合併查詢指令有：INNER、LEFT、RIGHT、FULL 和 CROSS JOIN，可以分別建立內部、外部和交叉合併查詢。

資料表的欄位名稱

當合併查詢的 SQL 指令敘述會參考到不同資料表的欄位時，為了避免混淆，我們需要使用完整資料表和欄位名稱，這是使用「.」句號運算子來連接，如下：

```
school.學生
```

上述名稱是【學生】資料表的完整名稱，在「.」句號前是資料庫名稱 school；之後是資料表名稱【學生】。對於資料表欄位的完整名稱，其基本語法是使用「.」句號運算子來連接資料表和欄位名稱，如下：

```
資料表名稱.欄位名稱
```

上述語法參考指定資料表的欄位，一般來說，因為都是查詢同一個資料庫，使用上述名稱就不會造成欄位名稱的混淆，例如：【學生】和【班級】資料表都有【學號】欄位，此時 2 個資料表的同名欄位名稱，如下：

學生.學號
班級.學號

9-2-1　合併查詢的種類

合併查詢是將儲存在多個資料表的欄位資料取出，使用合併條件合併成所需的查詢結果，例如：【班級】資料表只有學號和教授編號，我們需要透過合併查詢，才能進一步取得學生和教授的相關資訊。

合併查詢通常是使用資料表之間的關聯欄位來進行查詢，當然也可以不使用資料庫關聯性建立合併查詢，這種關係稱為 ad hoc 關聯性。MySQL 的 SQL 語言支援多種合併查詢，包含：內部、外部和交叉合併查詢。

內部合併查詢（INNER JOIN）

內部合併查詢只會取回多個資料表符合合併條件的記錄資料，即都存在合併欄位的記錄資料，如下圖：

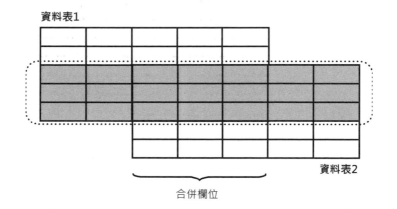

資料表1

資料表2

合併欄位

上述圖例的虛線框內是內部合併查詢的結果，重疊部分的欄位是兩個資料表合併條件的欄位，只顯示符合合併條件的記錄資料。

外部合併查詢（OUTER JOIN）

外部合併查詢可以取回指定資料表的所有記錄，它和內部合併查詢的差異在於：查詢結果並不是兩個資料表都一定存在的記錄。OUTER JOIN 指令可以分成三種，如下：

- 左外部合併（LEFT JOIN）：取回左邊資料表內的所有記錄，如下圖：

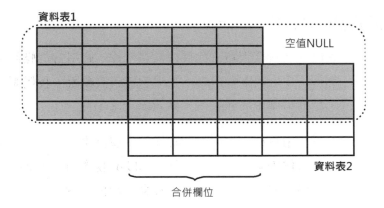

- 右外部合併（RIGHT JOIN）：取回右邊資料表內的所有記錄，如下圖：

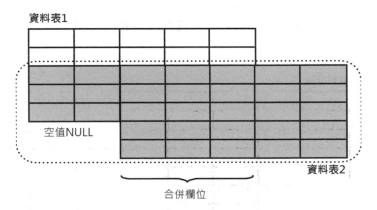

- 完全外部合併（FULL JOIN）：取回左、右邊資料表內的所有記錄，MySQL 並不支援 FULL JOIN 語法，如下圖：

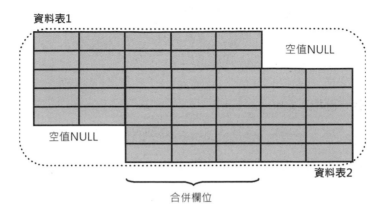

交叉合併查詢

交叉合併查詢就是關聯式代數的卡笛生乘積運算（Cartesian Product），其查詢結果的記錄數是兩個資料表記錄數的乘積。

交叉合併查詢是將一個資料表的每一筆記錄都和合併資料表的記錄合併成一筆新記錄，如果兩個資料表的記錄數分別是 5 和 4 筆記錄，執行交叉合併查詢後的記錄數就是 5 X 4 = 20 筆記錄。

9-2-2　內部合併查詢

內部合併（Inner Join）只取回合併資料表中符合合併條件的記錄資料，合併條件通常是使用資料庫關聯性的外來鍵。我們可以使用明示語法或隱含語法來建立內部合併查詢。

明示語法的內部合併查詢

在 SQL 語言建立明示語法的內部合併查詢是使用 INNER JOIN 指令，其基本語法如下：

```
SELECT 欄位清單
FROM 資料表1 [INNER] JOIN 資料表2
         ON 合併條件1
```

```
[ [INNER] JOIN 資料表 3
        ON  合併條件 2]…;
```

上述內部合併查詢語法可以省略 INNER 關鍵字，JOIN 關鍵字前後是合併資料表，在 ON 子句指定合併條件，通常就是主鍵和外來鍵合併欄位的相等條件。如果需要，還可以繼續合併其他資料表。

SQL 指令碼檔：Ch9_2_2.sql

請使用內部合併查詢從【學生】資料表取出學號與姓名欄位，【班級】資料表取出課程編號與教授編號欄位來顯示學生上課資料，合併條件欄位是學號，如下：

```
SELECT 學生.學號, 學生.姓名, 班級.課程編號, 班級.教授編號
FROM 學生 INNER JOIN 班級
ON 學生.學號 = 班級.學號;
```

上述 SELECT 指令顯示【學生】資料表使用 INNER JOIN 合併【班級】資料表的欄位資料，合併條件是 ON 指令後的學號欄位，如下圖：

學號	姓名	課程編號	教授編號
S001	陳會安	CS101	I001
S001	陳會安	CS349	I001
S001	陳會安	CS222	I002
S001	陳會安	CS203	I003
S001	陳會安	CS213	I003
S002	江小魚	CS222	I002
S002	江小魚	CS203	I003
S002	江小魚	CS111	I004
S003	張無忌	CS213	I001
S003	張無忌	CS349	I001
S003	張無忌	CS121	I002
S003	張無忌	CS111	I004
S004	陳小安	CS222	I002
S005	孫燕之	CS101	I001

上述查詢結果取出 2 個資料表都存在的 21 筆記錄，所以查詢結果並沒有學號 S007 和課程編號 CS205。在下方「Output」視窗可以看到傳回的記錄數是 21 筆記錄，如下圖：

目前的合併查詢結果只能找出學生上課的課程編號清單，更進一步，我們可以將 INNER JOIN 合併查詢的結果視為暫存資料表，再次執行 INNER JOIN 內部合併來查詢【課程】資料表。

SQL 指令碼檔：Ch9_2_2a.sql

我們可以擴充 Ch9_2_2.sql 的內部合併查詢，再次執行 INNER JOIN 合併查詢來取得【課程】資料表的詳細資料，如下：

```
SELECT 學生.學號, 學生.姓名, 課程.*, 班級.教授編號
FROM 課程 INNER JOIN
(學生 INNER JOIN 班級 ON 學生.學號 = 班級.學號)
ON 班級.課程編號 = 課程.課程編號;
```

上述 SELECT 指令合併三個資料表，原來 FROM 子句後的 INNER JOIN 使用括號括起當成一個查詢結果的暫存資料表，然後合併【課程】資料表的所有欄位，此時的合併條件是課程編號欄位，如下圖：

學號	姓名	課程編號	名稱	學分	教授編號
S001	陳會安	CS101	計算機概論	4	I001
S005	孫燕之	CS101	計算機概論	4	I001
S006	周杰輪	CS101	計算機概論	4	I001
S002	江小魚	CS111	線性代數	4	I004
S003	張無忌	CS111	線性代數	4	I004
S005	孫燕之	CS111	線性代數	4	I004
S003	張無忌	CS121	離散數學	4	I002
S008	劉得華	CS121	離散數學	4	I002
S001	陳會安	CS203	程式語言	3	I003
S002	江小魚	CS203	程式語言	3	I003
S006	周杰輪	CS203	程式語言	3	I003
S008	劉得華	CS203	程式語言	3	I003
S003	張無忌	CS213	物件導向…	2	I001
S005	孫燕之	CS213	物件導向…	2	I001

目前的合併查詢已經找到學生上課的課程資料，不過，仍然只有教授編號，我們可以再執行一次合併查詢來取得教授資料。

SQL 指令碼檔：Ch9_2_2b.sql

我們可以再擴充 Ch9_2_2a.sql 的內部合併查詢，再次 INNER JOIN 合併查詢【教授】資料表，以便取得教授的詳細資料，如下：

```
SELECT 學生.學號, 學生.姓名, 課程.*, 教授.*
FROM 教授 INNER JOIN
(課程 INNER JOIN
(學生 INNER JOIN 班級 ON 學生.學號 = 班級.學號)
ON 班級.課程編號 = 課程.課程編號)
ON 班級.教授編號 = 教授.教授編號;
```

上述 SELECT 指令合併四個資料表，將原來 INNER JOIN 括起當成暫存資料表後，合併【教授】資料表的所有欄位，此時的合併條件是教授編號欄位，如下圖：

學號	姓名	課程編號	名稱	學分	教授編號	職稱	科系	身份證字號
S001	陳會安	CS101	計算機概論	4	I001	教授	CS	A123456789
S005	孫燕之	CS101	計算機概論	4	I001	教授	CS	A123456789
S006	周杰輪	CS101	計算機概論	4	I001	教授	CS	A123456789
S003	張無忌	CS213	物件導向程式設計	2	I001	教授	CS	A123456789
S005	孫燕之	CS213	物件導向程式設計	2	I001	教授	CS	A123456789
S001	陳會安	CS349	物件導向分析	3	I001	教授	CS	A123456789
S003	張無忌	CS349	物件導向分析	3	I001	教授	CS	A123456789
S003	張無忌	CS121	離散數學	4	I002	教授	CS	A222222222
S008	劉得華	CS121	離散數學	4	I002	教授	CS	A222222222
S001	陳會安	CS222	資料庫管理系統	3	I002	教授	CS	A222222222
S002	江小魚	CS222	資料庫管理系統	3	I002	教授	CS	A222222222
S004	陳小安	CS222	資料庫管理系統	3	I002	教授	CS	A222222222
S001	陳會安	CS203	程式語言	3	I003	副教授	CIS	H098765432
S002	江小魚	CS203	程式語言	3	I003	副教授	CIS	H098765432

現在的 SQL 合併查詢已經找到教授資料，不過並不完整，因為仍有部分資料是在【員工】資料表，我們可以再次執行合併查詢來取得員工資料，這部分就留在學習評量，讓讀者自行撰寫合併查詢的 SQL 指令。

隱含語法的內部合併查詢（自然合併查詢）

　　隱含語法的內部合併查詢並不需要使用 INNER JOIN 指令，我們只需在 WHERE 子句指定合併條件，一樣可以建立內部合併查詢，也稱為自然合併查詢。

　　MySQL 支援自然合併查詢的 NATURAL JOIN 語法，可以自動將同名欄位進行合併查詢，如下：

```
SELECT 欄位 1, 欄位 2...
FROM 資料表名稱 1
NATURAL JOIN 資料表名稱 2;
```

SQL 指令碼檔：Ch9_2_2c.sql

　　請使用隱含語法的內部合併查詢從【學生】資料表取出學號與姓名欄位，和在【班級】資料表取出課程編號與教授編號欄位來顯示學生上課資料，合併條件是在 WHERE 子句指定，如下：

```
SELECT 學生.學號, 學生.姓名, 班級.課程編號, 班級.教授編號
FROM 學生, 班級
WHERE 學生.學號 = 班級.學號;
```

　　上述 SELECT 指令顯示【學生】資料表合併【班級】資料表的欄位資料，合併條件是 WHERE 子句的搜尋條件，如下圖：

學號	姓名	課程編號	教授編號
S001	陳會安	CS101	I001
S001	陳會安	CS349	I001
S001	陳會安	CS222	I002
S001	陳會安	CS203	I003
S001	陳會安	CS213	I003
S002	江小魚	CS222	I002
S002	江小魚	CS203	I003
S002	江小魚	CS111	I004
S003	張無忌	CS213	I001
S003	張無忌	CS349	I001
S003	張無忌	CS121	I002
S003	張無忌	CS111	I004
S004	陳小安	CS222	I002
S005	孫燕之	CS101	I001

上述查詢結果和 Ch9_2_2.sql 完全相同，這就是隱含語法執行的內部合併查詢。

SQL 指令碼檔：Ch9_2_2d.sql

請改用 MySQL 的 NATURAL JOIN 指令來執行與 Ch9_2_2c.sql 相同的自然合併查詢，如下：

```
SELECT 學生.學號, 學生.姓名, 班級.課程編號, 班級.教授編號
FROM 學生
NATURAL JOIN 班級;
```

上述 SELECT 指令並沒有指定合併條件，預設自動合併同名欄位，其查詢結果和 Ch9_2_2c.sql 完全相同。

相互關聯名稱

相互關聯名稱（Correlation Names）是在 FROM 子句指定資料表的暫時名稱，可以用來簡化複雜且容易混淆的欄位名稱。也稱為資料表別名（Table Alias）。

如同欄位別名，資料表別名可以更清楚建立多資料表的合併查詢，其基本語法如下：

```
SELECT 欄位清單
FROM 資料表 1 [AS] 別名 1
        [INNER] JOIN 資料表 2 [AS] 別名 2
        ON 別名 1.欄位名稱 運算子 別名 2.欄位名稱
        [[INNER] JOIN 資料表 3 [AS] 別名 3
        ON 別名 2.欄位名稱 運算子 別名 3.欄位名稱];
```

上述語法使用 AS 關鍵字指定資料表別名，此時 SELECT 子句的欄位清單和合併條件的欄位都需要使用別名來參考欄位名稱。

SQL 指令碼檔：Ch9_2_2e.sql

　　請使用內部合併查詢從【學生】資料表取出學號與姓名欄位，和從【班級】資料表取出課程編號與教授編號欄位來顯示學生的上課資料，合併條件是學號欄位，並且指定【班級】資料表的別名【上課】，如下：

```
SELECT 學生.學號, 學生.姓名, 上課.課程編號, 上課.教授編號
FROM 學生 INNER JOIN 班級 AS 上課
ON 學生.學號 = 上課.學號;
```

　　上述 SELECT 指令顯示【學生】資料表使用 INNER JOIN 合併【班級】資料表的欄位資料，因為有別名，所以【班級】資料表的欄位都使用別名來參考，其查詢結果和 Ch9_2_2.sql 相同。

自身合併查詢

　　自身合併查詢（Self-join）屬於內部合併查詢的一種特殊情況，因為合併的資料表就是自己。而且，因為自身合併查詢是合併本身的資料表，所以需要使用前述相互關聯名稱來指定資料表別名。

　　請注意！自身合併查詢通常還需要使用 DISTINCT 關鍵字來刪除重複欄位值的記錄資料。

SQL 指令碼檔：Ch9_2_2f.sql

　　請使用自身合併查詢從【員工】資料表找出同一城市有其他員工存在的清單，如下：

```
SELECT DISTINCT 員工.姓名, 員工.城市, 員工.街道
FROM 員工 INNER JOIN 員工 AS 員工1
ON ( 員工.城市 = 員工1.城市 AND
     員工.身份證字號 <> 員工1.身份證字號 )
ORDER BY 員工.城市;
```

上述 SELECT 指令的【員工】資料表是使用 INNER JOIN 合併自身【員工】資料表的欄位資料，合併條件是使用 AND 連接的兩個條件，如下圖：

姓名	城市	街道
張無忌	台北	仁愛路
郭富城	台北	忠孝東路
陳慶新	台北	信義路
陳小安	新北	新店區四維路
小龍女	新北	板橋區中正路
劉得華	新北	板橋區文心路
王心零	桃園	經國路
楊金欉	桃園	中正路

上述查詢結果取出【員工】資料表中，同一城市有兩位以上員工的員工資料，所以沒有基隆的員工資料。

9-2-3 外部合併查詢

SQL 語言的 OUTER JOIN 是外部合併查詢指令，可以取回指定資料表的所有記錄資料，其語法和 INNER JOIN 內部合併查詢相似，主要差異在：查詢結果不是兩個資料表都存在的記錄。請注意！MySQL 並不支援 FULL JOIN 語法的完全外部合併查詢。

LEFT JOIN 左外部合併查詢

左外部合併查詢是在合併的兩個資料表中，取回左邊資料表內的所有記錄資料，而不論是否在右邊資料表有存在的合併欄位值。

💻 SQL 指令碼檔：Ch9_2_3.sql

請使用左外部合併查詢查詢【教授】和【員工】資料表，合併條件欄位是身份證字號，可以顯示【教授】資料表的所有記錄，如下：

```
SELECT 教授.教授編號, 員工.姓名, 教授.職稱, 員工.薪水
FROM 教授 LEFT JOIN 員工
ON 教授.身份證字號 = 員工.身份證字號;
```

上述 SELECT 指令顯示【教授】和【員工】資料表的左外部合併查詢的結果，如下圖：

教授編號	姓名	職稱	薪水
I001	陳慶新	教授	80000.00
I002	楊金欉	教授	80000.00
I003	李鴻章	副教授	60000.00
I004	陳小安	講師	50000.00

上述外部合併查詢 LEFT JOIN 結果取得【教授】資料表的所有記錄資料，所以查詢結果不包括不是教授或講師的其他員工資料。

RIGHT JOIN 右外部合併查詢

右外部合併查詢可以取回右邊資料表內的所有記錄，而不論是否在左邊資料表有存在合併欄位值。

SQL 指令碼檔：Ch9_2_3a.sql

請使用右外部合併查詢來查詢【教授】和【員工】資料表，合併條件的欄位是身份證字號，可以顯示【員工】資料表的所有記錄，如下：

```
SELECT 教授.教授編號, 員工.姓名, 教授.職稱, 員工.薪水
FROM 教授 RIGHT JOIN 員工
ON 教授.身份證字號 = 員工.身份證字號;
```

上述 SELECT 指令顯示【教授】和【員工】資料表的右外部合併查詢的結果，如下圖：

教授編號	姓名	職稱	薪水
I001	陳慶新	教授	80000.00
NULL	郭富城	NULL	35000.00
I002	楊金欉	教授	80000.00
NULL	王心零	NULL	50000.00
NULL	劉得華	NULL	25000.00
NULL	小龍女	NULL	25000.00
I004	陳小安	講師	50000.00
NULL	張無忌	NULL	50000.00
I003	李鴻章	副教授	60000.00

上述外部合併查詢 RIGHT JOIN 結果取得【員工】資料表的所有記錄，所以【教授編號】和【職稱】欄位值有很多 NULL 空值。

SQL 合併查詢可以同時使用多種 JOIN 指令，不過，在內層只能使用 INNER JOIN，只有最外層可以是 OUTER JOIN 指令。

SQL 指令碼檔：Ch9_2_3b.sql

請使用多種 JOIN 指令來合併【學生】、【課程】和【班級】資料表，如下：

```
SELECT 學生.學號, 學生.姓名, 課程.*, 班級.教授編號
FROM 課程 RIGHT JOIN
(學生 INNER JOIN 班級 ON 學生.學號 = 班級.學號)
ON 班級.課程編號 = 課程.課程編號;
```

上述 SELECT 指令顯示【課程】資料表與【學生】和【班級】資料表的 INNER JOIN 結果執行右外部合併查詢，如下圖：

學號	姓名	課程編號	名稱	學分	教授編號
S001	陳會安	CS101	計算機概論	4	I001
S001	陳會安	CS349	物件導向分析	3	I001
S001	陳會安	CS222	資料庫管理系統	3	I002
S001	陳會安	CS203	程式語言	3	I003
S001	陳會安	CS213	物件導向程式設計	2	I003
S002	江小魚	CS222	資料庫管理系統	3	I002
S002	江小魚	CS203	程式語言	3	I003
S002	江小魚	CS111	線性代數	4	I004
S003	張無忌	CS213	物件導向程式設計	2	I001
S003	張無忌	CS349	物件導向分析	3	I001
S003	張無忌	CS121	離散數學	4	I002
S003	張無忌	CS111	線性代數	4	I004
S004	陳小安	CS222	資料庫管理系統	3	I002

上述查詢結果和 INNER JOIN 相同，因為在【班級】資料表並沒有任何學生不存在的上課資料。

如果在 OUTER JOIN 合併查詢指令使用 WHERE 子句，所有查詢結果都會成為 INNER JOIN，就算使用 LEFT/RIGHT JOIN 指令也不會有任何作用。

9-2-4　交叉合併查詢

交叉合併查詢的 CROSS JOIN 指令是關聯式代數的卡笛生乘積運算（Cartesian Product），其查詢結果的記錄數是兩個資料表記錄數的乘積。

💻 SQL 指令碼檔：Ch9_2_4.sql

請使用交叉合併查詢從【學生】資料表取出學號與姓名欄位，和【班級】資料表的課程編號與教授編號欄位，如下：

```
SELECT 學生.學號, 學生.姓名, 班級.課程編號, 班級.教授編號
FROM 學生 CROSS JOIN 班級;
```

上述【學生】資料表擁有 8 筆記錄，【班級】資料表有 21 筆記錄，交叉合併查詢可得到 8*21 = 168 筆記錄，如果沒有列出欄位清單，欄位數就是兩個資料表的欄位數總和，如下圖：

	學號	姓名	課程編號	教授編號
▶	S008	劉得華	CS101	I001
	S007	蔡一零	CS101	I001
	S006	周杰輪	CS101	I001
	S005	孫燕之	CS101	I001
	S004	陳小安	CS101	I001
	S003	張無忌	CS101	I001
	S002	江小魚	CS101	I001
	S001	陳會安	CS101	I001
	S008	劉得華	CS349	I001

💻 SQL 指令碼檔：Ch9_2_4a.sql

請使用交叉合併查詢配合 WHERE 子句，找出【學生】和【班級】資料表各位學生的上課記錄，條件是兩個資料表的學號相等，如下：

```
SELECT 學生.學號, 學生.姓名, 班級.課程編號, 班級.教授編號
FROM 學生 CROSS JOIN 班級
WHERE 學生.學號 = 班級.學號;
```

在上述 SELECT 指令的 CROSS JOIN 交叉合併查詢加上 WHERE 篩選條件，其查詢結果和 Ch9_2_2.sql 相同，即【學生】資料表 INNER JOIN 內部合併【班級】資料表的查詢結果，如下圖：

學號	姓名	課程編號	教授編號
S001	陳會安	CS101	I001
S001	陳會安	CS349	I001
S001	陳會安	CS222	I002
S001	陳會安	CS203	I003
S001	陳會安	CS213	I003
S002	江小魚	CS222	I002
S002	江小魚	CS203	I003
S002	江小魚	CS111	I004
S003	張無忌	CS213	I001

上述查詢結果取出兩個資料表中學號相等的記錄資料，因為學號 S007 沒有選課資料，所以查詢結果沒有學號 S007 的選課資料。

9-3 | 集合運算查詢

在執行多資料表查詢時，除了 INNER JOIN 和 OUTER JOIN 的合併查詢外，我們還可以使用集合運算：聯集、交集或差集來執行兩個資料表的集合運算查詢。在 SQL 執行集合運算查詢的限制條件，如下：

- 兩個資料表的欄位數需相同。
- 資料表欄位的資料類型需要是相容類型。

9-3-1　集合運算查詢的種類

在 SQL 語言的集合運算查詢分為三種，其說明如下：

- 聯集 UNION：將兩個資料表的記錄都全部結合在一起，如果有重複記錄，只顯示其中一筆，加上 ALL 關鍵字，就會顯示所有重複記錄，其基本語法如下：

```
SELECT 欄位清單 FROM 資料表 1
UNION [{ALL | DISTINCT}]
SELECT 欄位清單 FROM 資料表 2
[UNION [{ALL | DISTINCT}] SELECT 欄位清單 FROM 資料表 3 ]
[ORDER BY 欄位清單];
```

- 交集 INTERSECT：從兩個資料表取出同時存在的記錄，其基本語法如下：

```
SELECT 欄位清單 FROM 資料表 1
INTERSECT
SELECT 欄位清單 FROM 資料表 2
[ORDER BY 欄位清單];
```

- 差集 EXCEPT：只取出存在第 1 列 SELECT 指令的記錄，但是不存在第 2 列 SELECT 指令的記錄，其基本語法如下：

```
SELECT 欄位清單 FROM 資料表 1
EXCEPT
SELECT 欄位清單 FROM 資料表 2
[ORDER BY 欄位清單];
```

9-3-2　UNION 聯集查詢

UNION 聯集查詢指令可以將兩個資料表的記錄執行聯集運算，將所有記錄都顯示出來。

SQL 指令碼檔：Ch9_3_2.sql

請將【學生】和【員工】兩個資料表的【姓名】欄位，使用聯集運算取出所有學生和員工姓名，如下：

```
SELECT 姓名 FROM 學生
UNION
SELECT 姓名 FROM 員工;
```

上述 SELECT 指令可以看到查詢結果列出所有學生和員工姓名，如右圖：

姓名
▶ 陳會安
江小魚
張無忌
陳小安
孫燕之
周杰輪
蔡一零
劉得華
陳慶新
郭富城
楊金欉
王心零
小龍女
李鴻章

上述圖例因為有些學生也在學校打工，所以【學生】和【員工】資料表擁有同名的張無忌、陳小安和劉得華，不過，查詢結果只會顯示其中一筆。

9-3-3　INTERSECT 交集查詢

INTERSECT 交集查詢指令可以從兩個資料表取出同時存在的記錄資料。本書 MySQL Workbench 的 SQL 編輯器並不認識 INTERSECT，所以標示 SQL 指令敘述有錯誤，不過仍然可以正確的執行交集查詢。

🖥 (SQL 指令碼檔：Ch9_3_3.sql)

請將【學生】和【員工】兩個資料表的【姓名】欄位使用交集運算取出存在兩個資料表的學生和員工姓名，如下：

```
SELECT 姓名 FROM 學生
INTERSECT
SELECT 姓名 FROM 員工;
```

上述 SELECT 指令可以看到查詢結果列出同時存在的學生和員工姓名，如右圖：

姓名
▶ 張無忌
陳小安
劉得華

9-3-4　EXCEPT 差集查詢

　　EXCEPT 差集查詢指令可以取出存在其中一個資料表，但不存在另一個資料表的記錄資料。MySQL Workbench 的 SQL 編輯器並不認識 EXCEPT 差集查詢，所以標示 SQL 指令敘述有錯誤，不過仍然可以正確的執行。

🖥️ **(SQL 指令碼檔：Ch9_3_4.sql)**

　　請將【學生】和【員工】兩個資料表的【姓名】欄位使用差集運算取出存在【學生】資料表，但不存在【員工】資料表的姓名資料，如下：

```
SELECT 姓名 FROM 學生
EXCEPT
SELECT 姓名 FROM 員工;
```

　　上述 SELECT 指令可以看到查詢結果取出單純是學生，而沒有同是員工的學生姓名，如右圖：

姓名
▶　陳會安
江小魚
孫燕之
周杰輪
蔡一零

9-4 ｜子查詢

　　子查詢（Subquery）也是一種多資料表查詢，子查詢是指在 SELECT 指令中擁有其他 SELECT 指令，也稱為巢狀查詢（Nested Query）。

　　在 SQL 指令的每一個子查詢就是一個 SELECT 指令。所以，同一個 SQL 指令敘述能夠針對不同資料表進行查詢，以便取得所需查詢結果或條件值。

9-4-1　子查詢的基礎

子查詢是附屬在 SQL 查詢指令，通常是位在主查詢 SELECT 指令的 WHERE 子句，以便透過子查詢取得所需的查詢條件。事實上，子查詢本身也是一個 SELECT 指令，如果在 SELECT 指令擁有子查詢，首先處理的是子查詢，然後才依子查詢取得的條件值來處理主查詢，就可以取得最後的查詢結果。

在 FROM 子句使用子查詢

在 FROM 子句可以使用子查詢來取得暫存資料表，此時需要使用資料表別名來指定暫存資料表的名稱。

🖥 (SQL 指令碼檔：Ch9_4_1.sql)

請使用【員工】資料表的子查詢來建立 FROM 子句名為【高薪員工】的暫存資料表，然後顯示【高薪員工】資料表的記錄資料，如下：

```
SELECT 高薪員工.姓名, 高薪員工.電話, 高薪員工.薪水
FROM (SELECT 身份證字號, 姓名, 電話, 薪水
      FROM 員工
      WHERE 薪水>50000) AS 高薪員工;
```

上述 SELECT 指令取出高薪員工的資料，如下圖：

	姓名	電話	薪水
▶	陳慶新	02-11111111	80000.00
	楊金樺	03-11111111	80000.00
	李鴻章	02-33111111	60000.00

在 WHERE 子句和 HAVING 子句使用子查詢

子查詢最常使用在 SELECT 指令的 WHERE 子句或 HAVING 子句，即使用在搜尋條件的邏輯或比較運算子的運算式。子查詢的基本語法，如下：

```
SELECT 欄位清單
FROM 資料表1
WHERE 欄位 = (SELECT 欄位 FROM 資料表2
              WHERE 搜尋條件);
```

上述位在括號中的 SELECT 指令是子查詢。子查詢的注意事項，如下：

- 子查詢是位在 SQL 指令的括號中。

- 通常子查詢的 SELECT 指令只會取得單一欄位值，以便與主查詢的欄位進行比較運算。

- 如果需要排序，主查詢可以使用 ORDER BY 子句，但子查詢不能使用 ORDER BY 子句，只能使用 GROUP BY 子句來代替。

- 如果子查詢取得的是多筆記錄，在主查詢就是使用 IN 邏輯運算子。

- BETWEEN/AND 邏輯運算子並不能使用在主查詢，但是可以使用在子查詢。

9-4-2　比較運算子的子查詢

在主查詢 SELECT 指令的 WHERE 子句可以使用子查詢來進一步取得其他資料表記錄的欄位值，其主要目的是建立 WHERE 子句所需的條件運算式。

SQL 指令碼檔：Ch9_4_2.sql

請在【學生】資料表使用姓名欄位取得學號後，查詢【班級】資料表的學生陳會安共上幾門課，如下：

```
SELECT COUNT(*) AS 上課數 FROM 班級
WHERE 學號 =
(SELECT 學號 FROM 學生 WHERE 姓名='陳會安');
```

上述兩個 SELECT 指令分別查詢兩個資料表。在【學生】資料表取得姓名為陳會安的學號後，再從【班級】資料表計算上課數為 5 筆記錄，如下圖：

	選課數
▶	5

SQL 指令碼檔：Ch9_4_2a.sql

請在【員工】資料表找出員工薪水高於平均薪水的員工資料，如下：

```
SELECT 身份證字號, 姓名, 電話, 薪水 FROM 員工
WHERE 薪水 >=
(SELECT AVG(薪水) FROM 員工);
```

上述兩個 SELECT 指令都是查詢同一個【員工】資料表，一個取得薪水平均值；一個找出高於薪水平均值的員工，查詢結果可以找到 3 筆符合條件的記錄資料，如下圖：

	身份證字號	姓名	電話	薪水
▶	A123456789	陳慶新	02-11111111	80000.00
	A222222222	楊金欉	03-11111111	80000.00
	H098765432	李鴻章	02-33111111	60000.00
*	NULL	NULL	NULL	NULL

9-4-3 邏輯運算子的子查詢

SQL 語言的 ALL、ANY、SOME、EXISTS 和 IN 邏輯運算子都可以使用在子查詢。

EXISTS 運算子

在 SELECT 指令的 WHERE 子句使用 EXISTS 邏輯運算子檢查子查詢的結果是否有傳回資料。

SQL 指令碼檔：Ch9_4_3.sql

請在【學生】資料表顯示【班級】資料表有上 CS222 課程編號的學生資料，如下：

```
SELECT * FROM 學生
WHERE EXISTS
(SELECT * FROM 班級
WHERE 課程編號 = 'CS222' AND 學生.學號 = 班級.學號);
```

　　上述 SELECT 指令可以找到 3 筆記錄，共有學號 S001、S002 和 S004 三位
學生上 CS222 這門課，如下圖：

	學號	姓名	性別	電話	生日
▶	S001	陳會安	男	02-22222222	2003-09-03
	S002	江小魚	女	03-33333333	2004-02-02
	S004	陳小安	男	05-55555555	2002-06-13
✱	NULL	NULL	NULL	NULL	NULL

SQL 指令碼檔：Ch9_4_3a.sql

　　請從【班級】和【課程】資料表取出所有在 221-S 和 100-M 教室上課的課
程資料，如下：

```
SELECT * FROM 課程
WHERE EXISTS
(SELECT * FROM 班級
WHERE (教室='221-S' OR 教室='100-M')
   AND 課程.課程編號=班級.課程編號);
```

　　上述 SELECT 指令可以找到 3 筆記錄，共有課程編號 CS121、CS203 和
CS222 是在 221-S 和 100-M 教室上課，如下圖：

	課程編號	名稱	學分
▶	CS121	離散數學	4
	CS203	程式語言	3
	CS222	資料庫管理系統	3
✱	NULL	NULL	NULL

SQL 指令碼檔：Ch9_4_3b.sql

　　請改用合併查詢取得與 Ch9_4_3a.sql 相同的查詢結果，如下：

```
SELECT DISTINCT 課程.* FROM 課程, 班級
WHERE (班級.教室='221-S' OR 班級.教室='100-M')
   AND 課程.課程編號=班級.課程編號;
```

上述 SELECT 指令是使用合併查詢找到課程編號 CS203、CS121 和 CS222 在 221-S 和 100-M 兩間教室上課，DISTINCT 指令刪除重複記錄，如下圖：

課程編號	名稱	學分
CS121	離散數學	4
CS222	資料庫管理系統	3
CS203	程式語言	3

IN 運算子

在 SELECT 指令的 WHERE 子句可以使用 IN 邏輯運算子，檢查是否存在子查詢取得的記錄資料之中。

💻 (SQL 指令碼檔：Ch9_4_3c.sql)

請從【課程】和【班級】資料表取出學號 S004 沒有上的課程清單，如下：

```
SELECT * FROM 課程
WHERE 課程編號 NOT IN
(SELECT 課程編號 FROM 班級 WHERE 學號='S004');
```

上述 SELECT 指令可以顯示【課程】資料表的記錄，子查詢檢查【班級】資料表學號 S004 是否有上這門課，因為 NOT 運算子否定運算結果，所以可以取得沒有上的課程記錄，共找到 7 門課程，如下圖：

課程編號	名稱	學分
CS101	計算機概論	4
CS111	線性代數	4
CS121	離散數學	4
CS203	程式語言	3
CS205	網頁程式設計	3
CS213	物件導向程式設計	2
CS349	物件導向分析	3
NULL	NULL	NULL

SQL 指令碼檔：Ch9_4_3d.sql

請使用三層巢狀查詢從【學生】、【班級】和【教授】資料表，找出學生【江小魚】上了哪些教授的哪些課程，如下：

```
SELECT * FROM 教授
WHERE 教授編號 IN
(SELECT 教授編號 FROM 班級
 WHERE 學號=(SELECT 學號 FROM 學生
             WHERE 姓名='江小魚'));
```

上述 SELECT 指令顯示【教授】資料表的記錄（只有教授編號，姓名在【員工】資料表），第二層子查詢檢查【班級】資料表的學生是否有上這位教授開的課，第三層子查詢找出學生江小魚的學號，可以找到 3 位教授，如下圖：

	教授編號	職稱	科系	身份證字號
▶	I002	教授	CS	A222222222
	I003	副教授	CIS	H098765432
	I004	講師	MATH	F213456780
*	NULL	NULL	NULL	NULL

ALL 運算子

ALL 運算子是指父查詢的條件需要滿足子查詢的所有結果。

SQL 指令碼檔：Ch9_4_3e.sql

請使用子查詢取出【員工】資料表城市是台北的薪水資料，然後在父查詢查詢所有薪水大於等於子查詢薪水的記錄資料，如下：

```
SELECT 姓名, 薪水 FROM 員工
WHERE 薪水 >= ALL
(SELECT 薪水 FROM 員工 WHERE 城市='台北');
```

上述 SELECT 指令的子查詢檢查【員工】資料表住在台北的薪水資料，可以找到 3 筆，其薪水分別為 80000、35000 和 50000，ALL 運算子需要滿足所有條件，即薪水需大於等於 80000，共可找到 2 筆員工，如下圖：

	姓名	薪水
▶	陳慶新	80000.00
	楊金欉	80000.00

ANY 和 SOME 運算子

ANY 和 SOME（此為 ANSI-SQL 標準運算子）運算子的父查詢只需要滿足子查詢的任一結果即可。

🖥 **SQL 指令碼檔：Ch9_4_3f.sql**

請使用子查詢取出【員工】資料表城市是台北的薪水資料，然後在父查詢查詢只需大於等於子查詢任一薪水的記錄資料，如下：

```
SELECT 姓名, 薪水 FROM 員工
WHERE 薪水 >= ANY
(SELECT 薪水 FROM 員工 WHERE 城市='台北');
```

上述 SELECT 指令的子查詢檢查【員工】資料表住在台北的薪水資料，可以找到 3 筆，其薪水分別為 80000、35000 和 50000，ANY 運算子只需滿足任一條件，即薪水只需大於等於 35000 即可，如右圖：

	姓名	薪水
▶	陳慶新	80000.00
	郭富城	35000.00
	楊金欉	80000.00
	王心零	50000.00
	陳小安	50000.00
	張無忌	50000.00
	李鴻章	60000.00

9-5 │ NULL 空值處理和 CTE

MySQL 的 SQL 語言擴充 ANSI-SQL，提供一些進階查詢功能，在這一節筆者準備說明空值處理和 CTE 一般資料表運算式。

9-5-1 NULL 空值的處理

SQL 語言針對 NULL 空值處理可以使用 IS NULL 運算子、ISNULL()和 IFNULL()函數。

IS NULL 運算子

在查詢的資料表如果需要確定欄位值是否為空值 NULL 時，我們可以使用 IS NULL 運算式和欄位值進行比較。

SQL 指令碼檔：Ch9_5_1.sql

請查詢【學生】資料表沒有生日資料的學生記錄，也就是生日欄位是空值的記錄資料，如下：

```
SELECT * FROM 學生 WHERE 生日 IS NULL;
```

上述 SELECT 指令可以找到一位學生的生日為空值，如下圖：

	學號	姓名	性別	電話	生日
▶	S005	孫燕之	女	06-66666666	NULL
*	NULL	NULL	NULL	NULL	NULL

請注意！SQL 指令並不能直接將欄位值和空值 NULL 進行比較，如下：

```
SELECT * FROM 學生 WHERE 生日 = NULL;
```

上述 SQL 指令的查詢結果沒有任何記錄。不過，這是因為沒有【生日】欄位值是字串'NULL'，並不是因為生日欄位沒有空值。

ISNULL()函數

在查詢資料表時，如果有欄位值是空值 NULL 時，我們可以使用 ISNULL() 函數來檢查是否是 NULL，其語法如下：

```
ISNULL(檢查運算式)
```

上述語法的檢查運算式可以檢查運算式是否為 NULL 空值，如果是，就傳回 1；否則傳回 0。

📺 (SQL 指令碼檔：Ch9_5_1a.sql)

請查詢【員工】資料表的電話欄位，如果欄位值是空值，就顯示 1；否則顯示 0，如下：

```
SELECT 身份證字號, 姓名,
    ISNULL(電話) AS 電話
FROM 員工;
```

　　上述 SELECT 指令找到的員工資料中，如果電話是空值 NULL，就顯示傳回值 1；有電話是 0，如右圖：

	身份證字號	姓名	電話
▶	A123456789	陳慶新	0
	A221304680	郭富城	0
	A222222222	楊金欉	0
	D333300333	王心零	1
	D444403333	劉得華	0
	E444006666	小龍女	0
	F213456780	陳小安	1
	F332213046	張無忌	0
	H098765432	李鴻章	0

IFNULL()函數

　　在查詢資料表時，如果有欄位值是空值 NULL 時，我們可以使用 IFNULL() 函數來輸出替代值，其語法如下：

```
IFNULL(檢查運算式, 替代值)
```

　　上述語法的檢查運算式可以檢查運算式是否為 NULL 空值，如果是，就以第 2 個參數的替代值輸出。

📺 (SQL 指令碼檔：Ch9_5_1b.sql)

請查詢【員工】資料表的電話欄位，如果是空值就輸出成'無電話'，如下：

```
SELECT 身份證字號, 姓名,
    IFNULL(電話, '無電話') AS 電話
FROM 員工;
```

上述 SELECT 指令找到的
員工資料中，如果電話為空值
NULL，就顯示'無電話'，如右
圖：

身份證字號	姓名	電話
▶ A123456789	陳慶新	02-11111111
A221304680	郭富城	02-55555555
A222222222	楊金樵	03-11111111
D333300333	王心零	無電話
D444403333	劉得華	04-55555555
E444006666	小龍女	04-55555555
F213456780	陳小安	無電話
F332213046	張無忌	02-55555555
H098765432	李鴻章	02-33111111

9-5-2 CTE 一般資料表運算式

CTE（Common Table Expression）一般資料表運算式可以預先建立一至多個暫存資料表，以便在之後的 SELECT 查詢使用，或建立遞迴查詢。

使用 CTE 執行查詢

一般資料表運算式 CTE 可以建立一至多個暫存資料表，其基本語法如下：

```
WITH 暫存資料表名稱 1 [(欄位名稱清單)]
AS (
SELECT 指令敘述
)
[, 暫存資料表名稱 2 [(欄位名稱清單)]
AS (SELECT 指令敘述)
]…
```

上述語法使用 WITH 子句建立一至多個 CTE 暫存資料表，如果不只一個，請使用「,」逗號分隔。

在暫存資料表名稱後的欄位名稱清單可以指定暫存資料表的別名，如果沒有指定，就是使用之後 SELECT 指令的欄位名稱，AS 關鍵字後是取得暫存資料表內容的 SELECT 指令。

🖥️ (SQL 指令碼檔：Ch9_5_2.sql)

　　請使用 CTE 建立名為【教授_員工】的暫存資料表後，然後使用此暫存資料表執行內部合併查詢，可以顯示學生上課資料，如下：

```
WITH 教授_員工
AS (
SELECT 教授.*, 員工.姓名
FROM 教授 INNER JOIN 員工
ON 教授.身份證字號 = 員工.身份證字號
)
SELECT 學生.學號, 學生.姓名, 課程.*, 教授_員工.*
FROM 教授_員工 INNER JOIN
(課程 INNER JOIN
(學生 INNER JOIN 班級 ON 學生.學號 = 班級.學號)
ON 班級.課程編號 = 課程.課程編號)
ON 班級.教授編號 = 教授_員工.教授編號;
```

　　上述 SELECT 指令共合併四個資料表，其中【教授_員工】是使用 CTE 建立的暫存資料表（內容也是合併查詢的結果），其合併條件是教授編號欄位，如下圖：

學號	姓名	課程編號	名稱	學分	教授編號	職稱	科系	身份證字號	姓名
S001	陳會安	CS101	計算機概論	4	I001	教授	CS	A123456789	陳慶新
S005	孫燕之	CS101	計算機概論	4	I001	教授	CS	A123456789	陳慶新
S006	周杰輪	CS101	計算機概論	4	I001	教授	CS	A123456789	陳慶新
S003	張無忌	CS213	物件導向程式設計	2	I001	教授	CS	A123456789	陳慶新
S005	孫燕之	CS213	物件導向程式設計	2	I001	教授	CS	A123456789	陳慶新
S001	陳會安	CS349	物件導向分析	3	I001	教授	CS	A123456789	陳慶新
S003	張無忌	CS349	物件導向分析	3	I001	教授	CS	A123456789	陳慶新
S003	張無忌	CS121	離散數學	4	I002	教授	CS	A222222222	楊金欉
S008	劉得華	CS121	離散數學	4	I002	教授	CS	A222222222	楊金欉
S001	陳會安	CS222	資料庫管理系統	3	I002	教授	CS	A222222222	楊金欉
S002	江小魚	CS222	資料庫管理系統	3	I002	教授	CS	A222222222	楊金欉
S004	陳小安	CS222	資料庫管理系統	3	I002	教授	CS	A222222222	楊金欉

　　上述合併查詢結果和 Ch9_2_2b.sql 的執行結果類似，只差是使用 CTE 暫存資料表執行合併查詢來取得員工姓名，所以最後顯示的查詢結果多了一個姓名欄位。

使用 CTE 執行遞迴查詢

「遞迴查詢」（Recursive Query）是一種特殊的 SQL 查詢，可以重複查詢資料表傳回的查詢結果來取得最後的查詢結果，簡單的說，就是重複執行自己查詢自己。

我們可以使用 CTE 執行遞迴查詢，稱為「遞迴 CTE」（Recursive CTE），其基本語法如下：

```
WITH RECURSIVE 暫存資料表名稱 [(欄位名稱清單)]
AS (
SELECT 指令敘述 1
UNION ALL
SELECT 指令敘述 2
)...
```

上述遞迴 CTE 語法是使用 WITH RECURSIVE，包含兩個使用 UNION ALL 運算子連接的 SELECT 指令敘述，第 1 個 SELECT 指令稱為「錨點成員」（Anchor Member），第 2 個 SELECT 指令稱為「遞迴成員」（Recursive Member）。

遞迴 CTE 是使用錨點成員產生初始的暫存資料表內容後，使用遞迴成員來執行自己查詢自己的遞迴查詢。例如：在【主管】資料表記錄員工所屬主管是哪一位，請執行 Ch9_5_2a.sql 建立此資料表和新增測試記錄，其內容如下圖：

	員工字號	姓名	主管字號
▶	A123456789	陳慶新	NULL
	A221304680	郭富城	F213456780
	A222222222	楊金欉	A123456789
	D333300333	王心零	A222222222
	D444403333	劉得華	E444006666
	E444006666	小龍女	A123456789
	F213456780	陳小安	E444006666
	F332213046	張無忌	D444403333
	H098765432	李鴻章	A222222222
＊	NULL	NULL	NULL

> 　SQL 指令碼檔：Ch9_5_2b.sql

　　請使用遞迴 CTE 建立【主管】資料表的遞迴查詢，可以顯示每位員工其上層主管的階層數，如下：

```
WITH RECURSIVE 主管_遞迴
AS (
SELECT 員工字號, 姓名, 1 AS 階層
FROM 主管 WHERE 主管字號 IS NULL
UNION ALL
SELECT 主管.員工字號, 主管.姓名, 階層 + 1
FROM 主管 JOIN 主管_遞迴
ON 主管.主管字號 = 主管_遞迴.員工字號
)
SELECT * FROM 主管_遞迴
ORDER BY 階層, 員工字號;
```

　　上述 SELECT 指令使用 CTE 建立【主管_遞迴】的暫存資料表後，這是一個遞迴查詢，最後顯示【主管_遞迴】暫存資料表的內容，如下圖：

	員工字號	姓名	階層
▶	A123456789	陳慶新	1
	A222222222	楊金樺	2
	E444006666	小龍女	2
	D333300333	王心零	3
	D444403333	劉得華	3
	F213456780	陳小安	3
	H098765432	李鴻章	3
	A221304680	郭富城	4
	F332213046	張無忌	4

新增、更新和刪除資料

10-1 在 MySQL Workbench 檢視資料表資訊和編輯記錄

> **Memo**
>
> 請啟動 MySQL Workbench 執行本書範例「Ch08\Ch8_School.sql」的 SQL 指令碼檔案,可以建立本章測試所需的【school】資料庫、資料表和記錄資料,如果在第 8 章或第 9 章已經執行過,就不需要再次執行。

當在 MySQL 建立【school】資料庫和新增資料表後,就可以執行 DML 指令來插入、更新或刪除記錄,我們同樣可以使用 MySQL Workbench 圖形介面來檢視資料表資訊與編輯記錄資料。

檢視資料表資訊

　　請啟動 MySQL Workbench 工具連線 MySQL
伺服器後，在「Navigator」視窗的【Schemas】標
籤，展開【school】資料庫，選【課程】資料表，
如右圖

　　在【課程】資料表的後方有 3 個圖示，其說明如下：

- 第 1 個圖示：資料表資訊，可以切換上方標籤頁來檢視資料表的欄位、
索引、觸發程序和外來鍵等資訊，如下圖：

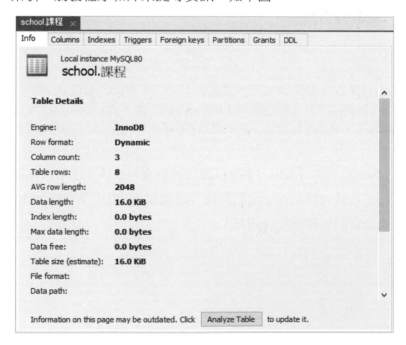

選【DDL】標籤，可以檢視建立資料表的 SQL 指令，如下圖：

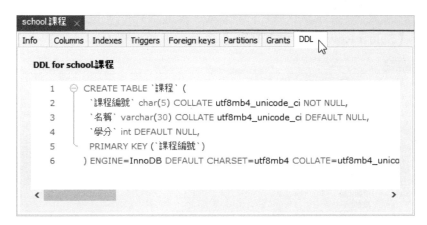

- 第 2 個圖示：可以再次開啟資料表定義資料標籤頁，來修改資料表設計，如下圖：

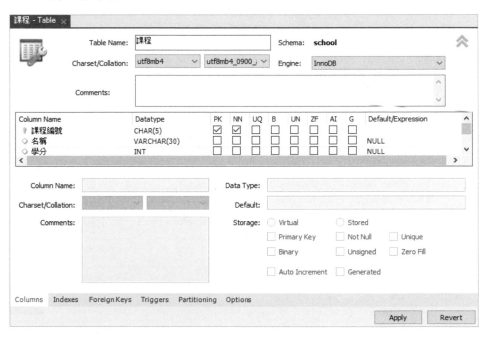

- 第 3 個圖示：可以看到每一列為一筆記錄的 Result Grid 編輯視窗，這就是資料表的記錄資料（或在資料表上，執行【右】鍵快顯功能表的【Select Rows – Limit 1000】命令），如下圖：

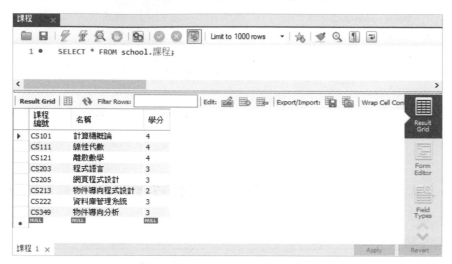

編輯記錄資料

在 MySQL Workbench 編輯記錄的圖形介面，支援表格或單筆記錄方式的記錄新增、更新和刪除，請在右方的垂直標籤頁切換，如下：

- Result Grid（結果表格）：使用表格方式編輯記錄資料，表格的每一列是 1 筆記錄，在上方工具列游標所在的前一個圖示是編輯目前記錄，游標所在圖示是新增記錄，其右邊圖示是刪除記錄，請直接點選表格的儲存格來編輯記錄的欄位，如果是編輯最後 1 列的欄位就是新增記錄，如下圖：

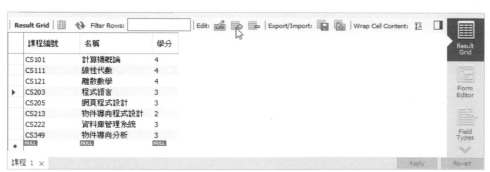

- Form Editor（表單編輯器）：使用單筆記錄的表單方式來編輯記錄資料，在上方工具列提供按鈕可以顯示目前資料表的記錄數+1（最後 1 筆是新記錄）和目前是在第幾筆，能夠前後移動記錄、刪除目前記錄和新增記錄，如下圖：

請注意！當我們在 Result Grid 或 Form Editor 新增、更新或刪除記錄資料後，需要按右下角【Apply】鈕執行 SQL 指令來套用記錄資料的變更，按【Revert】鈕可以取消變更，恢復成之前的記錄資料。

- Field Types（欄位的資料類型）：可以顯示資料表欄位的資料類型和字元集，如下圖：

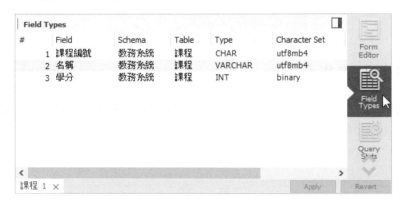

- Query Statistics（查詢統計）：顯示執行 SQL 查詢的統計數據，如下圖：

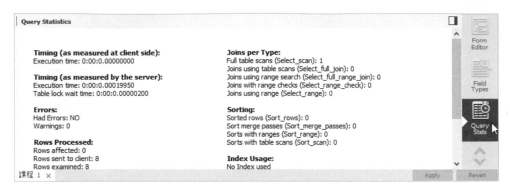

10-2 新增記錄

SQL 資料操作語言（DML）可以新增、刪除和更新資料表的記錄。其簡單說明，如下表：

SQL 指令	說明
INSERT	在資料表插入一筆新記錄
UPDATE	更新資料表已經存在的記錄
DELETE	刪除資料表已經存在的記錄

10-2-1　INSERT 指令

MySQL 的 INSERT 新增記錄指令有兩種：INSERT INTO/VALUES 和 INSERT INTO/SET 指令。

INSERT INTO/VALUES 指令

INSERT INTO/VALUES 指令可以新增一筆記錄到資料表，其基本語法如下：

```
INSERT [INTO] 資料表名稱 [(欄位清單)]
VALUES (欄位值清單);
```

上述語法是在【資料表名稱】的資料表新增一筆記錄，括號的欄位清單是使用「,」逗號分隔的欄位名稱，VALUES 子句是對應的欄位值清單，即新增記錄的欄位值清單。

INSERT 指令的使用與注意事項說明，如下：

- 不論是欄位或值的清單，都需要使用逗號分隔。

- INTO 關鍵字和欄位清單都可有可無，欄位清單不需要包含全部欄位，而且清單可以不包含自動累加（AUTO_INCREMENT）、空值（NULL）和預設值（DEFAULT）欄位。

- 如果沒有欄位清單，在 VALUES 子句的欄位值需包含記錄的所有欄位，而且其順序需與資料表定義的欄位順序相同。

- 在 VALUES 子句的欄位值中，數值不用單/雙引號包圍，字串與日期/時間需要使用單/雙引號括起。如果欄位值是預設值，可以使用 DEFAULT 關鍵字。

- 欄位名稱清單並不需要和資料表定義的欄位數目或順序相同，只需列出需要新增值的欄位，不過括號內的欄位名稱順序要和 VALUES 子句欄位值的順序相同。

SQL 指令碼檔：Ch10_2_1.sql

在【學生】資料表新增一筆學生記錄，沒有使用欄位清單，如下：

```
INSERT INTO 學生
VALUES ('S108','令弧沖','男','02-23111122','2002-05-03');
```

上述 INSERT 指令可以在【學生】資料表新增一筆記錄。在 MySQL Workbench 執行此 SQL 指令碼檔，可以看到影響一筆記錄，如下圖：

SQL 指令碼檔：Ch10_2_1a.sql

請使用欄位清單在【課程】資料表新增一筆課程記錄，此 INSERT 指令並沒有使用 INTO 關鍵字，如下：

```
INSERT 課程 (課程編號, 名稱, 學分)
VALUES ('CS410','平行程式設計',2);
```

INSERT INTO/SET 指令

INSERT INTO/SET 指令的使用方式和 UPDATE 更新指令相同，可以一一指定各欄位值來新增一筆記錄，其基本語法如下：

```
INSERT [INTO] 資料表名稱
SET 欄位名稱1 = 欄位值1,
    欄位名稱2 = 欄位值2, ...;
```

上述 SET 子句指定記錄的各欄位值，在「=」等號前是欄位名稱；在之後是欄位值。

SQL 指令碼檔：Ch10_2_1b.sql

請使用 INSERT INTO/SET 指令，在【班級】資料表新增一筆上課記錄，如下：

```
INSERT INTO 班級
SET 教授編號 = 'I003',
    學號 = 'S002',
    課程編號 = 'CS222',
```

```
上課時間 = '08:00',
教室 = '300-K';
```

10-2-2　記錄建構子

記錄建構子（Row Constructors）可以在同一個 INSERT INTO/VALUES 指令的 VALUES 子句插入多筆記錄（INSERT INTO/SET 指令並不支援），每一筆記錄都是使用括號括起，然後使用逗號分隔括號的多筆記錄。

SQL 指令碼檔：Ch10_2_2.sql

請在【員工】資料表使用記錄建構子同時新增 2 筆員工記錄，如下：

```
INSERT INTO 員工 (身份證字號, 姓名, 城市, 街道,
                 電話, 薪水, 保險, 扣稅)
VALUES
('K221234566','白開心','嘉義','中正路',
        '06-55555555', 26000, 500, 560),
('K123456789','王火山','基隆','中山路',
        '02-34567890', 26000, 500, 560);
```

上述 INSERT 指令可以在【員工】資料表新增 2 筆記錄，VALUES 子句共有 2 筆記錄資料，可以看到影響 2 筆記錄，如下圖：

10-2-3　INSERT/SELECT 指令

INSERT/SELECT 指令可以將其他資料表查詢結果的記錄，新增至資料表，如果查詢結果不只一筆，就是同時新增多筆記錄，其基本語法如下：

```
INSERT [INTO] 資料表名稱 [(欄位清單)]
SELECT 指令敘述
```

上述語法是在名為【資料表名稱】的資料表新增從下方 SELECT 子查詢結果的記錄資料。INSERT/SELECT 指令的使用與注意事項說明，如下：

- INSERT/SELECT 指令是使用 SELECT 子查詢取代 VALUES 子句，將子查詢結果的記錄資料新增至 INSERT 子句的資料表。

- 因為 SELECT 子查詢是取代 VALUES 子句，所以取得的欄位值需對應插入記錄的欄位清單。

請先執行 Ch10_2_3.sql 建立【通訊錄】資料表，內含朋友聯絡資訊的 2 筆記錄。

💻 (SQL 指令碼檔：Ch10_2_3a.sql)

請從【通訊錄】資料表取得記錄來新增至【學生】資料表，如下：

```
INSERT INTO 學生
SELECT 學號, 姓名, 性別, 電話, 生日
FROM 通訊錄;
```

上述 INSERT/SELECT 指令可以將【通訊錄】資料表的所有記錄都新增至【學生】資料表，可以看到影響 2 筆記錄，如下圖：

10-2-4　INSERT 指令的實體完整性選項

實體完整性是關聯表內部的完整性條件，主要是用來規範關聯表主鍵的使用規則。INSERT 指令可以使用實體完整性選項來忽略或改為更新記錄，避免新增記錄錯誤，其基本語法如下：

```
INSERT [IGNORE] [INTO] 資料表名稱 [(欄位清單)]
VALUES (欄位值清單)
[ON DUPLICATE KEY UPDATE 欄位=欄位值[,欄位=欄位值]];
```

上述 IGNORE 關鍵字是當新增記錄違反實體完整性（主鍵值重複）時，並不會顯示錯誤訊息，ON DUPLICATE KEY UPDATE 是當違反實體完整性時，就不是新增記錄，而是改為更新記錄的欄位值。

SQL 指令碼檔：Ch10_2_4.sql

在【學生】資料表新增一筆學生記錄，此筆記錄是在 Ch10_2_1.sql 已經新增過的記錄，如下：

```
INSERT IGNORE INTO 學生
VALUES ('S108','令弧沖','男','02-23111122','2002-05-03');
```

上述 INSERT INTO 指令因為有使用 IGNORE 關鍵字，雖然違反實體完整性，不過並不會顯示錯誤訊息，只會顯示警告訊息，如下圖：

SQL 指令碼檔：Ch10_2_4a.sql

在【學生】資料表新增一筆學生記錄，此筆記錄是在 Ch10_2_1.sql 已經新增過的記錄，如下：

```
INSERT INTO 學生
VALUES ('S108','令弧沖','男','02-23111122','2002-10-03')
ON DUPLICATE KEY UPDATE 生日='2002-10-03';
```

上述 INSERT INTO 指令因為違反實體完整性，並沒有新增記錄，而只有執行 ON DUPLICATE KEY UPDATE 的更新生日欄位，將生日改為 '2002-10-03'。請在【學生】資料表上，執行【右】鍵快顯功能表的【Select Rows - Limit 1000】命令，可以看到生日已經更新，如下圖：

學號	姓名	性別	電話	生日
S001	陳會安	男	02-22222222	2003-09-03
S002	江小魚	女	03-33333333	2004-02-02
S003	張無忌	男	04-44444444	2002-05-03
S004	陳小安	男	05-55555555	2002-06-13
S005	孫燕之	女	06-66666666	NULL
S006	周杰輪	男	02-33333333	2003-12-23
S007	蔡一零	女	03-66666666	2003-11-23
S008	劉得華	男	02-11111122	2003-02-23
S108	令弧沖	男	02-23111122	2002-10-03
S221	張三重	男	02-88888888	2002-10-13
S225	王美麗	女	03-77777777	2003-05-01
NULL	NULL	NULL	NULL	NULL

10-2-5　REPLACE 指令

REPLACE 指令的語法和第 10-2-1 節的 INSERT 指令相同，當新增記錄時沒有違反實體完整性（主鍵值沒有重複）時，就是 INSERT 指令新增記錄，如果主鍵值重複，違反實體完整性時，就改為取代操作來更新欄位值（類似 ON DUPLICATE KEY UPDATE）。

🖥️ **SQL 指令碼檔：Ch10_2_5.sql**

請改用 REPLACE 指令在【課程】資料表新增一筆課程記錄，此筆記錄是在 Ch10_2_1a.sql 已經新增過的記錄，如下：

```
REPLACE INTO 課程 (課程編號, 名稱, 學分)
VALUES ('CS410','平行程式設計',3);
```

上述 REPLACE 指令因為主鍵重複，所以成為取代欄位值，將學分數改為 3 學分。請在【課程】資料表上，執行【右】鍵快顯功能表的【Select Rows – Limit 1000】命令，可以看到學分欄位已經更新，如右圖：

課程編號	名稱	學分
CS101	計算機概論	4
CS111	線性代數	4
CS121	離散數學	4
CS203	程式語言	3
CS205	網頁程式設計	3
CS213	物件導向程式設計	2
CS222	資料庫管理系統	3
CS349	物件導向分析	3
CS410	平行程式設計	3
NULL	NULL	NULL

10-3 | 更新記錄

SQL 語言的 UPDATE 指令可以更新存在的記錄，我們可以指定條件來更新資料表符合條件記錄的欄位資料。

10-3-1 UPDATE 指令

UPDATE 指令可以將資料表符合條件的記錄，更新指定欄位的內容，如果符合條件的記錄不只一筆，就是同時更新多筆記錄，其基本語法如下：

```
UPDATE 資料表名稱
SET 欄位名稱 1 = 新欄位 1
    [, 欄位名稱 2 = 新欄位 2]
[WHERE 更新條件];
```

上述語法更新 UPDATE 子句的資料表，SET 子句是更新的欄位清單，在「=」等號後是新欄位值，如果更新的欄位不只一個，請使用逗號分隔。在 WHERE 子句是更新條件。UPDATE 指令的使用與注意事項說明，如下：

- WHERE 子句雖然可有可無，但是如果沒有 WHERE 子句的條件，資料表的所有記錄欄位都會更新。

- SET 子句的更新欄位清單並不需要列出全部欄位，只需列出欲更新的欄位清單，換句話說，我們可以同時更新一至多個欄位值。

- 更新欄位值如果為數值不用單/雙引號包圍，字串與日期/時間需要使用單/雙引號包圍。

▌Memo ························

MySQL 預設開啟「安全更新模式」（Safe UPDATE Mode），此模式是當 UPDATE 或 DELETE 指令沒有 WHERE 和 LIMIT 子句，而且沒有主鍵欄位的條件時，就不允許執行 UPDATE 或 DELETE 指令。

在第 10-3 節和第 10-4 節的 UPDATE 或 DELETE 指令，都會先關閉安全更新模式，在執行完 UPDATE 或 DELETE 指令後，再開啟安全更新模式，如下：

```
SET SQL_SAFE_UPDATES = 0;

-- 執行 UPDATE 或 DELETE 指令

SET SQL_SAFE_UPDATES = 1;
```

上述指令碼首先設為 0 關閉安全更新模式，在更新或刪除資料表的記錄後，再開啟安全更新模式，即設為 1。

SQL 指令碼檔：Ch10_3_1.sql

請在【課程】資料表更改課程編號 CS410 的名稱和學分數，如下：

```
UPDATE 課程
SET 名稱='資料庫系統（二）', 學分=4
WHERE 課程編號 = 'CS410';
```

SQL 指令碼檔：Ch10_3_1a.sql

請在【課程】資料表使用算術運算式更改課程編號 CS410 的學分數，如下：

```
UPDATE 課程
SET 學分 = 學分 + 1
WHERE 課程編號 = 'CS410';
```

上述 UPDATE 指令可以將課程編號 CS410 的學分數加一。

10-3-2　在 UPDATE 指令使用子查詢

如果需要，我們可以在 UPDATE 指令的 SET 和 WHERE 子句使用子查詢，其說明如下：

- SET 子句：使用子查詢取得更新欄位的欄位值。
- WHERE 子句：使用子查詢取得一至多個欄位的查詢條件值。

SQL 指令碼檔：Ch10_3_2.sql

　　請在【學生】資料表更新姓名欄位，其更新欄位值是使用子查詢從【員工】資料表來取得值，如下：

```
UPDATE 學生
SET  姓名 = (SELECT 姓名 FROM 員工
            WHERE 身份證字號='H098765432')
WHERE 學號 = 'S108';
```

SQL 指令碼檔：Ch10_3_2b.sql

　　請先執行 Ch10_3_2a.sql（使用第 10-5 節的 SQL 指令）新增【夜間課程】和【重點課程】共 2 個資料表後，我們準備更新【夜間課程】資料表的課程學分，當課程編號存在【重點課程】資料表時，就將【夜間課程】的課程學分改為 5 學分，如下：

```
UPDATE 夜間課程
SET 學分 = 5
WHERE 課程編號 IN (SELECT 課程編號 FROM 重點課程);
```

　　上述 UPDATE 指令的執行結果，可以看到除了 CS410 外多了 4 筆學分數是 5 的課程，如下圖：

	課程編號	名稱	學分
▶	CS101	計算機概論	4
	CS111	線性代數	4
	CS121	離散數學	4
	CS203	程式語言	5
	CS205	網頁程式設計	5
	CS213	物件導向程式設計	2
	CS222	資料庫管理系統	5
	CS349	物件導向分析	5
	CS410	資料庫系統（二）	5
*	NULL	NULL	NULL

10-4 刪除記錄

　　SQL 可以使用 DELETE 或 TRUNCATE TABLE 指令來刪除資料表的記錄資料。

10-4-1 DELETE 指令

　　DELETE 指令可以將資料表符合條件的記錄刪除掉，其基本語法如下：

```
DELETE FROM 資料表名稱
[WHERE 刪除條件];
```

　　上述語法是刪除 FROM 子句資料表的一筆或多筆記錄，WHERE 子句是刪除條件。DELETE 指令的使用與注意事項說明，如下：

- WHERE 子句雖然可有可無，但是如果沒有 WHERE 子句的條件，資料表所有記錄都會刪除。

- WHERE 查詢條件就是 DELETE 指令的刪除條件，可以將符合條件的記錄都刪除掉。

SQL 指令碼檔：Ch10_4_1.sql

　　請在【學生】資料表刪除學號 S108 的學生記錄，如下：

```
DELETE FROM 學生
WHERE 學號 = 'S108';
```

　　上述 DELETE 指令可以在【學生】資料表刪除一筆記錄。

SQL 指令碼檔：Ch10_4_1a.sql

　　請使用第 10-3-2 節新增的【重點課程】資料表，刪除此資料表的所有記錄，如下：

```
DELETE FROM 重點課程;
```

上述 DELETE 指令的執行結果,可以看到影響 4 筆記錄,如下圖:

在 MySQL Workbench 開啟【重點課程】資料表,可以看到所有記錄都已經刪除了,如下圖:

課程編號	名稱	學分
NULL	NULL	NULL

10-4-2 子查詢與合併刪除

在 DELETE 指令的 WHERE 子句是刪除條件,其條件值可以在 FROM 子句使用 JOIN 指令進行多資料表的合併刪除。當然我們也可以直接在 WHERE 子句使用子查詢取得刪除條件的欄位值。

📺 (SQL 指令碼檔:Ch10_4_2.sql)

請使用第 10-3-2 節新增的【夜間課程】資料表,在 WHERE 子句使用子查詢取得【夜間課程】資料表的課程編號後,在【課程】資料表刪除此筆課程記錄,如下:

```
DELETE FROM 課程
WHERE 課程編號 =
    ( SELECT 課程編號 FROM 夜間課程
      WHERE 名稱 = '資料庫系統(二)');
```

上述 DELETE 指令可以在【課程】資料表刪除一筆記錄。

📋 **SQL 指令碼檔：Ch10_4_2a.sql**

　　請在【班級】資料表使用合併刪除來刪除【科系】為【CIS】，在教室 300-K 的上課記錄，因為是合併刪除，在 DELETE 子句是刪除的目標資料表，FROM 子句是合併查詢，如下：

```
DELETE 班級
FROM 班級 INNER JOIN 教授
ON 班級.教授編號 = 教授.教授編號
WHERE 教授.科系 = 'CIS' AND 班級.教室 = '300-K';
```

　　上述刪除條件的科系和教室分別在【教授】和【班級】資料表，所以需要使用合併查詢來執行刪除，執行結果可以刪除一筆記錄。

📋 **SQL 指令碼檔：Ch10_4_2b.sql**

　　在完成 Ch10_4_2a.sql 的合併刪除後，請執行 SELECT 指令顯示【班級】資料表的所有記錄和欄位，如下：

```
SELECT 教授編號, 學號, 課程編號, 教室
FROM 班級
ORDER BY 教室;
```

　　上述 SELECT 指令可以使用【教室】欄位排序來查詢所有班級資料，其中 300-K 教室的記錄已經不存在，如右圖：

教授編號	學號	課程編號	教室
I002	S003	CS121	221-S
I002	S008	CS121	221-S
I003	S001	CS203	221-S
I003	S006	CS203	221-S
I003	S008	CS203	221-S
I004	S002	CS111	321-M
I004	S003	CS111	321-M
I004	S005	CS111	321-M
I003	S002	CS203	327-S
I001	S001	CS349	380-L

10-4-3 TRUNCATE TABLE 指令

　　如果想保留資料表的定義資料，只刪除整個資料表的記錄資料，我們可以使用 TRUNCATE TABLE 指令刪除資料表的內容，其基本語法如下：

```
TRUNCATE TABLE 資料表名稱;
```

　　上述語法是從資料庫刪除指定的資料表內容。TRUNCATE TABLE 和 DELETE FROM 指令都可以刪除整個資料表的記錄資料，其差異在於 TRUNCATE TABLE 的速度比較快，因為其做法是先使用 DROP TABLE 指令刪除資料表後，再使用 CREATE TABLE 指令重新建立資料表，也會重設 AUTO_INCREMENT 的累加數值。

　　🖥️ (SQL 指令碼檔：Ch10_4_3.sql)

　　請使用第 10-3-2 節新增的【夜間課程】資料表為例，我們準備刪除【夜間課程】資料表的所有記錄資料，如下：

```
TRUNCATE TABLE 夜間課程;
```

　　當執行上述 TRUNCATE TABLE 指令後，在 MySQL Workbench 開啟【夜間課程】資料表，可以看到所有記錄已經刪除了，如下圖：

10-5 使用 SELECT 查詢結果建立資料表

　　CREATE TABLE/SELECT 指令可以使用查詢結果來建立全新資料表，其基本語法如下：

```
CREATE TABLE 新資料表名稱
SELECT 欄位清單
FROM 資料表來源
```

```
[WHERE  搜尋條件]
[GROUP BY  欄位清單]
[HAVING  搜尋條件]
[ORDER BY  欄位清單]
```

　　上述語法可以建立名為【新資料表名稱】資料表,其欄位定義和記錄資料是來自之後的 SELECT 指令。SELECT 指令的使用與注意事項說明,如下:

- 新資料表的欄位定義資料就是 SELECT 指令取得的記錄集合。

- 如果 SELECT 子句有計算值欄位,一定要指定別名,而它就是新資料表的欄位定義資料。

- SELECT 指令只能複製欄位定義資料和欄位資料,並不包含資料表的主鍵、索引和預設值等定義資料。

SQL 指令碼檔:Ch10_5.sql

　　請建立【課程】資料表的完整備份,即新增名為【課程備份】資料表,如下:

```
CREATE TABLE 課程備份
SELECT * FROM 課程;
ALTER TABLE 課程備份
ADD PRIMARY KEY (課程編號);
```

　　上述 CREATE TABLE/SELECT 指令可以建立【課程】資料表的完整備份,因為沒有主鍵,所以使用 ALTER TABLE 指令修改資料表定義新增主鍵欄位【課程編號】,其執行結果可以看到影響 8 筆記錄,如下圖:

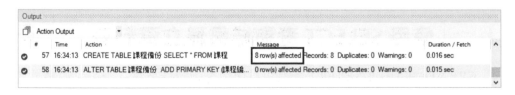

SQL 指令碼檔：Ch10_5a.sql

　　請建立【課程】資料表的部分備份，即新增名為【課程備份 2】資料表，如下：

```
CREATE TABLE 課程備份2
SELECT * FROM 課程
WHERE 學分 = 3;
ALTER TABLE 課程備份2
ADD PRIMARY KEY (課程編號);
```

　　上述 CREATE TABLE/SELECT 指令建立【課程】資料表的部分備份，和指定主鍵，因為有 WHERE 子句，可以看到只影響 4 筆記錄，如下圖：

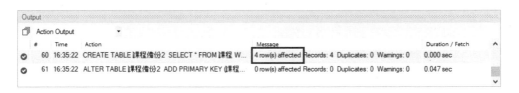

檢視表的建立

11-1 | 檢視表的基礎

Memo

請啟動 MySQL Workbench 執行本書範例「Ch11\Ch11_School.sql」的 SQL 指令碼檔案,可以建立本章測試所需的【school】資料庫、資料表和記錄資料。

MySQL「檢視表」(Views)就是關聯式資料庫理論的視界,一種定義在資料表或其他檢視表的虛擬資料表(Virtual Tables)。

11-1-1 MySQL 檢視表

MySQL 檢視表是一個虛擬資料表,因為本身並沒有儲存資料,只有定義資料,定義從哪些資料表或檢視表挑出哪些欄位或記錄。不過,我們一樣可以在檢視表新增、刪除和更新記錄,當然,這些操作都是作用在其定義的來源資料表。

基本上,檢視表顯示的資料是從基底資料表(Base Tables)取出,只是依照定義過濾掉不屬於檢視表的資料,如果檢視表的資料是從其他檢視表導出,

也只是重複再過濾一次。所以檢視表如同是一個從不同資料表或檢視表抽出的
資料積木,然後使用這些積木拼出所需的資料表,如下圖:

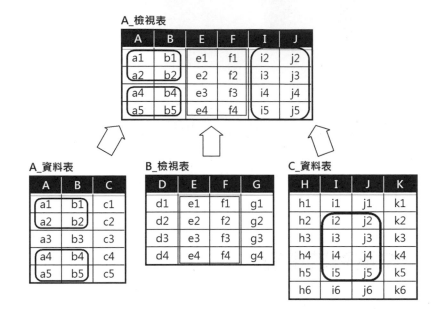

上述圖例的【A_檢視表】是由【A_資料表】、【C_資料表】和【B_檢視
表】的部分資料拼湊而成,因為【B_檢視表】是另一個檢視表,所以它是再從
其他資料表或檢視表導出的虛擬資料表。

11-1-2　檢視表的種類

檢視表依其資料來源可以分成很多種,比較常用的檢視表有三種,如下:

- 列欄子集檢視表(Row-and-Column Subset Views):資料來源是單一
  資料表或其他檢視表,只挑選資料表或其他檢視表中所需的欄位和記
  錄。換句話說,建立的檢視表是資料表或其他檢視表的子集。

- 合併檢視表(Join Views):使用合併查詢從多個資料表或其他檢視表
  建立的檢視表,合併檢視表的欄位和記錄是來自多個資料表或其他檢
  視表。

- 統計摘要檢視表（Statistical Summary Views）：一種特殊的列欄子集檢視表或合併檢視表，並且使用聚合函數（Aggregate Function）產生指定欄位所需的統計資料。

11-1-3 檢視表的優缺點

檢視表如同是一個資料庫窗口，可以讓使用者以不同角度、不同窗戶大小的範圍來檢視資料表的資料，其優缺點如下：

檢視表的優點

檢視表的優點簡單的說，就是在隱藏和過濾資料，並且簡化資料查詢，如下：

- 達成邏輯資料獨立：檢視表的定義相當於是外部與概念對映（External/Conceptual Mapping），當更改資料表的定義資料，我們也只需同時更改檢視表的外部與概念對映的定義資料，就可以讓使用者檢視相同觀點的資料，而不會影響外部綱要。

- 增加資料安全性：檢視表可以隱藏和過濾資料，只讓使用者看到它允許看到的資料，增加資料的安全性。例如：在【員工】資料表擁有【薪水】欄位，使用檢視表可以隱藏員工薪水資料，只讓使用者看到其他部分的員工資料。

- 簡化資料查詢：將常用和複雜的查詢定義成檢視表，即可簡化資料查詢，因為我們不再需要每次重複執行複雜的 SQL 查詢指令，直接開啟現成的檢視表即可。

- 簡化使用者觀點：檢視表可以增加資料的可讀性，讓資料庫使用者專注於所需的資料，例如：替欄位更名成使用者觀點的欄位名稱。

檢視表的缺點

檢視表的缺點在多一道建立過程，因為沒有真正儲存資料，所以擁有更多的操作限制，如下：

- 執行效率差：檢視表沒有真正儲存資料，只是一個虛擬資料表，資料是在使用時才從資料表導出，因為經過一道轉換手續，其執行效率比不過直接存取資料表。

- 更多的操作限制：檢視表雖然也是一種資料表，不過在新增、更新和刪除資料時，為了避免違反資料庫的完整性限制條件，在操作上有更多的限制。

- 增加管理的複雜度：檢視表可以一層一層的從其他檢視表導出，例如：【B_檢視表】和【C_檢視表】是從【D_檢視表】導出，【A_檢視表】是從【B_檢視表】導出，複雜的檢視表關聯會增加管理眾多資料表和檢視表的複雜度，如果不小心刪錯檢視表，可能會造成嚴重後果。例如：如果錯刪【D_檢視表】，則【A_檢視表】、【B_檢視表】和【C_檢視表】也會同時失去作用，如下圖：

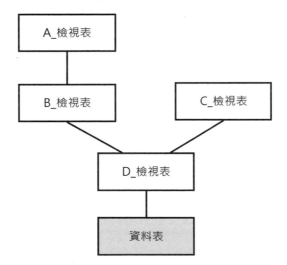

11-2 建立檢視表

在 MySQL 可以使用 MySQL Workbench 或 SQL 指令來建立檢視表。

11-2-1 使用 MySQL Workbench 建立檢視表

在 MySQL Workbench 建立檢視表就是提供介面來輸入 CREATE VIEW 指令的 SQL 指令碼（事實上，我們可以直接建立 SQL 查詢標籤頁來建立檢視表），其步驟如下：

1 請 啟 動 MySQL Workbench 連 線 MySQL 伺服器後，在「Navigator」視窗選【Schemas】標籤，展開【school】資料庫，在【Views】上執行【右】鍵快顯功能表的【Create View...】命令。

2 請在下方輸入建立檢視表的 SQL 指令碼（Name 欄的名稱會自動從指令碼取得），如下圖：

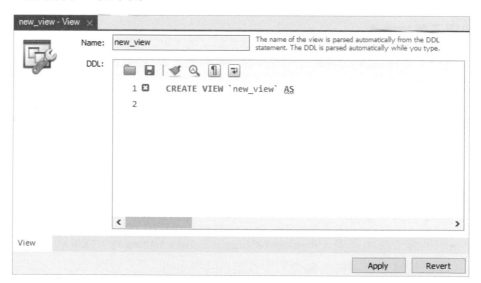

③ 在完成建立檢視表的 SQL 指令碼輸入後，按 2 次【Apply】鈕，再按
【Finish】鈕執行 SQL 指令來建立檢視表。

當成功建立檢視表後，在檢視表上，執行【右】鍵快顯功能表的【Select
Rows – Limit 1000】命令，就可以顯示檢視表的內容。

11-2-2　使用 SQL 指令建立檢視表

SQL 語言是使用 CREATE VIEW 指令來建立檢視表，其基本語法如下：

```
CREATE [OR REPLACE] VIEW 檢視表名稱 [(欄位別名清單)]
AS
SELECT 指令敘述;
```

上述語法也可使用 CREATE OR REPLACE VIEW 指令，當檢視表存在是
取代；不存在是新增，可以建立名為【檢視表名稱】的檢視表，在檢視表預設
的欄位名稱都是對應 AS 關鍵字後 SELECT 指令敘述查詢的欄位名稱，如果需
要，我們可以在欄位別名清單替欄位重新命名，如果不只一個，請使用「,」逗
號分隔。

建立列欄子集檢視表

列欄子集檢視表是指檢視表的內容是資料表記錄或欄位的子集合，它是從
資料表的欄位和記錄集合中，取出所需子集合的檢視表。列欄子集檢視表依選
擇的範圍分為三種，如下：

- 欄子集檢視表（Column Subset Views）：指檢視表的欄位是資料表欄
  位集合的子集合。

- 列子集檢視表（Row Subset Views）：指檢視表的記錄是資料表記錄
  集合的子集合。

- 列欄子集檢視表（Row-and-Column Subset Views）：指檢視表的欄位
  和記錄都是資料表欄位和記錄集合的子集合。

📑 **SQL 指令碼檔：Ch11_2_2.sql**

　　請在【學生】資料表建立學生電話聯絡資料的【學生聯絡_檢視】檢視表，檢視表有指定欄位別名，如下：

```
CREATE VIEW 學生聯絡_檢視 (學號, 學生姓名, 學生電話)
AS
SELECT 學號, 姓名, 電話 FROM 學生;

SELECT * FROM 學生聯絡_檢視;
```

　　上述 CREATE VIEW 指令建立名為【學生聯絡_檢視】的檢視表且指定欄位別名，在檢視表只有學號、姓名和電話三個欄位，屬於【學生】資料表欄位的子集，稱為欄子集檢視表。

　　因為檢視表是一個虛擬資料表，我們一樣可以使用 SELECT 指令來查詢檢視表，顯示【學生】資料表的所有記錄，但是只有 3 個欄位，如右圖：

學號	學生姓名	學生電話
S001	陳會安	02-22222222
S002	江小魚	03-33333333
S003	張無忌	04-44444444
S004	陳小安	05-55555555
S005	孫燕之	06-66666666
S006	周杰輪	02-33333333
S007	禁一零	03-66666666
S008	劉得華	02-11111122
S221	張三重	02-88888888
S225	王美麗	03-77777777

　　在「Navigator」視窗的【Schemas】標籤，可以在【school】資料庫下，看到新建立的【學生聯絡_檢視】檢視表（如果沒有看到，請執行【右】鍵快顯功能表的【Refresh All】命令），如右圖：

📄 **SQL 指令碼檔：Ch11_2_2a.sql**

請改用 CREATE OR REPLACE VIEW 指令，在【員工】資料表建立薪水
超過 50000 員工資料的【高薪員工_檢視】檢視表，如下：

```
CREATE OR REPLACE VIEW 高薪員工_檢視
AS
SELECT * FROM 員工
WHERE 薪水 > 50000;

SELECT * FROM 高薪員工_檢視;
```

上述 CREATE VIEW 指令建立名為【高薪員工_檢視】的檢視表，在檢視
表擁有【員工】資料表的所有欄位，但只是部分記錄的子集，稱為列子集檢視
表。接著請使用 SELECT 指令顯示【高薪員工_檢視】檢視表的所有欄位與記
錄，可以看到只有 3 筆記錄，如下圖：

身份證字號	姓名	城市	街道	電話	薪水	保險	扣稅
A123456789	陳慶新	台北	信義路	02-11111111	80000.00	5000.00	2000.00
A222222222	楊金欉	桃園	中正路	03-11111111	80000.00	4500.00	2000.00
H098765432	李鴻章	基隆	信四路	02-33111111	60000.00	4000.00	1500.00

📄 **SQL 指令碼檔：Ch11_2_2b.sql**

請在【員工】資料表建立薪水超過 50000 員工資料，而且只有身份證字號、
姓名和電話三個欄位的【高薪員工聯絡_檢視】檢視表，如下：

```
CREATE VIEW 高薪員工聯絡_檢視
AS
SELECT 身份證字號, 姓名, 電話 FROM 員工
WHERE 薪水 > 50000;

SELECT * FROM 高薪員工聯絡_檢視;
```

上述 CREATE VIEW 指令建立的【高薪員工聯絡_檢視】檢視表只有【員
工】資料表的部分欄位，和部分記錄的子集，稱為列欄子集檢視表。

接著請使用 SELECT 指令顯示【高薪員工聯絡_檢視】檢視表的所有欄位與記錄，可以顯示【員工】資料表的 3 個欄位和 3 筆記錄，如 右圖：

	身份證字號	姓名	電話
▶	A123456789	陳慶新	02-11111111
	A222222222	楊金欉	03-11111111
	H098765432	李鴻章	02-33111111

建立合併檢視表

合併檢視表（Join Views）是多個資料表執行合併查詢建立的檢視表。

SQL 指令碼檔：Ch11_2_2c.sql

請在【學生】、【課程】、【教授】和【班級】四個資料表建立合併檢視表的【學生_班級_檢視】檢視表，可以顯示學生上課資料，如下：

```
CREATE VIEW 學生_班級_檢視 AS
SELECT 學生.學號, 學生.姓名, 課程.*, 教授.*
FROM 教授 INNER JOIN
(課程 INNER JOIN
(學生 INNER JOIN 班級 ON 學生.學號 = 班級.學號)
ON 班級.課程編號 = 課程.課程編號)
ON 班級.教授編號 = 教授.教授編號;

SELECT * FROM 學生_班級_檢視;
```

上述 CREATE VIEW 指令建立名為【學生_班級_檢視】的檢視表，在檢視表的 SELECT 指令是使用合併查詢取得檢視表內容，稱為合併檢視表。接著請使用 SELECT 指令顯示【學生_班級_檢視】檢視表的所有欄位與記錄，如下圖：

	學號	姓名	課程編號	名稱	學分	教授編號	職稱	科系	身份證字號
▶	S001	陳會安	CS101	計算機概論	4	I001	教授	CS	A123456789
	S005	孫燕之	CS101	計算機概論	4	I001	教授	CS	A123456789
	S006	周杰輪	CS101	計算機概論	4	I001	教授	CS	A123456789
	S003	張無忌	CS213	物件導向程式設計	2	I001	教授	CS	A123456789
	S005	孫燕之	CS213	物件導向程式設計	2	I001	教授	CS	A123456789
	S001	陳會安	CS349	物件導向分析	3	I001	教授	CS	A123456789
	S003	張無忌	CS349	物件導向分析	3	I001	教授	CS	A123456789
	S003	張無忌	CS121	離散數學	4	I002	教授	CS	A222222222
	S008	劉得華	CS121	離散數學	4	I002	教授	CS	A222222222
	S001	陳會安	CS222	資料庫管理系統	3	I002	教授	CS	A222222222
	S002	江小魚	CS222	資料庫管理系統	3	I002	教授	CS	A222222222

建立統計摘要檢視表

統計摘要檢視表（Statistical Summary Views）是一種特殊的列欄子集檢視表或合併檢視表，這是使用聚合函數（Aggregate Function）產生指定欄位所需的統計資料。

📺 **SQL 指令碼檔：Ch11_2_2d.sql**

請建立【學生】、【課程】和【班級】三個資料表的統計摘要檢視表【學分_檢視】，這是一個合併檢視表，同時使用 COUNT()和 SUM()聚合函數顯示每位學生的上課數和所修的總學分，如下：

```sql
CREATE VIEW 學分_檢視 AS
SELECT 學生.學號, COUNT(*) AS 修課數,
       SUM(課程.學分) AS 學分數
FROM 學生, 課程, 班級
WHERE 學生.學號 = 班級.學號
  AND 課程.課程編號 = 班級.課程編號
GROUP BY 學生.學號;

SELECT * FROM 學分_檢視;
```

上述 CREATE VIEW 指令建立名為【學分_檢視】的檢視表，在檢視表的 SELECT 指令使用合併查詢取得檢視表的內容，並且配合聚合函數（Aggregate Function）計算統計資料，稱為統計摘要檢視表。

接著請使用 SELECT 指令顯示【學分_檢視】檢視表的所有欄位與記錄，如右圖：

學號	修課數	學分數
S001	5	15
S002	3	10
S003	4	13
S004	1	3
S005	3	10
S006	3	9
S008	2	7

　　上述圖例顯示每位學生所修的課程數和總學分，不過，只顯示學號欄位，如果需要學生的進一步資訊，請使用此檢視表為基礎，再建立一個合併檢視表，詳細說明請參閱＜第 11-2-3 節：從其他檢視表建立檢視表＞。

　　【學分_檢視】檢視表可以統計出學生所修的學分總數和課程總數，如果需要找出修指定學分數的學生，在建立檢視表時，我們還可以使用 HAVING 子句來進一步篩選資料。

SQL 指令碼檔：Ch11_2_2e.sql

　　請修改統計摘要【學分_檢視】檢視表，建立只顯示學生所修總學分大於等於 9 個學分的學生上課總數，和學分數的合併檢視表【高學分_檢視】，如下：

```
CREATE VIEW 高學分_檢視 AS
SELECT 學生.學號, COUNT(*) AS 修課數,
       SUM(課程.學分) AS 學分數
FROM 學生, 課程, 班級
WHERE 學生.學號 = 班級.學號
  AND 課程.課程編號 = 班級.課程編號
GROUP BY 學生.學號
HAVING SUM(課程.學分) >= 9;

SELECT * FROM 高學分_檢視;
```

　　上述 CREATE VIEW 指令建立名為【高學分_檢視】的檢視表，在最後使用 HAVING 子句再次進行篩選。接著請使用 SELECT 指令顯示【高學分_檢視】檢視表的所有欄位與記錄，如下圖：

學號	修課數	學分數
S001	5	15
S002	3	10
S003	4	13
S005	3	10
S006	3	9

　　上述圖例只顯示學生修課總學分大於等於 9 的學號和修課數。

11-2-3　從其他檢視表建立檢視表

　　檢視表不只可以從資料表導出，如果有已經存在的檢視表，我們也可以從現有檢視表來建立新檢視表。

🖥️ **SQL 指令碼檔：Ch11_2_3.sql**

　　在上一節的【學分_檢視】檢視表只有顯示學號，請再次使用此檢視表和【學生】資料表，建立合併檢視表【學生_學分_檢視】來顯示學生姓名和電話欄位的詳細資料，如下：

```
CREATE VIEW 學生_學分_檢視 AS
SELECT 學分_檢視.*, 學生.姓名, 學生.電話
FROM 學生, 學分_檢視
WHERE 學生.學號 = 學分_檢視.學號;

SELECT * FROM 學生_學分_檢視;
```

　　上述 CREATE VIEW 指令建立名為【學生_學分_檢視】的檢視表，在 SELECT 指令使用合併查詢取得檢視表的內容，合併的是【學生】資料表和【學分_檢視】檢視表，各檢視表與資料表之間的關係，如下圖：

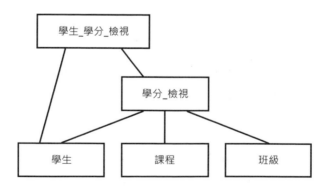

接著請使用 SELECT 指令顯示【學生_學分_檢視】檢視表的所有欄位與記錄，如下圖：

	學號	修課數	學分數	姓名	電話
▶	S001	5	15	陳會安	02-22222222
	S002	3	10	江小魚	03-33333333
	S003	4	13	張無忌	04-44444444
	S004	1	3	陳小安	05-55555555
	S005	3	10	孫燕之	06-66666666
	S006	3	9	周杰輪	02-33333333
	S008	2	7	劉得華	02-11111122

11-2-4　建立檢視表的演算法

在 MySQL 的 CREATE VIEW 指令可以指定使用的演算法來建立檢視表，其基本語法如下：

```
CREATE [OR REPLACE]
[ALGORITHM = {UNDEFINED | MERGE | TEMPTABLE}]
VIEW 檢視表名稱 [(欄位別名清單)]
AS
SELECT 指令敘述;
```

上述 ALGORITHM 選項可以指定使用的演算法，決定 MySQL 是如何建立這個檢視表，其說明如下：

- UNDEFINED 演算法：預設演算法，MySQL 會自動決定使用 MERGE 或 TEMPTABLE 演算法來建立檢視表。

- MERGE 演算法：MySQL 的處理步驟是首先合併輸入的 SELECT 指令成為單一查詢，然後執行合併查詢來傳回執行結果的記錄資料。

- TEMPTABLE 演算法：MySQL 的處理步驟是首先建立暫存資料表來儲存 SELECT 指令的查詢結果，然後查詢暫存資料表來傳回執行結果的記錄資料。

SQL 指令碼檔：Ch11_2_4.sql

　　請在【員工】資料表建立員工聯絡資料的【員工聯絡_檢視】的檢視表，我們是使用 CREATE OR REPLACE VIEW 指令，和指定使用 TEMPTABLE 演算法，如下：

```
CREATE OR REPLACE
ALGORITHM = TEMPTABLE
VIEW 員工聯絡_檢視
AS
SELECT 身份證字號, 姓名, 城市, 街道, 電話 FROM 員工;

SELECT * FROM 員工聯絡_檢視;
```

　　上述 CREATE OR REPLACE VIEW 指令建立名為【員工聯絡_檢視】的檢視表後，使用 SELECT 指令來查詢檢視表，如下圖：

身份證字號	姓名	城市	街道	電話
A123456789	陳慶新	台北	信義路	02-11111111
A221304680	郭富城	台北	忠孝東路	02-55555555
A222222222	楊金欉	桃園	中正路	03-11111111
D333300333	王心零	桃園	經國路	NULL
D444403333	劉得華	新北	板橋區文心路	04-55555555
E444006666	小龍女	新北	板橋區中正路	04-55555555
F213456780	陳小安	新北	新店區四維路	NULL
F332213046	張無忌	台北	仁愛路	02-55555555
H098765432	李鴻章	基隆	信四路	02-33111111
K123456789	王火山	基隆	中山路	02-34567890
K221234566	白開心	嘉義	中正路	06-55555555

11-3 ｜ 修改與刪除檢視表

　　在 MySQL 建立檢視表後，如果不符合需求，我們可以使用 MySQL Workbench 或 SQL 指令來修改與刪除檢視表。

11-3-1　修改檢視表

　　在 MySQL 可以使用 MySQL Workbench 或 SQL 指令來修改檢視表。

使用 MySQL Workbench 修改檢視表

對於資料庫已經存在的檢視表，我們可以使用 MySQL Workbench 修改檢視表的設計。請在「Navigator」視窗選【Schemas】標籤，展開【school】資料庫下的【Views】，然後在檢視表上，執行【右】鍵快顯功能表的【Alter View...】命令來修改檢視表，如右圖：

上述命令就是再次開啟類似新增檢視表的標籤頁，可以讓我們修改 CREATE VIEW 指令碼來修改檢視表，在 MySQL Workbench 修改檢視表，就是使用 CREATE OR REPLACE VIEW 指令來取代原來的檢視表。

使用 MySQL Workbench 更改檢視表名稱

在 MySQL Workbench 更改檢視表名稱，請在「Navigator」視窗的【Schemas】標籤展開【school】資料庫下的【Views】，然後在檢視表上，執行【右】鍵快顯功能表的【Alter View...】命令，然後修改 CREATE VIEW 指令後的檢視表名稱來重新命名檢視表，這是先刪除檢視表後，再建立一個新名稱的檢視表。

使用 SQL 指令修改檢視表

SQL 語言是使用 ALTER VIEW 指令來修改檢視表，其基本語法如下：

```
ALTER
[ALGORITHM = {UNDEFINED | MERGE | TEMPTABLE}]
VIEW 檢視表名稱 [(欄位別名清單)]
AS
SELECT 指令敘述
```

上述語法使用 ALTER VIEW 指令修改已經存在的檢視表，其語法和 CREATE VIEW 指令完全相同，簡單的說，修改檢視表就是重新定義一個全新 的檢視表設計。

SQL 指令碼檔：Ch11_3_1.sql

請修改【學生聯絡_檢視】檢視表，取消別名和新增性別欄位，如下：

```
ALTER VIEW 學生聯絡_檢視 AS
SELECT 學號, 姓名, 性別, 電話 FROM 學生;

SELECT * FROM 學生聯絡_檢視;
```

上述 ALTER VIEW 指令修改【學生聯絡_檢視】檢視表後，使用 SELECT 指令查詢檢視表，可以顯示【學生】資料表的所有記錄，但只顯示 4 個欄位， 如下圖：

學號	姓名	性別	電話
S001	陳會安	男	02-22222222
S002	江小魚	女	03-33333333
S003	張無忌	男	04-44444444
S004	陳小安	男	05-55555555
S005	孫燕之	女	06-66666666
S006	周杰輪	男	02-33333333
S007	蔡一零	女	03-66666666
S008	劉得華	男	02-11111122
S221	張三重	男	02-88888888
S225	王美麗	女	03-77777777

11-3-2　刪除檢視表

對於資料表中不再需要的檢視表，我們可以在「Navigator」視窗的 【Schemas】標籤展開【school】資料庫下的【Views】，然後在檢視表上，執 行【右】鍵快顯功能表的【Drop View...】命令來刪除檢視表。

SQL 語言是使用 DROP VIEW 指令來刪除檢視表，其基本語法如下：

```
DROP VIEW [IF EXISTS] 檢視表名稱;
```

上述語法可以刪除名為【檢視表名稱】的檢視表,在之前的 IF EXISTS 是當檢視表存在時才刪除,否則會顯示警告訊息。

🖥️ **SQL 指令碼檔:Ch11_3_2.sql**

請刪除 Ch11_2_2.sql 建立的【學生聯絡_檢視】檢視表,如下:

```
DROP VIEW 學生聯絡_檢視;
```

上述 DROP VIEW 指令可以刪除名為【學生聯絡_檢視】的檢視表。

11-4 │ 編輯檢視表的內容

檢視表雖然是一種虛擬資料表,但是如同資料表一般,我們一樣可以在檢視表執行新增、更新和刪除操作,不過,在編輯檢視表內容時需要滿足一些限制條件,如下:

- INSERT、UPDATE 和 DELETE 指令敘述對於檢視表的任何修改都只能參考單一基底資料表的記錄,不能同時影響多個資料表。

- 在 CREATE VIEW 指令的 SELECT 指令敘述不可包含聚合函數和任何計算欄位,如果有,檢視表就只能查詢,所以,統計摘要檢視表因為擁有聚合函數,所以只能查詢,並不能新增、更新和刪除記錄。

- SELECT 指令敘述如果包含 DISTINCT、GROUP BY 和 HAVING 子句,這些子句不能影響所修改的記錄資料。

- 因為檢視表的記錄資料是從基底資料表所導出,所以新增、更新和刪除操作仍然需要遵守來源資料表的完整性限制條件。

WITH CHECK OPTION 子句

　　CREATE VIEW 指令的 WITH CHECK OPTION 子句是一個選項，表示建立的檢視表在新增、更新和刪除記錄時，需要檢查 SELECT 指令敘述的完整性限制條件，即符合 WHERE 子句的條件，如果不符合，就會顯示錯誤訊息，其基本語法如下：

```
CREATE VIEW 檢視表名稱 AS
SELECT 指令敘述
WITH CHECK OPTION;
```

　　上述語法在 CREATE VIEW 指令最後加上 WITH CHECK OPTION 子句的選項。請注意！WITH CHECK OPTION 子句是針對 SELECT 指令敘述的 WHERE 條件，在 SELECT 指令敘述需要有 WHERE 子句，如此 WITH CHECK OPTION 子句才會有作用。

🖥️ **SQL 指令碼檔：Ch11_4.sql**

　　請建立學生生日資料的【生日_檢視_有 WCO】檢視表，在檢視表有加上 WITH CHECK OPTION 子句，如下：

```
CREATE VIEW 生日_檢視_有 WCO AS
SELECT 學號, 姓名, 生日 FROM 學生
WHERE 生日 > '2003-03-01'
WITH CHECK OPTION;
```

🖥️ **SQL 指令碼檔：Ch11_4a.sql**

　　請建立學生生日資料的【生日_檢視_沒有 WCO】檢視表，在檢視表沒有加上 WITH CHECK OPTION 子句，如下：

```
CREATE VIEW 生日_檢視_沒有 WCO AS
SELECT 學號, 姓名, 生日 FROM 學生
WHERE 生日 > '2003-03-01';
```

　　在這一節筆者準備使用上述兩個檢視表為例，說明如何在檢視表新增、更新和刪除記錄。

11-4-1　在檢視表新增記錄

　　因為【生日_檢視_有 WCO】檢視表有加上 WITH CHECK OPTION 子句，所以新增的記錄必須符合 WHERE 子句的條件，即生日必須大於 '2003-03-01'。簡單的說，新增的記錄必須是【生日_檢視_有 WCO】檢視表可以查詢出的記錄資料。

SQL 指令碼檔：Ch11_4_1.sql

　　請在【生日_檢視_有 WCO】檢視表新增一筆學生記錄，如下：

```
INSERT INTO 生日_檢視_有 WCO
VALUES ('S016', '江峰', '2003-01-01');
SELECT * FROM 學生;SELECT * FROM 學生;
```

　　上述 INSERT INTO 指令可以在【學生】資料表新增一筆記錄，不過因為生日不符合條件，所以顯示 CHECK OPTION failed 錯誤訊息文字，如下圖：

SQL 指令碼檔：Ch11_4_1a.sql

　　請在【生日_檢視_沒有 CWO】檢視表新增一筆學生記錄，如下：

```
INSERT INTO 生日_檢視_沒有 WCO
VALUES ('S016', '江峰', '2003-01-01' );

SELECT * FROM 學生;
```

當執行上述 INSERT INTO 指令後，因為檢視表沒有加上 WITH CHECK OPTION 子句，所以可以成功新增一筆記錄，如右圖：

學號	姓名	性別	電話	生日
S001	陳會安	男	02-22222222	2003-09-03
S002	江小魚	女	03-33333333	2004-02-02
S003	張無忌	男	04-44444444	2002-05-03
S004	陳小安	男	05-55555555	2002-06-13
S005	孫燕之	女	06-66666666	NULL
S006	周杰輪	男	02-33333333	2003-12-23
S007	蔡一零	女	03-66666666	2003-11-23
S008	劉得華	男	02-11111122	2003-02-23
S016	江峰	NULL	NULL	2003-01-01
S221	張三重	男	02-88888888	2002-10-13
S225	王美麗	女	03-77777777	2003-05-01
NULL	NULL	NULL	NULL	NULL

11-4-2　在檢視表更新記錄

因為在【生日_檢視_有 WCO】檢視表有加上 WITH CHECK OPTION 子句，所以更新記錄必須符合 WHERE 子句的條件，即生日必須大於 '2003-03-01'。簡單的說，更新後的記錄必須是【生日_檢視_有 WCO】檢視表可以查詢出的記錄資料。

SQL 指令碼檔：Ch11_4_2.sql

首先請在【生日_檢視_有 WCO】檢視表使用 INSERT 指令新增一筆符合生日條件的學生，其學號是 S017，然後再使用 UPDATE 指令將學號 S017 學生的生日改為 '2003-01-01'，如下：

```
INSERT INTO 生日_檢視_有WCO
VALUES ('S017','李峰', '2003-04-01');
UPDATE 生日_檢視_有WCO
SET 生日 = '2003-01-01' WHERE 學號='S017';

SELECT * FROM 學生;
```

上述 UPDATE 指令可以更新【學生】資料表的一筆記錄，不過因為更新的生日並不符合條件，所以顯示錯誤訊息文字，如下圖：

#	Time	Action	Message	Duration / Fetch
230	16:55:16	INSERT INTO 生日_檢視_有WCO VALUES ('S017,...	1 row(s) affected	0.000 sec
231	16:55:16	UPDATE 生日_檢視_有WCO SET 生日 = '2003-01-...	Error Code: 1369. CHECK OPTION failed 'school.生...	0.000 sec

　　因為學生江峰的生日 '2003-01-01' 並不符合【生日_檢視_沒有 WCO】檢視表的 WHERE 條件，所以第 1 個 UPDATE 指令先更改學生江峰的生日成為 '2003-10-01' 來符合條件，如此在【生日_檢視_沒有 WCO】檢視表才有此位學生江峰，我們才能在第 2 個 UPDATE 指令更改學生江峰的生日成為'2002-10-01'，如下：

```
SET SQL_SAFE_UPDATES = 0;
UPDATE 學生
SET 生日 = '2003-10-01' WHERE 姓名 = '江峰';
UPDATE 生日_檢視_沒有 WCO
SET 生日 = '2002-10-01' WHERE 姓名 = '江峰';
SET SQL_SAFE_UPDATES = 1;

SELECT * FROM 學生 WHERE 姓名 = '江峰';
```

　　上述 UPDATE 指令因為並不符合安全更新，所以先關閉後，在更新完成後再開啟安全更新，因為【生日_檢視_沒有 WCO】檢視表並沒有加上 WITH CHECK OPTION 子句，可以成功更新學生'江峰'的生日資料（更新的生日資料並不符合條件），如下圖：

	學號	姓名	性別	電話	生日
▶	S016	江峰	NULL	NULL	2002-10-01
*	NULL	NULL	NULL	NULL	NULL

11-4-3　在檢視表刪除記錄

　　當在檢視表刪除記錄時，不論是否有加上 WITH CHECK OPTION 子句，都只能刪除符合 WHERE 條件的記錄資料，因為我們只能刪除檢視表中看得到的記錄資料。

　　請在【生日_檢視_有 WCO】檢視表依序刪除學號 S016 的學生資料（生日 '2002-10-01'並不符合條件），和刪除學號 S017 的學生資料（生日'2003-04-01' 符合條件），如下：

```
DELETE FROM 生日_檢視_有 WCO
WHERE 學號='S016';
DELETE FROM 生日_檢視_有 WCO
WHERE 學號='S017';
```

　　上述 2 個 DELETE 指令可以在【學生】資料表刪除 2 筆記錄，不過執行結果並沒有刪除第 1 個學號 S016（因為不符合條件，並不在檢視表之中），只有刪除學號 S017 符合條件的資料，如下圖：

🖥 **SQL 指令碼檔：Ch11_4_3a.sql**

　　請先執行 Ch11_4_2.sql 新增學號 S017 的學生後，再執行此指令碼檔在【生日_檢視_沒有 WCO】檢視表依序刪除學號 S016 的學生資料（生日'2002-10-01'並不符合條件），和刪除學號 S017 的學生資料（生日'2003-04-01'符合條件），如下：

```
DELETE FROM 生日_檢視_沒有 WCO
WHERE 學號='S016';
DELETE FROM 生日_檢視_沒有 WCO
WHERE 學號='S017';
```

　　上述 2 個 DELETE 指令的執行結果一樣沒有刪除第 1 個學號 S016（並不在檢視表之中），只刪除學號 S017 符合條件的資料，如下圖：

12

規劃與建立索引

12-1 索引的基礎

> **Memo**
>
> 請啟動 MySQL Workbench 執行本書範例「Ch12\Ch12_School.sql」的 SQL 指令碼檔案，可以建立本章測試所需的【school】資料庫、資料表和記錄資料。

　　索引（Index）可以幫助資料庫引擎在磁碟中定位記錄資料，以便在資料表的龐大資料中加速找到資料。所以，建立資料表的索引可以提昇 SQL 查詢效率，讓我們能更快速的取得查詢結果。

12-1-1 索引簡介

　　在資料表建立索引需要額外的參考資料，資料庫管理系統可以將資料表的部分欄位資料預先進行排序，此欄位稱為「索引欄位」（Index Columns），索引欄位值稱為鍵值（Key Value）。

　　一般來說，索引資料包含兩個欄位值：索引欄位和指標（Pointer）欄位，指標欄位的值是指向對應到資料表記錄位置，如下圖：

上述成績索引資料是使用【成績】欄位排序，索引資料的指標可以指向真正儲存的位置，當進行搜尋時，因為已經建立索引資料，所以搜尋範圍縮小到只有索引資料的【成績】欄位，而不是整個資料表，因為搜尋範圍縮小且有排序，所以可以加速資料的搜尋。例如：找到成績是 62，就可以透過指標馬上找到所需的資料。

簡單的說，資料表的索引就是預先將資料系統化整理，以便縮小搜尋範圍來在大量資料中快速找到資料。例如：圖書附錄的索引資料，可以讓我們依照索引的主題和頁碼，馬上找到指定主題所在的頁。同理，在資料表選擇一些欄位建立索引資料，例如：【學生】資料表的【學號】欄位，透過學號的索引資料，就可以加速學生記錄的搜尋。

12-1-2　索引的種類

一般來說，在資料表建立的索引分為三種：主索引、唯一索引和一般索引。

主索引（Primary Index）

主索引是將資料表的主鍵建立成索引，一個資料表只能擁有一個主索引。在資料表建立主索引的索引欄位，欄位值一定不能重覆，即欄位值是唯一，而且不允許是空值（NULL）。

基本上，主索引的索引欄位可以是一或多個欄位的組合，如果是由多個欄位所組成，稱為複合索引（Composite Index）或結合索引（Concatenated Index），在主索引的複合索引中，個別欄位允許重複值，但整個組合值仍然需要是唯一值。

例如：由【序號】和【姓名】欄位組成的主索引，單獨的姓名欄位允許重複值，但【序號＋姓名】一定是唯一值。

唯一索引（Unique Index）

唯一索引的欄位值也是唯一的，不同於主索引只能有一個，同一個資料表可以擁有多個唯一索引，這是與主索引最主要的差別。

一般索引（Regular Index）

一般索引的索引欄位值並不需要是唯一的，其主要目的是加速資料表的搜尋與排序。在同一個資料表可以擁有多個一般索引，我們可以在資料表選擇一些欄位來建立一般索引，其目的就是增進查詢效能。

12-1-3 M 路搜尋樹與 B 樹

在說明 MySQL 索引結構前，我們需要先了解 B 樹結構。B 樹（B-Trees）是資料結構的一種樹狀搜尋結構，這是擴充自二元搜尋樹的一種平衡的 M 路搜尋樹。

M 路搜尋樹

M 路搜尋樹（M-way Search Trees）是指樹的每一個節點都擁有至多 M 個子樹和 M-1 個鍵值，鍵值是以遞增方式由小至大排序，其節點結構如下圖：

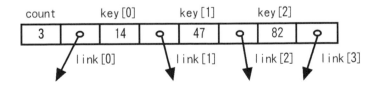

上述圖例是四路搜尋樹的節點結構，擁有 3 個鍵值和最多 4 個子節點，可以使用 4 個指標來指向子節點。節點的第 1 個欄位是鍵值數的成員 count，以 M 路搜尋樹來說，鍵值數為：count <= M - 1，即鍵值數最多是 M 個子節點減一，以此例是 4 個子節點和 3 個鍵值 key[0]、key[1]和 key[2]，其排列方式是遞增排序：key[0] < key[1] < key[2]。

例如：四路搜尋樹的每一個節點最多有 3 個鍵值和 4 個子樹，如下圖：

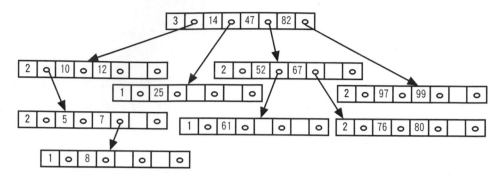

在四路搜尋樹搜尋資料，就是從根節點開始比較，其步驟如下：

- 與節點的鍵值比較，如果在 2 個鍵值之間，就表示位在 2 個鍵值中間指標所指向的子樹，例如：搜尋 76，就是位在根節點 47 和 82 之間指標所指的子樹。

- 只需重複上述比較，就可以在 M 路搜尋樹搜尋指定鍵值。

B 樹

B 樹（B-Tree）是一種擴充自二元搜尋樹的平衡 M 路搜尋樹。M 為 B 樹的度數（Order），由 Bayer 和 McCreight 提出的一種平衡 M 路搜尋樹，其定義如下：

- B 樹的每一個節點最多擁有 M 個子樹。

- B 樹根節點和葉節點之外的中間節點，至少擁有 ceil(M/2)個子節點，ceil()函數可以大於等於參數的最小整數，例如：ceil(4) = 4、ceil(4.33) = 5、ceil(1.89) = 2 和 ceil(5.01) = 6。

- B 樹的根節點可以少於 2 個子節點；葉節點至少擁有 ceil(M/2) - 1 個鍵值。

- B 樹的所有葉節點都位在樹最底層的同一階層（Level），從根節點開始走訪到各葉節點所經過的節點數都相同，這是一棵相當平衡的樹狀搜尋結構。

例如：一棵度數 5 的 B 樹，所有中間節點至少擁有 ceil(5/2) = 3 個子節點（即至少 2 個鍵值），最多 5 個子節點（4 個鍵值），葉節點至少擁有 2 個鍵值；最多 4 個鍵值，如下圖：

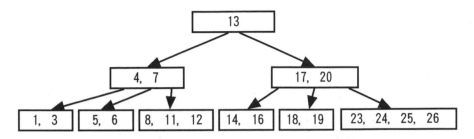

上述圖例的 B 樹搜尋類似 M 路搜尋樹，因為 B 樹的葉節點都位在同一階層，所以最多只需階層數的比較，就可以知道是否找到鍵值。

以資料庫的索引結構來說，大多是使用 B 樹的變異型，這是一些在細部結構上有少許差異的 B 樹。

12-1-4 MySQL 的索引結構

MySQL 資料表的索引結構（Index Organization）依資料表使用的儲存引擎而不同，其說明如下：

- MyISAM 儲存引擎：使用 B 樹索引。
- InnoDB 儲存引擎：使用叢集索引和非叢集索引，非叢集索引也稱為二級索引（Secondary Indexes）。

對於 MySQL 資料表預設的 InnoDB 儲存引擎來說，在資料表只能擁有一個叢集索引，即主索引，主索引的索引欄位可以是單一欄位，或多欄位的複合索引。

在同一資料表可以擁有多個非叢集索引（二級索引），這些非叢集索引可以是唯一索引或一般索引，一樣可以是多索引欄位的複合索引。

叢集索引

叢集索引（Clustered Indexes）是一種 B 樹結構，當 MySQL 資料表建立叢集索引後，資料表的記錄資料會依叢集索引欄位的鍵值來排序，如下圖：

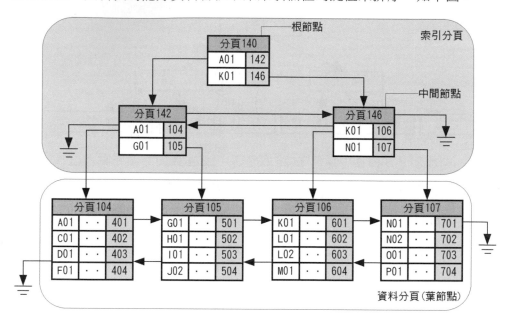

在上述圖例的上方是索引分頁建立的 B 樹，每一頁索引分頁是 B 樹的一個節點，最上方是根節點（Root Node），最下方的葉節點（Leaf Node），在葉節點和根節點之間是中間節點（Intermediate Nodes）。叢集索引的葉節點是資料分頁，也就是資料表儲存的記錄資料。

在索引分頁的內容是叢集索引鍵值和指向下一層的指標。MySQL 是從根節點開始，由上而下借由指標來搜尋鍵值，直到在資料分頁找到和鍵值相同的記錄資料。

非叢集索引

非叢集索引（Non-clustered Indexes）是一種類似叢集索引的 B 樹結構，其差異在於資料表的記錄並不會依據非叢集索引的鍵值來排序，而且非叢集索引的葉節點是索引分頁，並不是資料分頁。

　　非叢集索引葉節點的索引分頁內容是非叢集索引鍵值，和指向資料表記錄的記錄定位（Row Locator）指標。在擁有叢集索引的資料表建立非叢集索引，因為資料表本身已經擁有叢集索引，所以在葉節點的索引分頁中，記錄定位值是對應的叢集索引鍵值，如下圖：

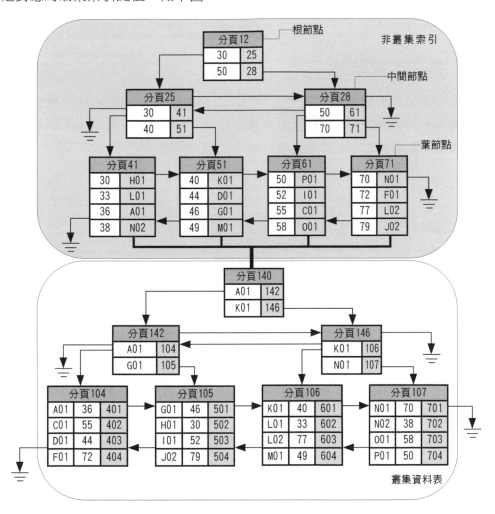

　　上述擁有叢集索引的資料表擁有非叢集索引，MySQL 在非叢集索引找到鍵值時，取得的是對應的叢集索引鍵值，然後再從叢集索引進行搜尋，最後才能找到非叢集索引鍵值的記錄資料。

12-2 資料表的索引規劃

　　MySQL 資料表是否需要建立索引，和應該選擇哪些欄位建立索引，這是在建立資料表時，就需要考量的問題。當我們建立資料表的索引前，需要先進行資料表的索引規劃，以便有效率的提昇整體的 SQL 查詢效率。

12-2-1 索引的優缺點

　　當考量是否需要替資料表建立索引時，可以判斷索引是否比資料表掃描（直接一筆記錄接著一筆記錄比較來進行搜尋）更有效率，如果有，即可考慮建立索引。在資料表建立索引的優缺點，如下：

- 索引的優點：索引可以加速資料存取，因為不用一筆一筆比較來搜尋記錄，資料庫引擎可以透過索引結構來快速找到指定記錄，能夠讓 SQL 語言的合併查詢、排序和群組操作更加有效率。

- 索引的缺點：在資料表建立索引需要額外的磁碟空間和維護成本，因為資料表在插入、更新和刪除記錄時，資料庫引擎都需要花費額外時間和資源來更新索引資料。

　　請注意！如果資料表的資料量太小，索引能夠改進資料存取的效率將十分有限，所以，替小資料表建立索引對資料存取效率並沒有太大的幫助。

12-2-2 建立索引的注意事項

　　在 MySQL 建立索引前有一些注意事項需要了解，這是一些索引的限制條件，然後是建立複合索引的注意事項，雖然複合索引並不是一種建議使用的資料表索引。

建立索引的限制條件

　　在 MySQL 的 InnoDB 資料庫引擎建立索引的注意事項，其說明如下：

- MySQL 資料庫的每一個資料表只能建立一個主索引的叢集索引，但可以在資料表的多個欄位建立多個非叢集索引（二級索引）。

- 在一個資料表最多只能有一個叢集索引和 64 個非叢集索引（二級索引）。

- 複合索引欄位數最多只能有 16 個欄位。

如何建立複合索引

複合索引是指索引欄位超過一個欄位的索引，我們可以選擇資料表的多個欄位集合來建立複合索引。一般來說，資料表應該儘量避免建立複合索引，而是以多個單一欄位索引來取代，因為複合索引的索引欄位尺寸通常比較大，需要更多的磁碟讀取，反而影響整體的執行效能。

如果資料表的主鍵或唯一值（UNIQUE）欄位是由多個欄位所組成，MySQL預設就是建立成複合索引（建議修改資料庫設計來儘量避免此種情況），此時複合索引的欄位順序就十分重要，MySQL 會使用複合索引最左邊的第 1 個欄位來增進多種查詢的執行效能，所以，複合索引的第 1 個欄位請選擇最常使用的查詢欄位。

12-2-3　選擇索引欄位

MySQL 資料表的所有欄位都可以選擇來建立索引（除前述限制條件外），或作為索引的組成欄位來建立複合索引。在資料表選擇索引欄位，就是判斷指定欄位是否應該建立索引來加速查詢。簡單的說，就是我們需要更快的使用此欄位來搜尋記錄。

應該作為索引的欄位

對於資料表中查詢頻繁的欄位，我們應該替這些欄位建立索引，例如：主鍵、外來鍵、經常需要合併查詢的欄位、排序欄位和需要查詢指定範圍的欄位。在實務上，資料表的主鍵建議建立叢集索引（MySQL 預設會自動建立），其他欄位建立成非叢集索引（二級索引）。

　　換一個角度，我們也可以從常常需要執行的 SQL 指令來找出查詢頻繁的欄位，這些欄位就是應該建立索引的欄位，如下：

```
SELECT 姓名, 電話
FROM 學生 WHERE 學號 = 'S001'
ORDER BY 姓名;
```

　　上述 SELECT 指令欄位清單（不是使用「*」查詢所有欄位）的姓名和電話欄位、WHERE 子句條件的學號欄位和 ORDER BY 子句的排序欄位姓名，如果這是需要常常執行的 SQL 指令敘述，就表示姓名、電話、學號是查詢頻繁的欄位。

不應該作為索引的欄位

　　對於資料表查詢時很少參考到的欄位、大量重複值欄位（例如：欄位值只有男或女）或 BIT 等資料類型的欄位，就不應該替這些欄位建立索引。

12-3 │ MySQL 自動建立的索引

　　當在 MySQL 資料庫建立資料表時，對於資料表指定為 PRIMARY KEY 或 UNIQUE KEY 的欄位，MySQL 都會自動替這些欄位建立索引。

12-3-1　PRIMARY KEY 欄位的主索引

　　在建立資料表時指定為 PRIMARY KEY 的欄位（即主鍵，或稱為主索引鍵），MySQL 預設自動建立叢集索引，而且資料表的記錄是使用主鍵欄位值來排列。例如：在【學生】資料表指定【學號】欄位的主索引鍵，預設就會建立此欄位的叢集索引。

　　請在 MySQL Workbench 的「Navigator」視窗展開【school】資料庫，在【學生】資料表上，執行【右】鍵快顯功能表的【Alter Table...】命令，然後在下方選【Indexes】標籤，可以看到主索引 PRIMARY，如下圖：

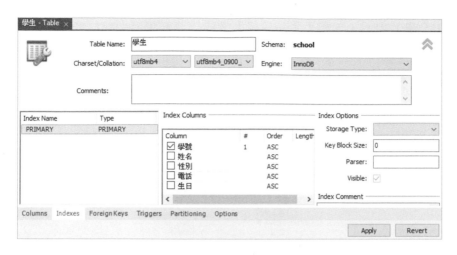

點選【PRIMARY】，可以在右邊看到索引欄位【學號】，此索引是主索引，所以【Type】欄是 PRIMARY，如果是 UNIQUE 就是唯一索引，INDEX 是一般索引。

12-3-2 UNIQUE KEY 欄位的唯一索引

在建立資料表時指定為 UNIQUE KEY 的欄位，MySQL 預設自動替這些欄位建立非叢集索引（二級索引），Type 欄是 UNIQUE。

SQL 指令碼檔：Ch12_3_2.sql

請在【school】資料庫新增【熱銷產品】資料表，內含 UNIQUE KEY 的【產品名稱】欄位，如下：

```
CREATE TABLE 熱銷產品 (
    產品編號    CHAR(5)     NOT NULL PRIMARY KEY ,
    產品名稱    VARCHAR(30) UNIQUE KEY ,
    定價        DECIMAL(8,2)
);
```

上述 CREATE TABLE 指令的【產品名稱】欄位是 UNIQUE KEY 欄位。MySQL 在建立資料表時，預設就會建立主鍵欄位【產品編號】的叢集索引

（PRIMARY 類型），和【產品名稱】欄位的非叢集索引（UNIQUE 類型），
如下圖：

12-4 | 建立資料表的索引

當完成資料表的索引規劃後，在 MySQL 可以使用 MySQL Workbench 或
SQL 指令在資料表建立索引。

12-4-1　使用 MySQL Workbench 建立索引

MySQL Workbench 提供圖形介面來建立資料表的索引。例如：替【學生】
資料表建立【姓名】欄位的非叢集索引（二級索引），其步驟如下：

1 請啟動 MySQL Workbench 連線 MySQL 伺服器後，在「Navigator」視
窗選【Schemas】標籤，展開【school】資料庫，在【學生】資料表上，
執行【右】鍵快顯功能表的【Alter Table...】命令修改資料表，然後在下
方選【Indexes】標籤來新增索引，如下圖：

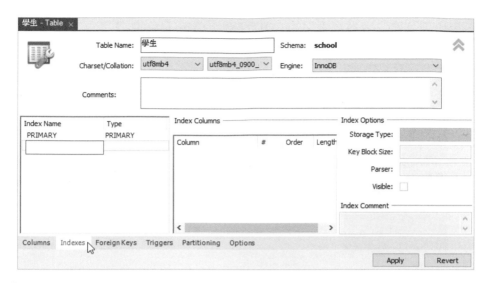

2 在【Index Name】欄點選 PRIMARY 下的哪一列，輸入索引名稱【姓名_索引】，【Type】欄選【INDEX】，然後在右邊勾選【姓名】欄位，【Order】欄是排序方式，按右下方【Apply】鈕。

❸ 可以看到建立資料表索引的 SQL 指令，請按【Apply】鈕。

❹ 預設勾選【Execute SQL Statements】，按【Finish】鈕建立資料表的索引。

　　在 MySQL Workbench 的「Navigator」視窗展開【學生】資料表的【Indexes】項目，可以看到我們新增的索引，如右圖：

12-4-2 使用 CREATE INDEX 指令建立索引

SQL 語言是使用 CREATE INDEX 指令來建立資料表的索引,其基本語法如下:

```
CREATE [UNIQUE] INDEX 索引名稱
   ON 資料表名稱 (欄位名稱[(長度)][ ASC | DESC ][,..]);
```

上述語法可以替資料表建立名為【索引名稱】的非叢集索引,UNIQUE 關鍵字是唯一索引,在 ON 子句指定索引欄位清單,如果不只一個,請使用「,」逗號分隔,在各欄位的括號可以指定欄位長度,讓我們只使用部分欄位值來建立索引,ASC 關鍵字是由小到大排序,DESC 是由大到小排序。

SQL 指令碼檔:Ch12_4_2.sql

請在【school】資料庫的【員工】資料表新增【姓名】欄位的非叢集索引【員工姓名_索引】,如下:

```
CREATE INDEX 員工姓名_索引
ON 員工(姓名);
```

SQL 指令碼檔:Ch12_4_2a.sql

請在【school】資料庫的【課程】資料表新增【名稱】和【學分】欄位的非叢集索引【名稱學分_索引】,這是唯一的複合索引,如下:

```
CREATE UNIQUE INDEX 名稱學分_索引
ON 課程(名稱, 學分);
```

12-4-3 使用 CREATE/ALTER TABLE 指令建立索引

除了 CREATE INDEX 指令,SQL 指令也可以使用 CREATE TABLE 指令在建立資料表時建立索引,在第 12-3-2 節就是使用 CREATE TABLE 指令來建立資料表的索引。

我們也可以使用 ALTER TABLE 指令更改資料表來建立索引，其基本語法如下：

```
ALTER TABLE 資料表名稱
ADD [CONSTRAINT] PRIMARY KEY (欄位清單);
或
ADD [CONSTRAINT] UNIQUE 索引名稱 (欄位清單);
或
ADD {INDEX | KEY} 索引名稱 (欄位清單);
```

上述 ADD PRIMARY KEY 和 ADD UNIQUE 是條件約束，請參閱第 7-4-3 節的說明，ADD INDEX 或 ADD KEY 子句是建立一般索引。

SQL 指令碼檔：Ch12_4_3.sql

請在【school】資料庫修改【學生】資料表，新增【電話】欄位的非叢集索引【學生電話_索引】，如下：

```
ALTER TABLE 學生
ADD INDEX 學生電話_索引 (電話);
```

12-5 | 更名、重建與刪除資料表的索引

對於資料表已經建立的索引，MySQL 可以使用 MySQL Workbench 或 SQL 指令來更名、重建與刪除索引。

12-5-1 更名資料表的索引

對於資料表已經存在的索引，我們可以使用 MySQL Workbench 或 SQL 指令來更名資料表的索引。

使用 MySQL Workbench 更名資料表的索引

使用 MySQL Workbench 修改資料表索引和第 12-4-1 節建立索引的步驟相同，只需雙擊【Index Name】欄的索引名稱，即可更改索引名稱（MariaDB 不支援），如下圖：

使用 SQL 指令更名資料表的索引

SQL 指令是使用 ALTER TABLE 指令來更名索引，我們是使用 RENAME INDEX 或 RENAME KEY 子句來替索引更名（MariaDB 不支援此指令），其基本語法如下：

```
ALTER TABLE 資料表名稱
RENAME {INDEX | KEY} 原索引名稱 TO 新索引名稱;
```

📺 **SQL 指令碼檔：Ch12_5_1.sql**

請在【school】資料庫的【員工】資料表修改【員工姓名_索引】索引的名稱，改為【員工姓名 2_索引】，如下：

```
ALTER TABLE 員工
RENAME INDEX 員工姓名_索引 TO 員工姓名 2_索引;
```

12-5-2　重建資料表索引

對於資料表存在的索引，我們可以重建資料表索引，其說明如下：

- MyISAM 儲存引擎：使用 OPTIMIZE TABLE 指令最佳化資料表，即可重建資料表索引，其基本語法如下：

```
OPTIMIZE TABLE 資料表名稱;
```

- InnoDB 儲存引擎：在作法上比較特別，我們是使用 ALTER TABLE 指令複製取代原資料表後，因為取代是刪除原資料表再新增，所以可以重建資料表索引，其基本語法如下：

```
ALTER TABLE 資料表名稱 ENGINE='InnoDB';
```

💻 SQL 指令碼檔：Ch12_5_2.sql

請先將【school】資料庫的【課程備份】資料表（InnoDB 儲存引擎）改為 MyISAM 儲存引擎，然後使用 OPTIMIZE TABLE 指令來重建資料表索引，如下：

```
ALTER TABLE 課程備份 ENGINE='MyISAM';
OPTIMIZE TABLE 課程備份;
```

	Table	Op	Msg_type	Msg_text
▶	school.課程備份	optimize	status	OK

💻 SQL 指令碼檔：Ch12_5_2a.sql

請重建【school】資料庫【學生】資料表（InnoDB 儲存引擎）的索引，如下：

```
ALTER TABLE 學生 ENGINE='InnoDB';
```

12-5-3 刪除資料表的索引

在 MySQL 可以使用 MySQL Workbench 或 SQL 指令來刪除資料表的索引。

使用 MySQL Workbench 刪除資料表的索引

使用 MySQL Workbench 刪除資料表索引和第 12-4-1 節建立索引的步驟相同，請在索引名稱上，執行【右】鍵快顯功能表的【Delete Selected】命令來刪除索引，如下圖：

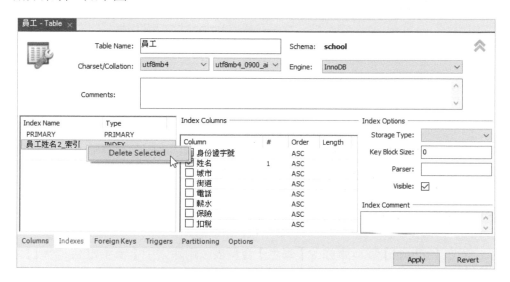

使用 DROP INDEX 指令刪除資料表的索引

SQL 語言的 DROP INDEX 指令可以刪除資料表的索引，其基本語法如下：

```
DROP INDEX 索引名稱 ON 資料表名稱;
```

上述語法可以刪除【資料表名稱】資料表名為【索引名稱】的索引。

🖥 (SQL 指令碼檔：Ch12_5_3.sql)

請在【school】資料庫刪除【員工】資料表名為【員工姓名2_索引】的索引，如下：

```
DROP INDEX 員工姓名2_索引 ON 員工;
```

使用 ALTER TABLE 指令刪除資料表的索引

使用 ALTER TABLE 指令刪除索引的基本語法，如下：

```
ALTER TABLE 資料表名稱
DROP [CONSTRAINT] PRIMARY KEY;
或
DROP [CONSTRAINT] UNIQUE 索引名稱;
或
DROP {INDEX | KEY} 索引名稱;
```

上述 DROP PRIMARY KEY 和 DROP UNIQUE 是刪除條件約束，請參閱第 7-4-3 節的說明，DROP INDEX 或 DROP KEY 子句是刪除一般索引。

🖥 (SQL 指令碼檔：Ch12_4_3a.sql)

請在【school】資料庫修改【學生】資料表，刪除索引【學生電話_索引】，如下：

```
ALTER TABLE 學生
DROP INDEX 學生電話_索引;
```

12-6 查詢索引資訊與分析索引效率

MySQL 可以使用 SHOW INDEX 指令來查詢資料表的索引資訊，和使用 EXPLAIN 指令執行查詢來分析索引效率。

12-6-1 查詢索引資訊

MySQL Workbench 可以在「Navigator」視窗選【Schemas】標籤，展開【school】資料庫，選【學生】資料表，然後點選後方的第 1 個圖示，如右圖：

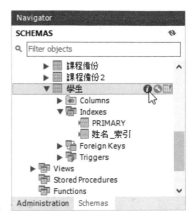

選上方【Indexes】標籤，可以顯示資料表的索引資訊，如下圖：

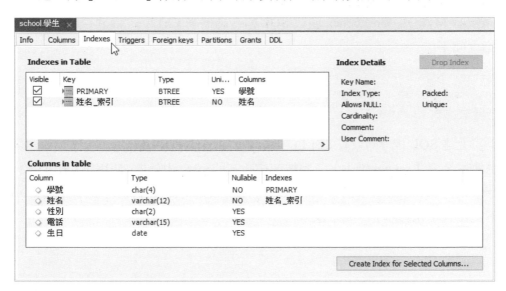

SQL 語言可以使用 SHOW INDEX 指令來查詢資料表的索引資訊，其基本語法如下：

```
SHOW INDEX FROM 資料表名稱;
```

SQL 指令碼檔：Ch12_6_1.sql

請查詢【school】資料庫【學生】資料表的索引資訊，如下：

```
SHOW INDEX FROM 學生;
```

	Table	Non_unique	Key_name	Seq_in_index	Column_name	Collation	Cardinality	Sub_part	Packed	Null
▶	學生	0	PRIMARY	1	學號	A	10	NULL	NULL	
	學生	1	姓名_索引	1	姓名	A	11	NULL	NULL	

12-6-2 分析 MySQL 資料表的索引效率

MySQL Workbench 可以在執行 SQL 查詢指令時，分析顯示其執行效率，請啟動 MySQL Workbench 開啟 SQL 指令碼檔案 Ch12_6_2.sql，其 SELECT 指令如下：

```
SELECT 電話
FROM school.學生
WHERE 姓名 = '陳會安';
```

上述 SQL 指令碼只有 SELECT 指令，並沒有使用 USE 指令，所以資料表是使用全名【school.學生】。請按游標所在的第 5 個按鈕，使用 EXPLAIN 指令來執行 SELECT 查詢指令，就可以看到圖形化顯示的查詢執行效率（MariaDB 不支援圖示化顯示），如下圖：

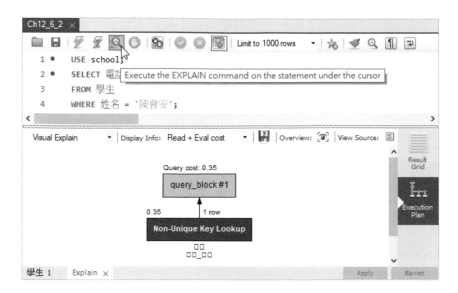

上述查詢的執行結果，因為【學生】資料表有姓名欄位的索引（在方框下方無法顯示中文索引名稱），所以查詢最佳化模組會使用【姓名_索引】的索引來執行 SELECT 指令。

如果開啟 SQL 指令碼檔案 Ch12_6_2a.sql 使用 EXPLAIN 指令執行 SQL 指令，可以看到圖形化顯示的查詢執行效率（MariaDB 不支援圖示化顯示），如下圖：

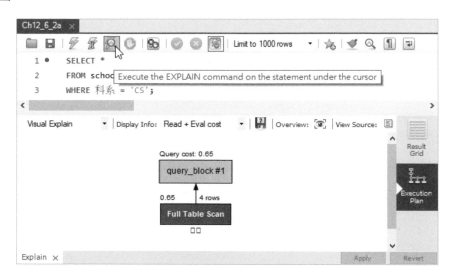

　　上述查詢因為【教授】資料表沒有【科系】欄位的索引,所以使用完整資料表掃描(Full Table Scan)來執行 SELECT 指令,也就是一筆一筆掃描來比較是否有此欄位值,當資料表記錄資料十分龐大時,查詢效能就會顯著的下降。

　　SQL 指令是使用 EXPLAIN 指令來分析 MySQL 的索引效率,其基本語法如下:

```
EXPLAIN SELECT 查詢指令;
```

SQL 指令碼檔:Ch12_6_2.sql

　　請使用 EXPLAIN 指令來查詢【school】資料庫【學生】資料表的 SQL 指令,可以傳回查詢效率的資訊,如下:

```
EXPLAIN
SELECT 電話
FROM school.學生
WHERE 姓名 = '陳會安';
```

	id	select_type	table	partitions	type	possible_keys	key	key_len	ref	rows	filtered
▶	1	SIMPLE	學生	NULL	ref	姓名_索引	姓名_索引	50	const	1	100.00

MySQL/MariaDB 的 SQL 程式設計

13-1 | MySQL/MariaDB 的 SQL 語言

> **Memo**
>
> 請啟動 MySQL Workbench 執行本書範例「Ch13\Ch13_School.sql」的 SQL 指令碼檔案，可以建立本章測試所需的【school】資料庫、資料表和記錄資料。

MySQL/MariaDB 的 SQL 語言除了支援 ANSI-SQL 標準的 DDL、DML 和 DCL 指令外，還擁有基本程式設計能力，可以讓我們建立功能強大的預存程序、觸發程序與函數。

13-1-1 認識 MySQL/MariaDB 的 SQL 程式設計

不同於 SQL Server 的 SQL 語言稱為 Tranact-SQL（T-SQL）；Oracle 稱為 PL/SQL，MySQL/MariaDB 的 SQL 語言並沒有特別的名稱，其語法是遵循 ANSI-SQL 92 標準所制定，只是擴充語法增加程式設計功能。簡單的說，MySQL/MariaDB 的 SQL 語言是 ANSI-SQL 結構化查詢語言可程式化的擴充版本，在本書所謂的 SQL 語言就是指 MySQL/MariaDB 支援的 SQL 語言。

因為 ANSI-SQL 指令本身主要是針對查詢和維護資料庫的資料，缺乏基本程式設計能力，所以，我們並無法使用 ANSI-SQL 指令宣告變數或建立所需的流程控制。

MySQL/MariaDB 的 SQL 語言擴充 ANSI-SQL 增加功能強大的程式設計相關指令，包含：變數宣告、初值、條件處理、錯誤處理、資料指標和眾多內建函數等，可以讓我們撰寫 SQL 指令碼檔案、預存程序、函數和觸發程序，其說明如下：

- SQL 指令碼檔案：一組使用分隔符號「;」分隔的 SQL 指令敘述集合，可以讓 MySQL/MariaDB 伺服器依序執行多個 SQL 指令敘述。

- 預存程序（Stored Procedures）：將例行、常用和複雜的資料庫操作預先建立成 SQL 指令敘述的集合，這是在資料庫管理系統執行的指令敘述集合，可以簡化相關的資料庫操作。

- 自訂函數（Functions）：類似一般程式語言的函數，可以讓我們自行擴充 MySQL 內建函數，建立 SQL 指令的自訂函數，以便使用在其他 SQL 指令敘述或運算式。

- 觸發程序（Triggers）：一種特殊用途的預存程序，不過，它是主動執行的程序，不像預存程序是由使用者執行，當資料表操作符合指定的條件時，就會自動執行觸發程序。

13-1-2　使用 SQL 指令碼檔案

SQL 指令碼檔案（Scripts）是一個儲存在作業系統副檔名.sql 的檔案，其檔案內容是一系列 SQL 指令敘述，因為是一般 utf-8 編碼的文字檔案，我們可以使用 Windows 記事本、WordPad 或其他程式碼編輯工具來建立和編輯 SQL 指令碼檔案。

在 MySQL 的 MySQL Workbench 管理工具和命令列工具都可以載入和執行儲存在檔案中的 SQL 指令敘述，例如：載入和執行書附各章節的 SQL 指令碼檔案。不只如此，MySQL Workbench 的 SQL 編輯器更提供功能強大的指令碼編輯功能，可以幫助我們建立和編輯 SQL 指令碼檔案。基本上，SQL 指令碼檔案的主要使用方式，如下：

- 將資料庫操作所執行的 SQL 指令碼永久保存至檔案，其功能如同資料庫備份機制。在第 6-6-1 節我們備份的 MySQL 資料庫，就是自動產生建立資料庫的 SQL 指令碼。

- 因為儲存成檔案，我們可以在不同電腦或伺服器之間交換、傳送和執行 SQL 指令碼檔案。

- 為了方便訓練員工、除錯或升級所需，我們可以將 SQL 指令敘述儲存成檔案，以方便指令碼除錯、瞭解指令碼或修改指令碼內容。

13-2 | 註解、文字值與基本輸出

註解是撰寫 SQL 指令碼時十分重要的部分，如同查詢資料表，我們一樣是使用 SELECT 指令來輸出變數和文字值。

13-2-1 註解

良好的註解（Comment）不但能夠讓程式設計者了解其目的，而且在程式維護上，也可以提供更多的資訊。SQL 語言的註解分為單行和跨多行註解共兩種。單行註解有兩種寫法，如下：

- 「#」符號：使用"#"符號開始的文字內容都是註解，如下：

```
# 使用教務系統資料庫
USE school;
```

- 「--」符號：使用"--"兩個減號開始的文字內容也是註解，如下：

```
-- 使用教務系統資料庫
USE school;
```

多行註解是使用「/*」和「*/」符號括起的文字內容，如下：

```
/* 使用教務系統資料庫 */
USE school;
```

上述註解是位在「/*」和「*/」符號中的文字內容。SQL 語言的註解可以跨過很多行，如下：

```
/* --------------------------
 使用教務系統資料庫
-------------------------- */
USE school;
```

13-2-2　使用 SELECT 指令輸出變數與文字值

在說明 SQL 變數的宣告和和使用前，我們需要了解什麼是文字值和如何輸出這些文字值與變數值。

文字值

文字值（Literal Values）就是 MySQL 資料類型的整數、浮點數、字串、十六進位、布林值、日期/時間和 NULL 等常數值，如下：

```
3、3.5、'test'、0x34、TRUE、FALSE、'2023-01-01'、NULL
```

使用 SELECT 指令輸出文字值和變數值

在指定變數值或執行一系列運算後，我們可以使用 SELECT 指令輸出變數值和運算結果，其基本語法如下：

```
SELECT 變數、常數值或運算式 AS 標題
       [, 變數、常數值或運算式 AS 標題…];
```

上述語法可以輸出變數、文字值（常數值）或運算式的計算結果，和使用 AS 關鍵字來指定顯示資料的標題文字。首先輸出一個字串值（SQL 指令碼檔：Ch13_2_2.sql），如下：

```
SELECT 'This is a test.' AS 標題;
```

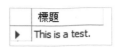

然後使用 SELECT 指令輸出變數 @count 的值（SQL 指令碼檔：Ch13_2_2a.sql），如下：

```
SET @count = 10;
SELECT @count AS 變數值;
```

變數值
▶ 10

上述變數@count 是 MySQL 的 SQL 變數，其詳細說明請參閱＜第 13-3 節：變數的宣告與使用＞。最後，一併輸出字串值，和加法的運算結果（SQL 指令碼檔：Ch13_2_2b.sql），如下：

```
SET @count = 10;
SELECT '計數=' AS 標題, @count + 1 AS 計數;
```

標題	計數
▶ 計數=	11

13-3 | 變數的宣告與使用

MySQL 的 SQL 變數（Variables）可以分成三種：使用者自訂變數、區域變數和系統變數，變數值就是 MySQL 資料類型的資料，其主要用途如下：

- 在不同 SQL 指令敘述之間傳遞資料。
- 作為迴圈結構的計數器（Counter）或測試條件。
- 預存程序或函數的傳入參數或儲存傳回值。
- 作為 WHERE 子句的條件。

13-3-1　使用者自訂變數

使用者自訂變數（User-defined Variables）的變數名稱是使用「@」符號開始，不區分英文大小寫，@COUNT 和@count 是相同的變數，變數名稱最長可以有 64 個字元，其儲存資料是 MySQL 資料類型的資料，和 NULL 空值。

MySQL 可以使用 SET 或 SELECT 指令宣告使用者自訂變數和指定變數的初值，其基本語法如下：

```
SET  @變數名稱 {= | :=} 常數值或運算式;
SELECT  @變數名稱 := 常數值或運算式;
```

上述語法使用 SET 或 SELECT 指令宣告變數和指定初值，在 SET 指令可以使用「＝」或「:=」指定運算子來指定變數值，即將變數指定成之後的文字值（常數值）、第 13-4 節的運算式或 SELECT 指令的查詢結果。

請注意！在 SELECT 指令不可使用「＝」指定運算子，一定需要使用「:=」來指定變數值。

SQL 指令碼檔：Ch13_3_1.sql

請使用 SET 指令宣告 SQL 變數@balance，和指定帳戶本金 1000 元後，計算一年期本金加利息的帳戶總額，如下：

```
SET @balance = 1000;
SET @balance := @balance * 1.02;
SELECT @balance AS 總額;
```

上述指令碼在宣告和指定變數值後，使用 SELECT 指令顯示計算結果的 @balance 變數值，如下圖：

總額
▶ 1020.00

SQL 指令碼檔：Ch13_3_1a.sql

SQL 變數@total 是使用 SELECT 指令的查詢結果來指定變數值，可以查詢
【課程】資料表的總學分數，如下：

```
SET @total = (SELECT SUM(學分) FROM school.課程);
SELECT @total AS 學分數;
```

上述指令碼在宣告和指定變數值後，使用 SELECT 指令顯示@total 變數
值，如下圖：

學分數
26

SQL 指令碼檔：Ch13_3_1b.sql

SQL 變數@name 是使用 SELECT 指令指定和顯示變數值，如下：

```
SELECT @name := '陳會安' AS 姓名;
```

上述指令碼因為是 SELECT 指令，所以是使用「:=」指定變數值，同時顯
示@name 變數值，如下圖：

姓名
陳會安

SQL 指令碼檔：Ch13_3_1c.sql

我們準備查詢【school】資料庫的【員工】資料表，將姓名和城市欄位值
分別填入 SQL 變數@myname 和@mycity，如下：

```
SET @myname = '' COLLATE utf8mb4_unicode_ci;
SET @mycity = '' COLLATE utf8mb4_unicode_ci;
SELECT @myname := 姓名 AS 姓名, @mycity := 城市 AS 城市
FROM school.員工 WHERE 薪水 >= 60000;
```

上述指令碼因為 SQL 變數的定序 utf8mb4_0900_ai_ci（MySQL 8.x 版的預
設定序）和資料表的定序 utf8mb4_unicode_ci 不同，所以在宣告 2 個變數時，

需將定序改成和資料表相同的 utf8mb4_unicode_ci 後，才能夠查詢【員工】資料表的欄位值後，將欄位值指定給變數@myname 和@mycity，如下圖：

姓名	城市
▶ 陳慶新	台北
楊金欉	桃園
李鴻章	基隆

SQL 指令碼檔：Ch13_4_1d.sql

SQL 變數也可以作為 WHERE 子句的條件來查詢【school】資料庫的【課程】資料表，請在 WHERE 子句使用變數@c_no 值作為課程編號的條件值，如下：

```
SET @c_no = 'CS101' COLLATE utf8mb4_unicode_ci;
SELECT 課程編號, 名稱, 學分
FROM school.課程
WHERE 課程編號 = @c_no;
```

上述指令碼的變數@c_no 是 SELECT 指令 WHERE 子句的條件值，可以看到查詢結果的課程記錄，如下圖：

課程編號	名稱	學分
▶ CS101	計算機概論	4
* NULL	NULL	NULL

13-3-2　區域變數

區域變數（Local Variables）是使用在第 14 章的預存程序、函數和觸發程序，其變數範圍僅限於在預存程序、函數和觸發程序的程式區塊之中。在 MySQL 的區域變數名稱前並不需要「@」符號，我們是在 BEGIN/END 程式區塊之中，使用 DECLARE 指令宣告區域變數，其基本語法如下：

```
DECLARE 變數名稱 資料類型(尺寸) [DEFAULT 初值];
```

上述語法宣告名為【變數名稱】的區域變數,其資料類型是 MySQL 資料類型,詳細類型的說明請參閱<第 7-1 節:資料類型>,如果需要,可以在最後使用 DEFAULT 子句指定區域變數的初值。

📄 SQL 指令碼檔:Ch13_3_2.sql

請建立預存程式【區域變數()】,然後在 BEGIN/END 指令區塊宣告 2 個 INT,和 1 個 VARCHAR(12)共 3 個變數,2 個 INT 變數有初值;最後 1 個變數只有宣告,這些變數都只在 BEGIN/END 指令區塊有效,所以是區域變數,如下:

```
USE school;
DELIMITER $$
CREATE PROCEDURE 區域變數()
BEGIN
  DECLARE balance INT DEFAULT 40;
  DECLARE total INT DEFAULT 100;
  DECLARE name VARCHAR(12);
  SET name = '陳會安';
  SELECT balance, total, name;
END$$
DELIMITER ;
CALL 區域變數();
DROP PROCEDURE IF EXISTS 區域變數;
```

上述預存程序的詳細結構說明請參閱第 14-1 節,區域變數 name 在宣告變數後,才使用 SET 指令指定變數值,即可使用 SELECT 指令顯示這 3 個變數值,接著使用 CALL 指令呼叫此預存程序,可以顯示 3 個區域變數 balance、total 和 name 的值,最後刪除此預存程序,如下圖:

balance	total	name
40	100	陳會安

13-3-3　系統變數

系統變數（System Variables）可以傳回 MySQL 伺服器的一些系統資訊、物件或設定值，這是使用「@@」符號開始的變數名稱（也是一種全域變數）。

我們可以使用 SHOW VARIABLES 指令顯示系統變數，和使用 LIKE 運算子或 WHERE 子句的篩選條件來找出所需的系統變數。

SQL 指令碼檔：Ch13_3_3.sql

請使用 SHOW VARIABLES 指令顯示字尾是「out」的系統變數，如下：

```
SHOW VARIABLES LIKE '%out';
```

上述指令碼使用 LIKE 運算子篩選出字尾是「out」的系統變數，如下圖：

Variable_name	Value
connect_timeout	10
delayed_insert_timeout	300
have_statement_timeout	YES
innodb_flush_log_at_timeout	1
innodb_lock_wait_timeout	50
innodb_rollback_on_timeout	OFF
interactive_timeout	28800
lock_wait_timeout	31536000
mysqlx_connect_timeout	30

SQL 指令碼檔：Ch13_3_3a.sql

請使用 SHOW VARIABLES 指令顯示變數值是 30 的系統變數，如下：

```
SHOW VARIABLES WHERE value = 30;
```

上述指令碼使用 WHERE 子句篩選出 value 值 30 的系統變數，如下圖：

Variable_name	Value
innodb_flushing_avg_loops	30
innodb_sync_spin_loops	30
mysqlx_connect_timeout	30
mysqlx_read_timeout	30
net_read_timeout	30

MySQL 系統變數名稱是使用「@@」符號開始的名稱，例如：@@wait_timeout 和@@net_read_timeout，一樣是使用 SELECT 指令來顯示系統變數值。

SQL 指令碼檔：Ch13_3_3b.sql

請使用 SELECT 指令顯示系統變數@@wait_timeout 和@@net_read_timeout 的值，如下：

```
SELECT @@wait_timeout, @@net_read_timeout;
```

	@@wait_timeout	@@net_read_timeout
▶	28800	30

13-4 運算式與運算子

運算式（Expressions）可以傳回單一值的運算結果，這是使用一或多個文字值（常數值）、識別名稱、函數和變數所組成，稱為運算元（Operands），在一或多個運算元之間是使用運算子（Operators）來連接。

SQL 運算式可以分為算術、比較、邏輯和位元等多種運算式。事實上，在 SQL 指令的子句或子查詢也都可以使用運算式，例如：WHERE 子句的條件運算式。

13-4-1 運算子的優先順序

SQL 語言支援的運算子有很多種，當同一個運算式使用多種運算子時，為了讓運算式能夠得到相同的運算結果，運算式是以運算子預設的優先順序來進行運算。SQL 運算子預設的優先順序（愈上面愈優先），如下表：

運算子	說明
!	邏輯運算子 NOT
-、~	單運算元運算子的負號、位元運算子 NOT
^	位元運算子的 XOR
*、/(DIV)、%(MOD)	算術運算子的乘、除法和餘數，除法和餘數有 2 種寫法
-、+	算術運算子的減和加法
<<、>>	位元運算的左移和右移
&	位元運算子的 AND
|	位元運算子的 OR
=、<=>、>=、>、<=、<、<>、 !=、 LIKE 、 IN 、 BETWEEN/AND	比較運算子的等於、等於、大於等於、大於、小於等於、小於、不等於、不等於、LIKE、IN、BETWEEN/AND 比較運算子
NOT	邏輯運算子 NOT
AND、&&	邏輯運算子 AND
XOR	邏輯運算子 XOR
OR、||	邏輯運算子 OR
=、<==>	指定運算子

　　當運算式中的兩個運算子擁有相同的優先順序時，請依據在運算式中的位置，由左至右進行運算。如果需要，我們可以使用括號推翻上表的運算子優先順序，其順序是在括號中的運算式優先執行運算後，才和括號外的運算子進行運算。

13-4-2　SQL 運算子的種類

　　SQL 語言支援算術、比較、邏輯和位元等多種運算子。因為在第 8~9 章的 SELECT 指令已經說明過很多運算子，所以本節只準備簡單說明各種 SQL 運算子。

算術運算子（Arithmetic Operators）

　　算術運算子就是加法（+）、減法（-）、乘法（*）、除法（/、DIV）和餘數（%、MOD）。SQL 指令碼檔：Ch13_4_2.sql 可以依序執行多個數值和日期/時間的算術運算，如下：

```
SET @x = 100;
SET @y = 33;
SELECT @x + @y, @x % @y, 9 DIV 2, 3*3/9,
       CAST('2023-06-30' AS DATE) - CAST('2023-06-20' AS DATE);
```

　　上述指令碼在運算後顯示算術運算的結果，在使用 CAST()函數轉換成 DATE 類型後（詳見第 13-4-3 節的說明），執行日期的減法運算，其執行結果如下圖：

	@x + @y	@x % @y	9 DIV 2	3*3/9	CAST('2023-06-30' AS DATE) - CAST('2023-06-20' AS DATE)
▶	133	1	4	1.0000	10

比較運算子（Comparison Operators）

　　比較運算子可以比較數值、日期/時間或字串值的大小，詳細的運算子說明請參閱＜第 8-4-1 節：比較運算子＞。SQL 指令碼檔：Ch13_4_2a.sql 可以依序執行數值、字串和日期資料的比較（0 是 FALSE；1 是 TRUE），如下：

```
SELECT 100 <> 50, 9 = 9, 'Apple' > 'Book',
       CAST('2023-06-30' AS DATE) > CAST('2023-06-20' AS DATE);
```

	100 <> 50	9 = 9	'Apple' > 'Book'	CAST('2023-06-30' AS DATE) > CAST('2023-06-20' AS DATE)
▶	1	1	0	1

邏輯運算子（Logical Operators）

　　邏輯運算子可以連接比較運算式來建立出更複雜的條件，或是在子查詢判斷是 TRUE 或 FALSE。在＜第 8-4-2 節：邏輯運算子＞和＜第 9-4-3 節：邏輯運算子的子查詢＞已經說明過這些邏輯運算子。SQL 指令碼檔：

Ch13_4_2b.sql 可以依序執行數值、字串和日期的邏輯運算（0 是 FALSE；1
是 TRUE），如下：

```
SELECT 100 <> 50 AND 9 = 9, 'Apple' > 'Book' OR
       CAST('2023-06-30' AS DATE) > CAST('2023-06-20' AS DATE);
```

100 <> 50 AND 9 = 9	'Apple' > 'Book' OR CAST('2023-06-30' AS DATE) > CAST('2023-06-20' AS DATE)
▶ 1	1

位元運算子（Bitwise Operators）

位元運算子是用來執行位元的邏輯運算，其說明如下表：

運算子	範例	說明
&	op1 & op2	位元的 AND 運算子，2 個運算元的位元值同為 1 時為 1，如果有一個為 0，就是 0
|	op1 | op2	位元的 OR 運算子，2 個運算元的位元值只需有一個是 1，就是 1，否則為 0
^	op1 ^ op2	位元的 XOR 運算子，2 個運算元的位元值只需任一個為 1，結果為 1，如果同為 0 或 1 時結果為 0
~	~ op	位元的 NOT 運算子就是 1'補數運算，即位元值的相反值，1 成 0；0 成 1

左移（Left Shift）和右移（Right Shift）運算子可以向左或向右移幾個位
元，向左移一個位元相當是乘以 2；向右移相當是除以 2，其說明如下表：

運算子	範例	說明
<<	op1 << op2	左移運算，op1 往左位移 op2 位元，然後在最右邊補上 0
>>	op1 >> op2	右移運算，op1 往右位移 op2 位元，無符號值在左邊一定補 0，有符號值需視電腦系統而定

SQL 指令碼檔：Ch13_4_2c.sql 可以依序執行 SQL 的位元運算，如下：

```
SELECT 60 & 15, 60 | 3, 60 ^ 120,
       5 & ~1, 3 << 2, 120 >> 2;
```

	60 & 15	60 | 3	60 ^ 120	5 & ~1	3 << 2	120 >> 2
▶	12	63	68	4	12	30

指定運算子（Assignment Operator）

指定運算子可以將數值、字串等常數值指定給欄位或 SQL 變數，其進一步說明請參閱＜第 13-3 節：變數的宣告與使用＞。

13-4-3　字串連接

MySQL 的字串連接可以使用字串連接運算子「||」或 CONCAT() 函數。

字串連接運算子「||」

在 MySQL 的 SQL 語言，「||」運算子預設是邏輯的 OR 運算子，但 ANSI SQL 是字串連接運算子，MySQL 可以使用 PIPES_AS_CONCAT 模式來啟用字串連接運算子（SQL 指令碼檔：Ch13_4_3.sql），如下：

```
SET SQL_MODE = (
    SELECT CONCAT(@@sql_mode,',PIPES_AS_CONCAT'));
SELECT @@SQL_MODE;
```

上述指令碼的執行結果可以將 PIPES_AS_CONCAT 模式加入系統變數 @@SQL_MODE，如下圖：

@@SQL_MODE
▶ PIPES_AS_CONCAT,ONLY_FULL_GROUP_BY,STRICT_TR...

現在，「||」運算子已經成為字串連接運算子，我們可以連接多個字串（SQL 指令碼檔：Ch13_4_3a.sql），如下：

```
SET @name = "陳會安";
SELECT "MyNAme=" || @name;
```

"MyNAme=" || @name
▶ MyNAme=陳會安

CONCAT()字串連接函數

MySQL 可以使用 CONCAT()字串連接函數來連接多個參數的字串，其基本語法如下：

```
CONCAT(字串 1, 字串 2,...)
```

上述參數列就是欲連接的字串。我們可以分別使用「||」運算子和 CONCAT()函數來連接多個字串和字串變數（SQL 指令碼檔：Ch13_4_3b.sql），如下：

```
SET @name = "陳會安";
SET @welcome = "歡迎: ";
SELECT @welcome || "MyNAme=" || @name,
       CONCAT(@welcome, "MyNAme=", @name);
```

	@welcome || "MyNAme=" || @name	CONCAT(@welcome, "MyNAme=", @name)
▶	歡迎: MyNAme=陳會安	歡迎: MyNAme=陳會安

13-4-4 資料類型轉換運算子

「資料類型轉換」（Type Conversions）是因為運算式可能擁有多個不同資料類型的變數或文字值（常數值）。例如：在算術運算式擁有整數和字串類型的變數時，就需要執行資料類型轉換。

MySQL 支援自動進行轉換的「隱含類型轉換」（Implicit Conversion），和自行使用 CAST()或 CONVERT()函數來強迫轉換類型，即「明顯類型轉換」（Explicit Conversion）。

隱含類型轉換

MySQL 資料類型轉換分為兩種，第一種是 MySQL 自動進行的轉換，稱為「隱含類型轉換」（Implicit Conversion），例如：MySQL 在需要時就會自動將字串轉換成整數（SQL 指令碼檔：Ch13_4_4.sql），如下：

```
SET @x = "100";
SET @y = 10;
SELECT 1 + '1', @x + @y;
```

	1 + '1'	@x + @y
▶	2	110

明顯類型轉換：CAST()函數

　　CAST()函數可以將資料從一種資料類型轉換成另一種資料類型，其基本語法如下：

```
CAST(變數或常數值 AS 資料類型)
```

　　上述函數可以將變數或文字值（常數值）轉換成 AS 之後的資料類型。例如：將運算結果的整數值轉換成字串，日期字串轉換成 DATE 類型（SQL 指令碼檔：Ch13_4_4a.sql），如下：

```
SET @math = "85";
SET @english = 78;
SET @total = @english + @math;
SELECT CONCAT('總分:', CAST(@total AS CHAR)),
       CAST('2004-06-30' AS DATE) - 1;
```

　　上述指令碼分別將整數@total 變數轉換成 AS 關鍵字後的 CHAR 類型，日期值轉換成 DATE 類型後減 1 日，其執行結果如下圖：

	CONCAT('總分:', CAST(@total AS CHAR))	CAST('2004-06-30' AS DATE) - 1
▶	總分:163	20040629

明顯類型轉換：CONVERT()函數

　　CONVERT()函數和 CAST()函數的功能相同，一樣可以將資料從一種資料類型轉換成另一種資料類型，其基本語法如下：

```
CONVERT(變數或常數值, 資料類型)
```

　　上述函數可以將第 1 個參數的變數或文字值（常數值），轉換成第 2 個參數的資料類型。例如：將運算結果的整數值轉換成字串，日期字串轉換成 DATE 類型（SQL 指令碼檔：Ch13_4_4b.sql），如下：

```
SET @math = "85";
SET @english = 78;
```

```
SET @total = @english + @math;
SELECT '總分:' || CONVERT(@total, CHAR),
       CONVERT('2004-06-30', DATE) - 1;
```

上述指令碼分別將整數@total 變數轉換成第 2 個參數的 CHAR 類型，日期值轉換成 DATE 類型後減 1 日，其執行結果如下圖：

'總分:' || CONVERT(@total, CHAR)	CONVERT('2004-06-30', DATE) - 1
總分:163	20040629

13-5 ｜ 流程控制結構

　　SQL 指令碼大部分是一列指令敘述接著一列指令敘述循序的執行，但是對於複雜的工作，為了達成預期的執行結果，我們需要使用「流程控制結構」（Control Structures）來控制執行的流程。

　　SQL 流程控制指令可以配合條件判斷來執行不同的指令敘述，或重複執行指令敘述。流程控制主要分為兩類，如下：

- 條件控制：條件控制是一個選擇題，可能為單一選擇或多選一，依照條件決定執行那一個指令敘述，或整個區塊的指令敘述。

- 迴圈控制：迴圈控制是重複執行指令敘述或整個區塊的指令敘述，在迴圈擁有結束條件來結束迴圈的執行。

13-5-1　建立測試流程控制指令的預存程序

　　因為 MySQL 流程控制結構一定需要位在預存程序、函數和觸發程序的 BEGIN/END 指令區塊之中，為了方便測試本節 MySQL 流程控制指令，筆者建立了一個標準結構的 SQL 指令碼檔，能夠建立測試用途的 test()預存程序來學習各種流程控制指令（SQL 指令碼檔：Ch13_5_1.sql），如下：

```
USE school;
DELIMITER $$
CREATE PROCEDURE test()
BEGIN
```

```
  # 測試指令碼
  SELECT "測試指令碼" AS 結果;
END$$
DELIMITER ;
```

上述指令碼在切換至 school 資料庫後，修改分隔字元成「$$」，然後使用 CREATE PROCEDURE 指令建立名為 test 的全新預存程序，在 BEGIN/END 指令區塊就是放置測試流程控制敘述的指令碼，詳細預存程序的說明請參閱第 14 章。

在建立預存程序後，使用 CALL 指令呼叫 test()預存程序，如下：

```
CALL test();
DROP PROCEDURE IF EXISTS test;
```

上述指令碼呼叫 test()預存程序，就可以顯示 SELECT 指令輸出的訊息文字，最後如果 test()預存程序存在，就刪除名為 test 的預存程序，其執行結果如下圖：

13-5-2 條件控制指令

MySQL 的 SQL 語言支援多種條件控制指令：單選、二選一和多選一條件控制。

單選和二選一條件控制

IF THEN/ELSE/END IF 條件控制指令可以依條件決定是否執行 SQL 指令碼，其基本語法如下：

```
IF 條件運算式 THEN
    SQL 指令敘述 1~n;
[ELSE
    SQL 指令敘述 1~n; ]
END IF
```

上述語法使用條件運算式判斷是否執行之後的指令敘述。單選條件沒有 ELSE，如果 IF 條件成立（TRUE），就執行 THEN 之後的指令敘述。

二選一條件需加上 ELSE 指令，當 IF 條件成立（TRUE），就執行 ELSE 之前的指令敘述；不成立（FALSE），就執行之後的指令敘述。

SQL 指令碼檔：Ch13_5_2.sql

在宣告區域變數 height 身高後，使用 2 個 IF THEN/END IF 條件判斷身高是購買全票或半票，如下：

```
DECLARE height INT DEFAULT 125;
IF height <= 120 THEN
    SELECT height AS 身高, '半票', 'height <= 120' AS 條件;
END IF;
IF height > 120 THEN
    SELECT height AS 身高, '全票', 'height > 120' AS 條件;
END IF;
```

上述指令碼宣告 height 和指定初值 125 後，使用 2 個 IF THEN 條件判斷身高，其執行結果因為第 1 個 IF 條件成立，所以顯示全票，如下圖：

身高	全票	條件
125	全票	height > 120

SQL 指令碼檔：Ch13_5_2a.sql

請使用 IF THEN/ELSE/END IF 二選一條件，判斷【教授】資料表是否有記錄，如下：

```
IF (SELECT COUNT(*) FROM 教授) >= 1 THEN
    SELECT '教授資料表有存在記錄!' AS 結果;
ELSE
    SELECT '教授資料表沒有記錄!' AS 結果;
END IF;
```

上述指令碼使用 IF THEN 條件判斷【教授】資料表是否有記錄存在（使用 COUNT()聚合函數），如果大於等於 1，就表示有記錄，可以依條件顯示不同的訊息文字，如下圖：

結果
▶　教授資料表有存在記錄!

SQL 指令碼檔：Ch13_5_2b.sql

在 information_schema 系統資料庫的 SCHEMATA 資料表儲存的是 MySQL 資料庫的資訊，我們可以使用 SELECT 指令查詢是否有 school 資料庫，如下：

```
SELECT SCHEMA_NAME
    FROM information_schema.SCHEMATA
    WHERE SCHEMA_NAME = 'school'
```

上述 WHERE 子句的條件是查詢 school 資料庫。IF THEN/ELSE/END IF 條件可以判斷上述 SELECT 指令的傳回值是否不是 NULL（IS NOT NULL）來判斷 school 資料庫是否存在，如下：

```
IF (SELECT SCHEMA_NAME
    FROM information_schema.SCHEMATA
    WHERE SCHEMA_NAME = 'school') IS NOT NULL THEN
    SELECT 'school 資料庫存在!' AS 結果;
ELSE
    SELECT 'school 資料庫不存在!' AS 結果;
END IF;
```

結果
▶　school資料庫存在!

SQL 指令碼檔：Ch13_5_2c.sql

在 information_schema 系統資料庫的 TABLES 資料表儲存的是 MySQL 資料表的資訊，TABLE_SCHEMA 欄位是所屬資料庫，TABLE_NAME 欄位是資料表名稱，TABLE_TYPE 欄位是資料表類型，我們可以使用 SELECT 指令的

EXISTS 運算子建立子查詢，查詢是否在 school 資料庫有名為【員工】的資料表，如下：

```
SELECT EXISTS (
    SELECT TABLE_NAME
    FROM information_schema.TABLES
    WHERE TABLE_SCHEMA LIKE 'school' AND
        TABLE_TYPE LIKE 'BASE TABLE' AND
        TABLE_NAME = '員工')
```

上述 WHERE 子句的條件是 school 資料庫和員工資料表。IF THEN/ELSE/END IF 條件判斷上述 SELECT 指令的傳回值是否不是 NULL（IS NOT NULL），即可判斷員工資料表是否存在，如下：

```
IF (SELECT EXISTS (
    SELECT TABLE_NAME
    FROM information_schema.TABLES
    WHERE TABLE_SCHEMA LIKE 'school' AND
        TABLE_TYPE LIKE 'BASE TABLE' AND
        TABLE_NAME = '員工')
    ) IS NOT NULL THEN
    SELECT 'school 資料庫的員工資料表存在!' AS 結果;
ELSE
    SELECT 'school 資料庫的員工資料表不存在!' AS 結果;
END IF;
```

結果
▶ school資料庫的員工資料表存在!

多選一條件控制

IF THEN/ELSEIF THEN/ELSE/END IF 條件控制指令可以依條件決定是否執行不同指令區塊的 SQL 指令碼，其基本語法如下：

```
IF 條件運算式 THEN
    SQL 指令敘述 1~n;
[ELSEIF 條件運算式 THEN
    SQL 指令敘述 1~n;]…
[ELSE
    SQL 指令敘述 1~n; ]
END IF
```

上述語法多了 ELSEIF THEN 條件，每多一個就多一個條件，可以建立多選一條件判斷。

📠 **SQL 指令碼檔：Ch13_5_2d.sql**

在宣告區域變數 age 後，使用多選一條件判斷年齡小於等於 12 歲是購買半票；小於等於 60 歲是購買全票；大於 60 歲是購買敬老票，如下：

```
DECLARE age INT DEFAULT 25;
IF age <= 12 THEN
    SELECT age AS 年齡, '半票';
ELSEIF age <= 60 THEN
    SELECT age AS 年齡, '全票';
ELSE
    SELECT age AS 年齡, '敬老票';
END IF;
```

年齡	全票
▶ 25	全票

13-5-3 CASE 多條件函數

CASE 多條件函數可以建立多條件判斷的指令敘述，不過，CASE 指令是一個函數，並不能改變執行流程，我們只能從多個運算式中，傳回符合條件的運算式值。

基本上，CASE 函數的語法分為兩種：簡單 CASE 函數（Simple CASE Function）和搜尋 CASE 函數（Searched CASE Function）。

簡單 CASE 函數

簡單 CASE 函數是執行單一值相等的比較，其基本語法如下：

```
CASE 輸入運算式
    WHEN 比較運算式 THEN 結果運算式 [...n]
    [ELSE 例外的結果運算式]
END;
```

上述 CASE 函數的語法是比較【輸入運算式】是否等於 WHEN 子句的【比較運算式】（同時可以有多個 WHEN 子句），可以傳回第一個符合 WHEN 子句的結果運算式值。如果所有 WHEN 子句都不符合條件，就傳回 ELSE 子句的運算式值。

💻 **SQL 指令碼檔：Ch13_5_3.sql**

請使用 CASE 函數將【學生】資料表的性別欄位改為 Male 和 Female 來顯示，如下：

```sql
SELECT 學號, 姓名,
  CASE 性別
    WHEN '男' THEN 'Male'
    WHEN '女' THEN 'Female'
    ELSE 'N/A'
  END AS 學生性別
FROM 學生;
```

上述指令碼使用 CASE 函數更改欄位值，當 WHEN 子句與【性別】欄位值相等時，就傳回 THEN 之後更改的文字值（常數值），如右圖：

學號	姓名	學生性別
S001	陳會安	Male
S002	江小魚	Female
S003	張無忌	Male
S004	陳小安	Male
S005	孫燕之	Female
S006	周杰輪	Male
S007	蔡一零	Female
S008	劉得華	Male
S016	江峰	N/A
S221	張三重	Male
S225	王美麗	Female

搜尋 CASE 函數

搜尋 CASE 函數是一種多條件的比較，我們並不用輸入運算式，而是直接在每一個 WHEN 子句建立【條件運算式】，其基本語法如下：

```
CASE
   WHEN 條件運算式 THEN 結果運算式 [...n]
   [ELSE 例外的結果運算式]
END;
```

上述 CASE 函數的語法是檢查每一個 WHEN 子句的【條件運算式】，傳回第一個 WHEN 子句為 TRUE 的結果運算式值。如果所有 WHEN 子句都不符合條件，就傳回 ELSE 子句的運算式值。

SQL 指令碼檔：Ch13_5_3a.sql

請使用 CASE 函數依變數 age 的年齡條件來指定變數 age_type 的值，如下：

```
DECLARE age_type VARCHAR(12);
DECLARE age INT;
SET age = 65;
SET age_type =
   CASE
      WHEN age < 15 THEN '小孩'
      WHEN age < 60 THEN '成人'
      WHEN age < 100 THEN '老人'
      ELSE 'Free'
   END;
SELECT age_type AS 分類;
```

上述指令碼的每一個 WHEN 指令後是一個條件運算式，當第 1 個 WHEN 指令後的條件運算式為 TRUE 時，傳回 THEN 指令後的值，如下圖：

13-5-4　迴圈控制

MySQL 的 SQL 語言支援三種迴圈控制結構，其簡單說明如下：

- 前測式 WHILE 迴圈：在進入迴圈的開頭判斷是否允許執行迴圈。

- 後測式 REPEAT/UNTIL 迴圈：當執行完第 1 次指令區塊後，在迴圈尾判斷是否繼續執行下一次迴圈。

- 跳出和繼續迴圈：在 WHILE、REPEATE 迴圈和 LOOP 無窮迴圈，都可以使用 LEAVE 指令來馬上跳出迴圈，或使用 ITERATE 指令馬上繼續執行下一次迴圈。

WHILE 前測式迴圈控制

WHILE 前測式迴圈控制是在迴圈開頭檢查條件，判斷是否允許進入迴圈，只有當測試條件成立 TRUE 時才允許進入迴圈；不成立 FALSE 就離開迴圈，其語法如下：

```
WHILE 條件運算式 DO
    SQL 指令敘述 1~n;
END WHILE;
```

上述語法使用【條件運算式】判斷是否執行迴圈中的指令敘述。在區塊中一樣可以使用 LEAVE 指令馬上跳出迴圈，或 ITERATE 指令馬上繼續下一次迴圈的執行。

🖥️ SQL 指令碼檔：Ch13_5_4.sql

請使用 WHILE 迴圈計算從 1 加至 5 的總和，如下：

```
DECLARE counter INT DEFAULT 1;
DECLARE total INT DEFAULT 0;
WHILE counter <= 5 DO
    SET total = total + counter;
    SET counter = counter + 1;
END WHILE;
SELECT total AS 從 1 加到 5;
```

上述 WHILE 迴圈計算從 1 加到 5 的總和，當符合條件就繼續執行迴圈區塊的指令敘述，迴圈的結束條件是 counter > 5，其執行結果如下圖：

從1加到5
▶ 15

REPEAT/UNTIL 後測式迴圈控制

REPEAT/UNTIL 後測式迴圈控制是在迴圈結尾的 UNTIL 子句來檢查條件，可以判斷是否繼續執行下一次迴圈，換句話說，迴圈一定會執行「一」次；條件不成立 FALSE 就離開迴圈，其語法如下：

```
REPEAT
    SQL 指令敘述 1~n;
    UNTIL 條件運算式
END REPEAT;
```

上述語法使用【條件運算式】在迴圈結尾判斷是否執行下一次迴圈。在 REPEAT 指令區塊中一樣可以使用 LEAVE 指令馬上跳出迴圈，或 ITERATE 指令馬上繼續下一次迴圈的執行。

SQL 指令碼檔：Ch13_5_4a.sql

請使用 REPEAT/UNTIL 迴圈計算從 1 加至 10 的總和，如下：

```
DECLARE counter INT DEFAULT 1;
DECLARE total INT DEFAULT 0;
REPEAT
    SET total = total + counter;
    SET counter = counter + 1;
    UNTIL counter > 10
END REPEAT;
SELECT total AS 從1加到10;
```

上述 REPEAT/UNTIL 迴圈計算從 1 加到 10 的總和，這是在結尾判斷條件，條件符合就繼續執行下一次迴圈區塊的指令敘述，迴圈的結束條件是 counter > 10，其執行結果如下圖：

從1加到10
55

巢狀迴圈

巢狀迴圈是指在 WHILE 迴圈中擁有其他 WHILE 或 REPEAT/UTIL 迴圈，在 REPEAT/UTIL 迴圈中擁有其他 WHILE 或 REPEAT/UTIL 迴圈，迴圈如同大盒子裝小盒子一般，如巢狀般層層的排列組合。

📟 **SQL 指令碼檔：Ch13_5_4b.sql**

在建立 TextBooks 資料表後，使用巢狀 WHILE 迴圈來新增資料表的記錄
資料，如下：

```sql
DECLARE book_Id INT DEFAULT 0;
DECLARE category_Id INT DEFAULT 0;
CREATE TABLE TextBooks (book_Id INT, category_Id INT);
WHILE book_Id < 2 DO
   SET book_Id = book_Id + 1;
   WHILE category_Id < 3 DO
      SET category_Id = category_Id + 1;
      INSERT INTO TextBooks
      VALUES(book_Id, category_Id);
   END WHILE;
   SET category_Id = 0;
END WHILE;
SELECT * FROM TextBooks;
DROP TABLE IF EXISTS TextBooks;
```

上述指令碼的 WHILE 巢狀迴圈共有兩層，第一層
的外層迴圈執行 2 次，第二層的內層迴圈執行 3 次，兩
層迴圈共執行 6 次，所以可以新增 6 筆記錄，如右圖：

book_Id	category_Id
1	1
1	2
1	3
2	1
2	2
2	3

LOOP 無窮迴圈和 LEAVE 指令跳出迴圈

如果 WHILE 或 REPEAT/UNTIL 迴圈尚未到達結束條件，我們可以使用
LEAVE 指令來強迫跳出迴圈，即中斷迴圈的執行。在此小節準備使用 LOOP
迴圈建立無窮迴圈，然後使用 LEAVE 指令跳出迴圈，其基本語法如下：

```
[標籤名稱:] LOOP
   SQL 指令敘述 1~n;
   LEAVE 標籤名稱;
   SQL 指令敘述 0~n;
END LOOP [標籤名稱];
```

上述語法因為需要跳出迴圈，所以替迴圈區塊取一個【標籤名稱】，LEAVE
指令就是跳出這個【標籤名稱】的迴圈區塊。

　　MySQL 的 SQL 語言可以使用多層 BEGIN/END 指令區塊來建立巢狀區塊，和替 BEGIN/END 指令區塊命名，如此就可以使用 LEAVE 指令來跳出指標籤名稱的 BEGIN/END 區塊，如下：

```
my_block: BEGIN
    …
    LEAVE my_block;
    …
END my_block;
```

SQL 指令碼檔：Ch13_5_4c.sql

　　請使用 LOOP 迴圈計算 1 加至 5 的總和，因為 LOOP 是無窮迴圈，我們是使用 LEAVE 指令來中斷迴圈的執行，如下：

```
DECLARE counter INT DEFAULT 1;
DECLARE total INT DEFAULT 0;
total_label: LOOP
    SET total = total + counter;
    SET counter = counter + 1;
    IF counter > 5 THEN
        LEAVE total_label;
    END IF;
END LOOP total_label;
SELECT CAST(total AS CHAR) AS 從 1 加到 5;
```

　　上述 LOOP 迴圈的標籤名稱是 total_label，在後面是「:」符號，當 IF THEN/END IF 條件為 TRUE 時，就執行 LEAVE 指令跳出 total_label 迴圈區塊，即離開 LOOP 無窮迴圈，迴圈共執行 5 次就強迫跳出迴圈，其執行結果和 Ch13_5_4.sql 相同。

ITERATE 指令繼續下一次迴圈

　　ITERATE 指令可以不執行完迴圈區塊的指令敘述，就馬上執行下一次迴圈，如同 LEAVE 指令，也需要替迴圈取一個【標籤名稱】。

📺 (SQL 指令碼檔：Ch13_5_4d.sql)

　　請使用 WHILE 迴圈配合 ITERATE 指令，可以計算 1 至 100 之間的奇數總和，如下：

```
DECLARE counter INT DEFAULT 0;
DECLARE total INT DEFAULT 0;
total_label: WHILE counter <= 99 DO
   SET counter = counter + 1;
   IF counter % 2 = 0 THEN
      ITERATE total_label;
   END IF;
   SET total = total + counter;
END WHILE total_label;
SELECT CAST(total AS CHAR) AS 從1加到100奇數和;
```

　　上述 WHILE 迴圈是使用 IF THEN/END IF 條件判斷是否執行 ITERATE 指令，如果變數 counter 是偶數（除以 2 的餘數是 0），就馬上執行下一次迴圈，所以計算的是奇數總和，如下圖：

從1加到100奇數和
▶	2500

13-5-5　IFNULL、IF 和 ELT 函數

　　MySQL 的 SQL 語言可以使用 IFNULL() 函數處理 NULL 值，IF() 和 ELT() 函數可以建立單行指令敘述的條件判斷來傳回單一值。

IFNULL() 函數

　　IFNULL() 函數在第 9-5-1 節已經說明過，除了使用在欄位，一樣可以使用在運算式，將 NULL 值取代成指定的替代值，其基本語法如下：

```
IFNULL(運算式, 替代值)
```

　　上述函數有 2 個參數，當第 1 個參數值是 NULL 時，就顯示第 2 個參數的替代值，不是 NULL 就顯示第 1 個參數的運算式值。

SQL 指令碼檔：Ch13_5_5.sql

我們準備使用 IFNULL() 函數來處理 NULL 值，當 NULL 時就顯示 "N/A" 替代值，如下：

```
SELECT IFNULL(NULL, "N/A"), IFNULL(10, "N/A");
```

IFNULL(NULL, "N/A")	IFNULL(10, "N/A")
N/A	10

IF() 函數

IF() 函數可以依參數的條件運算式值來決定傳回之後 2 個參數值的哪一個，其基本語法如下：

```
IF(條件運算式, 真值, 偽值)
```

上述函數有 3 個參數，以第 1 個參數的【條件運算式值】來決定傳回第 2 或第 3 個參數值，TRUE 傳回第 2 個參數；FALSE 傳回第 3 個參數。

SQL 指令碼檔：Ch13_5_5a.sql

在宣告和指定數學和英文成績的 @math 和 @english 變數值後，使用 IF() 函數判斷哪一個成績比較高，可以依條件傳回不同的訊息文字，如下：

```
SET @math = 65;
SET @english = 70;
```

```
SET @result = IF ( @math > @english, '數學高', '英文高' );
SELECT @result AS 結果;
```

上述指令碼使用 IF() 函數判斷哪一門課的成績高，因為條件運算式的值為 FALSE，所以傳回第 3 個參數，如下圖：

💻 SQL 指令碼檔：Ch13_5_5b.sql

IF()函數的第 1 個參數可以使用 AND 或 OR 運算子來連接多個條件，建立出複雜的條件運算式。我們準備在宣告和指定變數@a 和@b 的值後，使用 IF() 函數建立複雜的條件運算式來判斷傳回哪一個值，如下：

```
SET @a = 55;
SET @b = 40;
SELECT IF( @a > @b and @b > 35, 'TRUE', 'FALSE' ) AS 結果;
```

上述指令碼使用 IF()函數判斷傳回值，因為使用 AND 連接的條件值為 TRUE，所以傳回第 2 個參數，如右圖：

ELT()函數

ELT()函數可以使用第 1 個參數的索引值來決定傳回清單的哪一個值，其基本語法如下：

```
ELT(索引值, 值 1, 值 2 [, 值_n ])
```

上述函數的第 1 個參數是索引值，從 1 開始，可以傳回之後參數的值清單（可以是任何資料類型）之一，1 是傳回第 2 個參數值；2 是傳回第 3 個參數值，以此類推。

💻 SQL 指令碼檔：Ch13_5_5c.sql

在宣告和指定變數@ticket_type 的索引值後，使用 ELT()函數傳回購買的門票種類，如下：

```
SET @ticket_type = 3;
SET @result = ELT(@ticket_type, '全票', '半票', '敬老票', '免票');
SELECT @result AS 結果;
```

上述指令碼使用 ELT()函數判斷門票種類，因為索引值是 3，所以傳回第 4 個參數，如右圖：

結果
敬老票

14

預存程序、函數與
觸發程序

14-1 | 預存程序

> **▌Memo**
>
> 請啟動 MySQL Workbench 執行本書範例「Ch14\Ch14_School.sql」的 SQL 指令
> 碼檔案，可以建立本章測試所需的【school】資料庫、資料表和記錄資料。

　　預存程序（Stored Procedure）是將例行、常用和複雜的資料庫操作預先建
立成 SQL 指令敘述的集合，這是在資料庫管理系統執行的指令敘述集合，可
以簡化相關的資料庫操作來增進系統效能。

14-1-1 認識預存程序

　　預存程序（Stored Procedures）是一組 SQL 指令敘述的集合，我們可以使
用 SQL 流程控制指令來撰寫複雜的功能。不只如此，因為預存程序只需編譯
一次，就可以執行多次，所以，執行預存程序可以增進系統效能，因為執行時
並不需重新再編譯 SQL 指令敘述。

將常用 SELECT 指令敘述轉換成預存程序

一般來說，我們通常都是將例行、常用和複雜資料庫操作的 SQL 指令敘述建立成預存程序，事實上，幾乎任何的 SQL 指令敘述都可以建立成預存程序。例如：將常用的 SELECT 指令敘述建立成預存程序，如下：

```
SELECT 學號, 姓名, 電話
FROM 學生;
```

上述 SELECT 指令可以取出【學生】資料表的 3 個欄位。我們可以將上述 SELECT 指令轉換成名為【學生資料查詢】的預存程序（SQL 指令碼檔：Ch14_1_1.sql），如下：

```
DELIMITER $$
CREATE PROCEDURE 學生資料查詢()
BEGIN
    SELECT 學號, 姓名, 電話
    FROM 學生;
END$$
DELIMITER ;
```

在建立上述預存程序後，當執行此預存程序，就如同是執行【學生】資料表的查詢。

預存程序的優點

基本上，在用戶端程式共有兩種方式來執行 SQL 指令敘述，如下：

- 在用戶端建立資料庫應用程式後，使用相關資料庫元件送出 SQL 指令敘述至 MySQL 伺服器，就可以執行 SQL 指令敘述。

- 我們先將欲執行的 SQL 指令敘述建立成預存程序，在用戶端程式可以直接執行位在 MySQL 的預存程序。

在用戶端執行預存程序而不直接送出 SQL 指令敘述的優點，如下：

- 增加執行效率：預存程序可以減少編譯花費的時間，當重複執行預存程序時，因為並不需要重新編譯，所以能夠增進執行 SQL 指令敘述的效率。

- 節省網路頻寬：在用戶端只需送出一行指令敘述就可以執行位在 MySQL 伺服器的預存程序，而不用傳送多行 SQL 指令敘述，可以減少網路傳送的資料量。

- 提供安全性：預存程序是 MySQL 資料庫物件，我們可以透過授與預存程序權限來存取使用者沒有擁有權限的物件，增加用戶端程式的安全性，能夠降低駭客攻擊 MySQL 伺服器的機會。

14-1-2 建立預存程序

MySQL 的 SQL 語言是使用 CREATE PROCEDURE 指令建立預存程序，其基本語法如下：

```
DELIMITER 分隔符號
CREATE [DEFINER = 使用者]
PROCEDURE [IF NOT EXISTS] 預存程序名稱()
[SQL SECURITY {DEFINER | INVOKER }]
BEGIN
  SQL 指令敘述 1~n;
END 分隔符號
DELIMITER ;
```

上述語法使用 CREATE PROCEDURE 指令建立名為【預存程序名稱】的預存程序，在之前的 IF NOT EXISTS 可以判斷當預存程序不存在時，才建立預存程序，存在會顯示警告訊息。

我們可以在 PROCEDURE 關鍵字前使用 DEFINER 子句定義建立預存程序的使用者，例如：root@localhost，此位使用者配合之後的 SQL SECURITY 子句，可以決定預存程序的執行權限，即呼叫預存程序是以什麼身分來執行，如下：

- SQL SECURITY DEFINER：預設值，使用 DEFINER 子句定義的使用者來執行，換句話說，此使用者需擁有足夠權限執行預存程序的 SQL 指令敘述。

- SQL SECURITY INVOKER：使用呼叫預存程序的使用者來執行。

基本上，預存程序主要分成兩部分，如下：

- 標頭（Header）：位在 BEGIN/END 指令區塊之前，包含程序名稱和參數（以此例的語法是空括號，預存程序並沒有參數）。

- 本體（Body）：即 BEGIN/END 指令區塊，其內容就是預存程序執行的 SQL 指令敘述。

請注意！因為 MySQL 預設分隔符號是「;」，而預存程序是打包一序列 SQL 指令敘述在呼叫時才執行，所以建立預存程序前需要使用 DELIMITER 更改分隔符號，例如：改成「$$」（分隔符號不可是反斜線「\」），然後使用自訂分隔符號來打包使用預設分隔符號「;」的一序列 SQL 指令敘述，如此才能在呼叫時，成功執行這些使用預設分隔符號分隔的多行 SQL 指令敘述，最後記得改回 MySQL 預設分隔符號「;」。

在 MySQL 可以使用 MySQL Workbench 或 SQL 指令來建立和執行預存程序。事實上，在 MySQL Workbench 建立預存程序，只是提供範本，我們仍然是執行 CREATE PROCEDURE 指令來建立預存程序。

使用 MySQL Workbench 建立預存程序

在 MySQL Workbench 建立預存程序十分容易。例如：在【school】資料庫建立查詢【課程】資料表的預存程序，其步驟如下：

1 請啟動 MySQL Workbench 連線 MySQL 伺服器後，在「Navigator」視窗選【Schemas】標籤，展開【school】資料庫，在【Stored Procedures】上執行【右】鍵快顯功能表的【Create Stored Procedure...】命令。

② 請輸入下方建立預存程序的 SQL 指令碼（Name 欄的名稱會自動從指令碼取得），在完成後，按【Apply】鈕，如下：

```
CREATE PROCEDURE `課程資料報表` ()
BEGIN
   SELECT 課程編號, 名稱, 學分
   FROM 課程;
END
```

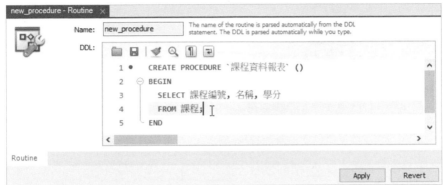

③ 可以看到建立預存程序的 SQL 指令碼，和自動加上分隔字元轉換的指令敘述，如果沒有問題，請按【Apply】鈕。

④ 按【Finish】鈕執行 SQL 指令來建立預存程序。

在「Navigator」視窗展開【school】資料庫，可以看到新建立的【課程資料報表】預存程序（如果沒有看到，請執行【右】鍵快顯功能表的【Refresh All】命令），如下圖：

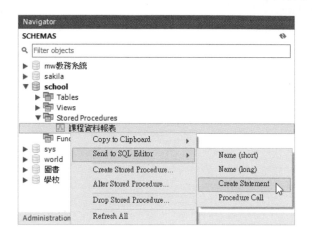

請在預存程序上，執行【右】鍵快顯功能表來自動產生建立和執行預存程序的 SQL 指令碼，如下：

- Copy to Clipboard 命令：將產生的指令碼儲存至剪貼簿，在子選單的【Create Statement】命令是產生建立預存程序的指令碼；【Procedure Call】命令是執行預存程序的指令碼。

- Send to SQL Editor 命令：將產生的指令碼送至目前的查詢標籤頁（請先執行「File>New Query Tab」命令新增空白標籤頁），在子選單的【Create Statement】命令是產生建立預存程序的指令碼；【Procedure Call】命令是執行預存程序的指令碼，例如：將建立預存程序的指令碼儲存成 Ch14_1_2.sql。

使用 SQL 指令建立預存程序

在 MySQL Workbench 建立預存程序就是編輯和執行 SQL 指令碼，換句話說，我們可以自行建立 SQL 指令碼檔來建立預存程序，請注意！此時需要自行處理自訂分隔字元的轉換。

SQL 指令碼檔：Ch14_1_2a.sql

請建立查詢學生上課資料的預存程序【學生上課報表】，這是使用內部合併查詢合併【學生】、【課程】、【教授】和【班級】資料表，如下：

```
DELIMITER $$
CREATE PROCEDURE 學生上課報表()
BEGIN
  SELECT 學生.學號, 學生.姓名, 課程.*, 教授.*
  FROM 教授 INNER JOIN
  (課程 INNER JOIN
  (學生 INNER JOIN 班級 ON 學生.學號 = 班級.學號)
  ON 班級.課程編號 = 課程.課程編號)
  ON 班級.教授編號 = 教授.教授編號;
END$$
DELIMITER ;
```

執行上述 SQL 指令碼檔後，就可以在下方看到成功建立預存程序的訊息文字，和在左邊「Navigator」視窗的【Stored Procedures】看到新增的預存程序。

顯示預存程序的相關資訊

MySQL 可以使用 SHOW PROCEDURE STATUS 指令顯示【學生上課報表】預存程序的相關資訊（SQL 指令碼檔：Ch14_1_2b.sql），如下：

```
SHOW PROCEDURE STATUS LIKE "學生上課報表";
```

我們也可以使用 SHOW CREATE PROCEDURE 指令來查詢建立【學生上課報表】預存程序的資訊（SQL 指令碼檔：Ch14_1_2c.sql），如下：

```
USE school;
SHOW CREATE PROCEDURE 學生上課報表;
```

14-1-3 執行預存程序

在資料庫建立預存程序後，就可以使用 MySQL Workbench 執行預存程序，或使用 SQL 語言的 CALL 指令來執行預存程序。

使用 MySQL Workbench 執行預存程序

MySQL Workbench 提供功能來執行預存程序，例如：執行【課程資料報表】預存程序，其步驟如下：

1 請在 MySQL Workbench 的「Navigator」視窗展開【school】資料庫的預存程序清單，選【課程資料報表】預存程序的第 2 個圖示，如右圖：

2 可以在 SQL 編輯器看到執行預存程序的 CALL 指令碼和執行結果，如下圖：

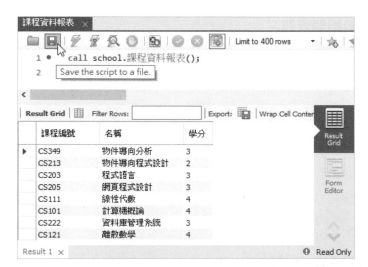

3 請按游標所在工具列的第 2 個按鈕，儲存執行預存程序的 SQL 指令碼成為 Ch14_1_3.sql。

使用 SQL 指令執行預存程序

SQL 語言是使用 CALL 指令執行預存程序，其基本語法如下：

```
CALL 預存程序名稱();
```

 SQL 指令碼檔：Ch14_1_3a.sql

請使用 CALL 指令執行【學生上課報表】預存程序，如下：

```
USE school;
CALL 學生上課報表();
```

上述 CALL 指令執行預存程序的執行結果，如下圖：

	學號	姓名	課程編號	名稱	學分	教授編號	職稱	科系	身份證字號
▶	S001	陳會安	CS101	計算機概論	4	I001	教授	CS	A123456789
	S005	孫燕之	CS101	計算機概論	4	I001	教授	CS	A123456789
	S006	周杰輪	CS101	計算機概論	4	I001	教授	CS	A123456789
	S003	張無忌	CS213	物件導向程式設計	2	I001	教授	CS	A123456789
	S005	孫燕之	CS213	物件導向程式設計	2	I001	教授	CS	A123456789
	S001	陳會安	CS349	物件導向分析	3	I001	教授	CS	A123456789
	S003	張無忌	CS349	物件導向分析	3	I001	教授	CS	A123456789
	S003	張無忌	CS121	離散數學	4	I002	教授	CS	A222222222

14-2 | 預存程序的參數傳遞與傳回值

預存程序的「參數」（Parameters）也稱為引數，我們可以在預存程序宣告一至多個參數，當呼叫預存程序時，就可以傳入不同的參數值來取得不同的執行結果。如果在宣告參數時使用 OUT 關鍵字，表示會將參數值傳回呼叫者。

14-2-1　建立擁有參數的預存程序

預存程序如同其他程式語言的程序與函數一般，也可以傳遞參數，例如：擁有 WHERE 子句條件的 SQL 指令，如下：

```
SELECT 欄位名稱 1, 欄位名稱 2
FROM 資料表 WHERE 欄位名稱 1=欄位值;
```

上述 SELECT 指令使用【欄位名稱 1】為條件取出資料表的 2 個欄位，當我們將此 SQL 指令轉換成預存程序時，可以將【欄位值】指定成傳入的參數，建立擁有參數的預存程序。

預存程序的參數預設是一種 IN 輸入參數（Input Parameters），其值是使用者呼叫預存程序時傳入的值，在預存程序可以使用參數名稱來取得或更改參數值。

建立擁有參數的預存程序

CREATE PROCEDURE 指令可以建立擁有()括號參數列的預存程序，其基本語法如下：

```
CREATE PROCEDURE 預存程序名稱(
    參數 1 資料類型, 參數 2 資料類型 〔, …〕)
BEGIN
   SQL 指令敘述 1~n;
END
```

在上述語法的預存程序名稱後的()括號中是傳入預存程序的參數列，如果不只一個，請使用「,」逗號分隔，基本上，參數的宣告方式和 MySQL 區域變數相同，在之後是資料類型。

SQL 指令碼檔：Ch14_2_1.sql

請建立名為【課程查詢】的預存程序，擁有 1 個課程編號參數 c_no，可以查詢指定課程的資訊，如下：

```
USE school;
DELIMITER $$
CREATE PROCEDURE 課程查詢(c_no CHAR(5))
BEGIN
  SELECT 課程編號, 名稱, 學分
  FROM 課程
  WHERE 課程編號 = c_no;
END$$
DELIMITER ;
```

上述預存程序可以執行 SELECT 指令，其 WHERE 子句的條件就是使用傳入的參數值來建立。

SQL 指令碼檔：Ch14_2_1a.sql

請建立名為【員工查詢】的預存程序，擁有 2 個參數薪水 salary 和 tax 稅，可以顯示員工資料，如下：

```
USE school;
DELIMITER $$
CREATE PROCEDURE 員工查詢(salary DECIMAL, tax DECIMAL)
BEGIN
  IF salary <= 0 THEN
    SET salary = 30000;
  END IF;
  IF tax <= 0 THEN
    SET tax = 300;
  END IF;
  SELECT 身份證字號, 姓名,
         (薪水-扣稅) AS 所得額
  FROM 員工
  WHERE 薪水 >= salary AND 扣稅 >= tax;
END$$
DELIMITER ;
```

上述預存程序先使用 IF THEN/END IF 條件檢查參數值後，執行 SELECT 指令，在 WHERE 子句的條件也是使用傳入的參數值來建立。

執行擁有參數的預存程序

預存程序如果擁有參數，在執行預存程序時，使用者需要加上傳入的參數值，其基本語法如下：

```
CALL 預存程序名稱(參數值1, 參數值2 [, …]);
```

上述語法執行預存程序和依序傳入參數，如果不只一個，請使用「,」逗號分隔。

SQL 指令碼檔：Ch14_2_1b.sql

請使用 CALL 指令呼叫名為【課程查詢】的預存程序，其參數就是課程編號 CS101，可以查詢此課程的資訊，如下：

```
USE school;
CALL 課程查詢('CS101');
```

上述 CALL 指令傳入參數值來執行預存程序，可以看到執行結果如下圖：

	課程編號	名稱	學分
▶	CS101	計算機概論	4

SQL 指令碼檔：Ch14_2_1c.sql

請呼叫【員工查詢】預存程序，參數依序是薪水 salary 和稅 tax，如下：

```
USE school;
CALL 員工查詢(50000, 500);
```

上述 CALL 指令依序指定 2 個參數值來執行預存程序，可以看到執行結果如下圖：

	身份證字號	姓名	所得額
▶	A123456789	陳慶新	78000.00
	A222222222	楊金欉	78000.00
	D333300333	王心零	49000.00
	F213456780	陳小安	49000.00
	F332213046	張無忌	49000.00
	H098765432	李鴻章	58500.00

在 MySQL Workbench 執行有參數的預存程序時，就會顯示一個對話方塊來輸入參數值，請輸入參數值後，按【Execute】鈕執行預存程序，如下圖：

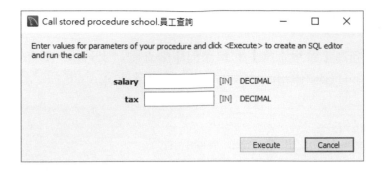

14-2-2 使用 OUT 關鍵字傳回值

預存程序可以使用 OUT 輸出參數（Output Parameters），取得預存程序的傳回值，參數列的基本語法如下：

```
[{IN | OUT | INOUT}] 參數 1 資料類型,
[{IN | OUT | INOUT}] 參數 2 資料類型[, …]
```

上述參數列的參數可以在之前加上 IN、OUT 或 INOUT 關鍵字，其說明如下：

- IN 關鍵字：輸入參數（預設值），也就是將參數值傳入預存程序。
- OUT 關鍵字：輸出參數，可以讓呼叫者取得預存程序的傳回值。
- INOUT 關鍵字：參數同時是輸入參數，也是輸出參數。

當執行擁有輸出參數的預存程序時，我們需要宣告變數來取得傳回值，其基本語法如下：

```
CALL 預存程序名稱(參數值 1, @傳回值變數 [, …]);
```

上述語法的預存程序因為第 1 個參數是 IN 輸入參數，可以使用變數或常數值來傳入預存程序，第 2 個參數是 OUT 輸出參數，我們需要使用【@傳回值變數】的變數來取得預存程序的傳回值。

🖥️ (SQL 指令碼檔：Ch14_2_2.sql)

　　請建立名為【薪水查詢】的預存程序來查詢員工薪水，參數是員工姓名 emp_name，可以使用輸出參數 salary 傳回員工的薪水，如下：

```
USE school;
DELIMITER $$
CREATE PROCEDURE 薪水查詢(emp_name VARCHAR(12),
                        OUT salary DECIMAL)
BEGIN
  SELECT 薪水 INTO salary
  FROM 員工
  WHERE 姓名 = emp_name;
END$$
DELIMITER ;
```

　　上述預存程序的參數 salary 是 OUT 輸出參數，我們是使用 SELECT/INTO 指令將欄位值存入變數，以此例是存入輸出參數，其基本語法如下：

```
SELECT 欄位1, 欄位2, 欄位3, ...
INTO   變數1, 變數2, 變數3, ...
FROM 資料表名稱 WHERE 條件
```

🖥️ (SQL 指令碼檔：Ch14_2_2a.sql)

　　請呼叫名為【薪水查詢】預存程序來取得指定員工的薪水，如下：

```
USE school;
SET @salary = 0;
CALL 薪水查詢('張無忌', @salary);
SELECT @salary AS 薪水;
```

　　上述指令碼在宣告變數@salary 後，呼叫預存程序來作為輸出參數，可以取得執行預存程序的輸出參數值，如下圖：

薪水
▶ 50000

14-3 │ 刪除與修改預存程序

對於現成的預存程序，我們可以使用 MySQL Workbench 或 SQL 指令來刪除預存程序，修改預存程序就是刪除後，再重新建立一個同名的全新預存程序。

14-3-1 刪除預存程序

對於 MySQL 不再需要的預存程序，我們可以使用 MySQL Workbench 或 SQL 指令來刪除預存程序。

使用 MySQL Workbench 刪除預存程序

請在 MySQL Workbench 的「Navigator」視窗，展開【school】資料庫的【Stored Procedures】，在欲刪除的預存程序上，執行【右】鍵快顯功能表的【Drop Stored Procedurce...】命令來刪除預存程序。

使用 SQL 指令刪除預存程序

SQL 語言是使用 DROP PROCEDURE 指令刪除預存程序，其基本語法如下：

```
DROP PROCEDURE [IF EXISTS] 預存程序名稱;
```

上述語法可以刪除名為【預存程序名稱】的預存程序，在之前的 IF EXISTS 是當預存程序存在時才刪除，否則會顯示警告訊息。

📟 (SQL 指令碼檔：Ch14_3_1.sql)

請刪除名為【課程資料報表】的預存程序，如下：

```
USE school;
DROP PROCEDURE 課程資料報表;
```

上述 DROP PROCEDURE 指令可以刪除名為【課程資料報表】的預存程序。

14-3-2 修改預存程序

對於 MySQL 已經存在的預存程序，SQL 指令可以先使用 DROP PROCEDURE 指令刪除後，再使用 CREATE PROCEDURE 指令重新建立一個修改後同名的全新預存程序。

在 MySQL Workbench 修改預存程序就會自動替我們產生刪除和建立預存程序所需的 SQL 指令碼。例如：修改【課程查詢】預存程序，改為查詢指定學分數的課程資料，其步驟如下：

❶ 請啟動 MySQL Workbench 連線 MySQL 伺服器後，在「Navigator」視窗選【Schemas】標籤，展開【school】資料庫下的【Stored Procedures】，在【課程查詢】上執行【右】鍵快顯功能表的【Alter Stored Procedure...】命令。

❷ 可以看到如同建立預存程序一樣的 SQL 指令碼編輯視窗，請修改 SQL 指令碼的參數和 WHERE 條件，在完成後，按【Apply】鈕，如下：

```
CREATE DEFINER=`root`@`localhost` PROCEDURE `課程查詢`(credits INT)
BEGIN
  SELECT 課程編號, 名稱, 學分
  FROM 課程
  WHERE 學分 = credits;
END
```

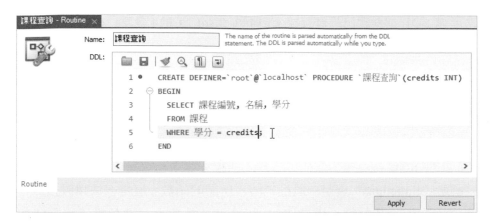

❸ 可以看到修改預存程序的 SQL 指令碼，已經自動加上 DROP PROCEDURE 指令，如果沒有問題，請按【Apply】鈕。

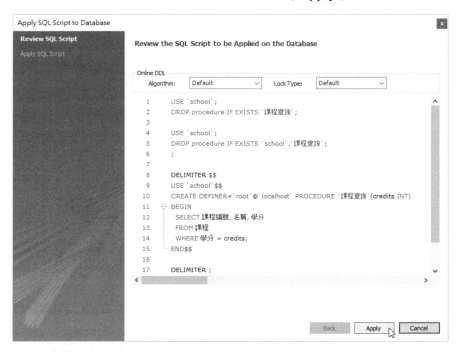

❹ 按【Finish】鈕執行 SQL 指令來修改預存程序。

上述 SQL 指令碼已經儲存成 Ch14_3_2.sql；Ch14_3_2a.sql 是執行修改後的預存程序，如下：

```
CALL 課程查詢(3);
```

14-4 | 函數

函數（Functions）就是一般程式語言所謂的函數，這是一種類似預存程序的資料庫物件，其內容一樣是 SQL 指令敘述的集合。函數的使用方式如同 MySQL 內建函數（請參閱附錄 A 的說明），只要是內建函數可以使用的地方，都可以使用我們自行建立的函數。

14-4-1 建立與呼叫函數

MySQL 的 SQL 語言是使用 CREATE FUNCTION 指令來建立函數，其基本語法如下：

```
DELIMITER 分隔符號
CREATE [DEFINER = 使用者]
FUNCTION [IF NOT EXISTS] 函數名稱(
                參數1 資料類型,
                參數2 資料類型 [, …])
RETURNS 傳回值類型
[NOT] DETERMINISTIC
[SQL SECURITY {DEFINER | INVOKER }]
BEGIN
    SQL 指令敘述 1~n;
    RETURN 常數、變數或運算式;
END 分隔符號
DELIMITER ;
```

上述語法使用 CREATE FUNCTION 指令建立名為【函數名稱】的函數，在名稱後的括號是參數清單，RETURNS 子句指定傳回值的資料類型，DETERMINISTIC 關鍵字可以建立確定性函數，即當參數值相同時，可以傳回相同的執行結果，預設值是 NOT DETERMINISTIC。

IF NOT EXISTS、DEFINER 和 SQL SECURITY 與預存程序相同，
BEGIN/END 指令碼區塊就是函數本體的 SQL 指令敘述集合，我們是在
BEGIN/END 之中使用 RETURN 關鍵字來傳回函數的傳回值。

在 MySQL 可以使用 MySQL Workbench 或 SQL 指令來建立函數。

使用 MySQL Workbench 建立函數

在 MySQL Workbench 建立函數就是提供介面來輸入 CREATE
FUNCTION 指令的 SQL 指令碼，如同預存程序，也會自動處理分隔符號的切
換，其步驟如下：

1 請啟動 MySQL Workbench 連線
MySQL 伺服器後，在「Navigator」
視窗選【Schemas】標籤，展開【school】
資料庫，在【Functions】上執行【右
鍵】快顯功能表的【Create Function...】
命令。

2 請在下方輸入建立函數的 SQL 指令碼（Name 欄的名稱會自動從指令碼
取得），如下圖：

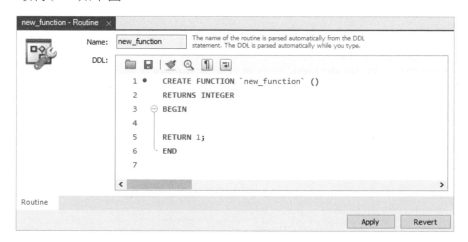

❸ 在完成建立函數的 SQL 指令碼輸入後，按【Apply】鈕，可以看到自動
新增分隔符號切換的指令碼，沒有問題，請再按【Apply】鈕後，按【Finish】
鈕執行 SQL 指令來建立函數。

使用 SQL 指令建立函數

函數可以使用在任何 MySQL 內建函數能夠使用的地方，和預存程序最大
差異是函數一定有傳回值，但是預存程序沒有（只能使用 OUT 參數來傳回）。

🖥️　SQL 指令碼檔：Ch14_4_1.sql

請建立 fnGetSalary()函數，可以傳回參數員工姓名的薪水淨額，如下：

```sql
USE school;
DELIMITER $$
CREATE FUNCTION fnGetSalary(emp_name VARCHAR(10))
RETURNS DECIMAL
DETERMINISTIC
BEGIN
  DECLARE salary DECIMAL DEFAULT NULL;
  SELECT  (薪水-保險-扣稅) INTO salary
  FROM 員工
  WHERE 姓名 = emp_name;
  IF salary IS NOT NULL THEN
    RETURN salary;
  ELSE
    RETURN 0;
  END IF;
END$$
DELIMITER ;
```

上述 CREATE FUNCTION 指令建立名為 fnGetSalary 的 DETERMINISTIC
函數，擁有一個 emp_name 參數，在 BEGIN/END 區塊宣告 salary 變數取得薪
水淨額，IF THEN/ELSE/END IF 條件判斷是否有取得薪水資料，如果沒有，
使用 RETURN 關鍵字傳回 0；有則傳回薪水淨額。

使用 MySQL Workbench 和 SQL 指令碼呼叫函數

MySQL 可以使用 MySQL Workbench 和 SQL 指令碼呼叫函數，MySQL Workbench 執行函數的方式和預存程序相同，請參閱第 14-1-3 節的說明。

因為 MySQL 內建函數可用的地方，就可使用我們建立的函數，換句話說，我們可以直接使用 SQL 指令碼來呼叫函數。

SQL 指令碼檔：Ch14_4_1a.sql

請使用 SELECT 指令呼叫 fnGetSalary()函數來顯示指定員工的薪水淨額，如下：

```
USE school;
SELECT CONCAT('薪水:', fnGetSalary('陳小安')) AS 結果;
```

上述 SELECT 指令呼叫 fnGetSalary()函數，可以看到參數員工姓名的薪水淨額，如下圖：

SQL 指令碼檔：Ch14_4_1b.sql

BMI 公式是：體重(公斤) / 身高 ^{2}(公尺)，請建立 fnBMI()函數計算 BMI 值，2 個參數依序是身高 height 和體重 weight，如下：

```
USE school;
DELIMITER $$
CREATE FUNCTION fnBMI(height FLOAT, weight FLOAT)
RETURNS FLOAT
DETERMINISTIC
BEGIN
  SET height = height / 100.0;
  RETURN weight/height/height;
END$$
DELIMITER ;
```

🖥️ **SQL 指令碼檔：Ch14_4_1c.sql**

請使用 SELECT 指令執行 fnBMI()函數來計算 BMI 值,如下:

```
USE school;
SELECT CONCAT('BMI:', fnBMI(175, 75)) AS 結果;
```

結果
▶ BMI:24.4898

顯示函數的相關資訊

MySQL 可以使用 SHOW FUNCTION STATUS 指令顯示【fnGetSalary】函數的相關資訊(SQL 指令碼檔:Ch14_4_1d.sql),如下:

```
SHOW FUNCTION STATUS LIKE "fnGetSalary";
```

我 們 也 可 以 使 用 SHOW CREATE FUNCTION 指 令 來 查 詢 建 立【fnGetSalary】函數的資訊(SQL 指令碼檔:Ch14_4_1e.sql),如下:

```
USE school;
SHOW CREATE FUNCTION fnGetSalary;
```

14-4-2 刪除與修改函數

對於 MySQL 現存的函數,我們可以使用 MySQL Workbench 或 SQL 指令來修改或刪除函數。

刪除函數

請在 MySQL Workbench 的「Navigator」視窗,展開【school】資料庫的【Functions】,在欲刪除的函數上,執行【右】鍵快顯功能表的【Drop Function...】命令來刪除函數。

SQL 語言是使用 DROP FUNCTION 指令來刪除函數,其基本語法如下:

```
DROP FUNCTION [IF EXISTS] 函數名稱
```

上述語法可以刪除名為【函數名稱】的函數，在之前的 IF EXISTS 是當函數存在時才刪除，否則會顯示警告訊息。

SQL 指令碼檔：Ch14_4_2.sql

請刪除名為【fnBMI】的函數，如下：

```
USE school;
DROP FUNCTION fnBMI;
```

使用 MySQL Workbench 修改函數

MySQL 並不支援修改函數的指令，修改函數如同預存程序，就是刪除函數後，再建立一個全新的同名函數。

MySQL Workbench 如同預存程序，可以自動產生刪除函數的 SQL 指令碼來修改函數，請在「Navigator」視窗選【Schemas】標籤，展開【school】資料庫下的【Functions】，在【fnGetSalary】上執行【右】鍵快顯功能表的【Alter Function...】命令來修改函數，如右圖：

14-5 觸發程序

觸發程序（Triggers）是一種特殊用途的預存程序，我們並不能自行執行觸發程序，因為觸發程序是當你執行 SQL 語言的 INSERT、UPDATE 和 DELETE 指令的前後，讓 MySQL 主動執行的程序。

　　MySQL Workbench 目前並不支援觸發程序的新增、更新和刪除功能，我們只能使用 SQL 指令來建立和刪除觸發程序。

14-5-1　建立觸發程序

　　觸發程序如同預存程序與函數，也是一組 SQL 指令敘述集合（請注意！觸發程序沒有參數，也不能傳回值），我們可以使用觸發程序來執行一些自動化操作，例如：加強欄位的商業規則驗證、比較記錄更改前後的狀態，和監控資料表的欄位值變更。

　　因為條件約束的執行效能比觸發程序佳，所以觸發程序並不是用來取代資料表的條件約束，而是用來處理條件約束無法驗證的商業規則（Business Rules），例如：訂購商品前需要檢查庫存是否足夠等，或執行更複雜的資料驗證程序。

SQL 語言的 CREATE TRIGGER 指令

　　MySQL 的 SQL 語言是使用 CREATE TRIGGER 指令建立觸發程序，其基本語法如下：

```
DELIMITER 分隔符號
CREATE [DEFINER = 使用者]
TRIGGER 觸發程序名稱
{ BEFORE | AFTER }{ INSERT | UPDATE | DELETE }
ON 資料表名稱 FOR EACH ROW
BEGIN
    SQL 指令敘述 1~n;
END 分隔符號
DELIMITER ;
```

　　上述語法建立名為【觸發程序名稱】的觸發程序，在 ON/FOR EACH ROW 子句指定觸發程序針對的資料表名稱，DEFINER 和預存程序與函數相同。在【觸發程序名稱】之後是兩種觸發時機，如下：

- AFTER 觸發程序：當執行 INSERT、UPDATE 和 DELETE 指令已經改變資料後，觸發和執行此觸發程序，可以執行檢查或善後處理。

- BEFORE 觸發程序：當執行 INSERT、UPDATE 和 DELETE 指令尚未
  改變資料前，觸發和執行此觸發程序，可以驗證資料或取代成正確的
  欄位值。

使用 SQL 指令建立觸發程序

觸發程序可以使用 OLD 與 NEW 關鍵字取得受影響的記錄，其欄位是對應
ON 子句的資料表（N/A 是不能使用），其說明如下表：

DML 指令	OLD 關鍵字	NEW 關鍵字
INSERT	N/A	新增的記錄
UPDATE	更新前的舊記錄	更新後的新記錄
DELETE	刪除的記錄	N/A

請注意！MySQL 觸發程序並不允許使用 SELECT 指令來顯示輸出的訊息文
字，我們只能將相關訊息新增至資料表，或使用 SIGNAL 指令來傳回錯誤訊息。

📺 **SQL 指令碼檔：Ch14_5_1.sql**

請在【school】資料庫的【班級】資料表，針對 INSERT 指令建立名為【檢
查上課數】的 BEFORE INSERT 觸發程序，如果學生已經修超過三門課程，就
顯示錯誤訊息和中止記錄的新增，如下：

```
USE school;
DELIMITER $$
CREATE TRIGGER 檢查上課數
BEFORE INSERT ON 班級 FOR EACH ROW
BEGIN
  IF (SELECT COUNT(學號) FROM 班級
     WHERE 學號 = NEW.學號) > 3 THEN
    SET NEW.學號 = NULL;
    SIGNAL SQLSTATE '45000'
    SET MESSAGE_TEXT = "已經修太多課程!";
  END IF;
END$$
DELIMITER ;
```

上述指令碼的 IF THEN/END IF 條件檢查學生上課的記錄是否超過 3 門課，如果是，將新記錄的【學號】欄位設為 NULL，因為違反主鍵不可是 NULL 的條件約束，所以無法新增記錄，然後使用 SIGNAL 指令產生自訂的錯誤訊息。

請注意！MySQL 觸發程序目前並不支援交易，而且沒有提供相關指令可以中止目前執行的 DML 指令，在觸發程序我們是透過欄位不可是 NULL 的條件約束來中斷 INSERT 指令的執行，其執行結果可以看到新增的觸發程序，如下圖：

💻 **SQL 指令碼檔：Ch14_5_1a.sql**

當在【班級】資料表新增記錄，就會觸發執行 BEFORE INSERT 觸發程序【檢查上課數】，如果學生的修課數已經太多，就會顯示錯誤訊息且不允許新增此筆記錄，如下：

```
USE school;
INSERT INTO 班級
VALUES ('I004', 'S001', 'CS111','03:00:00', '321-M');
```

上述 INSERT 指令插入一筆新記錄，在【班級】資料表有觸發程序，在檢查學生 S001 的修課數後，因為超過 3 筆記錄，所以顯示錯誤訊息，也沒有新增此筆記錄（違反欄位值不可是 NULL），如下圖：

📟 **SQL 指令碼檔：Ch14_5_1b.sql**

　　請在【school】資料庫的【課程】資料表，針對 UPDATE 指令建立名為【更新課程記錄】的 AFTER 觸發程序，如果有更改【學分】欄位值，就新增一筆記錄至資料表的記錄檔。首先建立名為【更新課程記錄檔】的資料表，如下：

```
USE school;
CREATE TABLE IF NOT EXISTS 更新課程記錄檔 (
    記錄編號 INT AUTO_INCREMENT  NOT NULL PRIMARY KEY,
    記錄訊息 VARCHAR(50) NOT NULL,
    記錄日期 DATETIME
);
```

　　上述資料表可以儲存訊息和日期，然後建立觸發程序，如下：

```
DELIMITER $$
CREATE TRIGGER 更新課程記錄
AFTER UPDATE ON 課程 FOR EACH ROW
BEGIN
  IF NEW.學分 <> OLD.學分 THEN
     INSERT INTO 更新課程記錄檔
     SET 記錄訊息 = CONCAT("更新: ", NEW.課程編號,
                         " 學分從 ", OLD.學分,
                         " 到", NEW.學分),
         記錄日期 = NOW();
  END IF;
END$$
DELIMITER ;
```

　　上述指令碼的 IF THEN/END IF 條件檢查更新前後的學分數是否有更改，如果有，就將更新訊息寫入【更新課程記錄檔】資料表，換句話說，我們是使用資料表來監控【課程】資料表的變更，其執行結果可以看到新增的觸發程序，如下圖：

> 📺 **SQL 指令碼檔：Ch14_5_1c.sql**

當在【課程】資料表更新記錄就會觸發 AFTER UPDATE 觸發程序【更新課程記錄】，如果有更改學分數，就會在【更新課程記錄檔】資料表新增一筆記錄，如下：

```
USE school;
UPDATE 課程
SET 學分 = 4
WHERE 課程編號 = 'CS213';
```

上述 UPDATE 指令更新課程編號的學分數，所以在【更新課程記錄檔錄】資料表可以看到新增一筆更新學分的記錄資料，如下圖：

	記錄編號	記錄訊息	記錄日期
▶	1	更新: CS213 學分從 2 到4	2023-02-06 10:14:12
∗	NULL	NULL	NULL

顯示觸發程序的相關資訊

MySQL 可以查詢 infromation_schema 系統資料庫來顯示觸發程序【檢查上課數】的相關資訊（SQL 指令碼檔：Ch14_5_1d.sql），如下：

```
SELECT * FROM information_schema.TRIGGERS
WHERE TRIGGER_NAME = "檢查上課數";
```

我們也可以使用 SHOW CREATE TRIGGER 指令來查詢建立【檢查上課數】觸發程序的資訊（SQL 指令碼檔：Ch14_5_1e.sql），如下：

```
USE school;
SHOW CREATE TRIGGER 檢查上課數;
```

14-5-2　刪除與修改觸發程序

對於 MySQL 現存的觸發程序，我們可以使用 SQL 指令來修改或刪除觸發程序。

刪除觸發程序

SQL 語言是使用 DROP TRIGGER 指令來刪除觸發程序，其基本語法如下：

```
DROP TRIGGER [IF EXISTS] 觸發程序名稱;
```

上述語法可以刪除名為【觸發程序名稱】的觸發程序，在之前的 IF EXISTS 是當觸發程序存在時才刪除，否則會顯示警告訊息。

SQL 指令碼檔：Ch14_5_2.sql

請刪除名為【檢查上課數】的觸發程序，如下：

```
USE school;
DROP TRIGGER 檢查上課數;
```

Ch14_5_2a.sql 可以刪除【新增課程記錄】觸發程序。

修改觸發程序

MySQL 並不支援修改觸發程序的 SQL 指令，修改觸發程序就是刪除觸發程序後，再建立一個全新的同名觸發程序。

14-6 | 錯誤處理程序

當預存程序、函數或觸發程式發生錯誤時，MySQL 可以宣告處理程序（Handler）來處理錯誤。

建立錯誤處理程序的 SQL 語法

SQL 語言是使用 DECLARE HANDLER 指令來建立錯誤處理程序，其基本語法如下：

```
DECLARE {EXIT | CONTINUE} HANDLER 處理程序名稱
FOR 錯誤碼
SQL 指令敘述;
```

當錯誤處理不只一行指令碼時,請使用 BEGIN/END 指令區塊,如下:

```
DECLARE {EXIT | CONTINUE} HANDLER 處理程序名稱
FOR 錯誤碼
BEGIN
    SQL 指令敘述 1~n;
END;
```

上述語法可以建立名為【處理程序名稱】的錯誤處理程序,在 DECLARE 關鍵字後指定錯誤處理的操作,其說明如下:

- EXIT 關鍵字:當錯誤發生時馬上終止 BEGIN/END 指令區塊的執行。

- CONTINUE 關鍵字:當錯誤發生時繼續執行 BEGIN/END 指令區塊之後的 SQL 指令敘述。

錯誤處理程序是處理【錯誤碼】錯誤,可以使用 MySQL 錯誤碼或 SQLSTATE 錯誤碼,例如:啟動 MySQL 命令列工具,執行 SELECT 指令查詢一個不存在的資料表時,就會顯示錯誤訊息,如下圖:

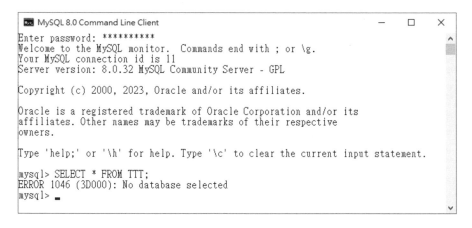

上述錯誤訊息有 2 個錯誤碼:1046 是 MySQL 錯誤碼;3D000 是 SQLSTATE 錯誤碼,其說明如下:

- MySQL 錯誤碼:這是 MySQL 伺服器錯誤碼(Server Error Code),可以在 MySQL 官方文件查詢 MySQL 錯誤碼,如下:

```
https://dev.mysql.com/doc/mysql-errors/8.0/en/server-error-reference.html
```

- SQLSTATE 錯誤碼：5 個字元的 SQL 錯誤碼，除了使用值，也可以使用 SQLEXCEPTION、SQLWARNING 和 NOT FOUND 等錯誤名稱。

在 MySQL 預存程序建立錯誤處理程序

MySQL 預存程序可以建立錯誤處理來處理指定的 MySQL 錯誤或 SQLSTATE 錯誤。

SQL 指令碼檔：Ch14_6.sql

請建立名為【新增課程】的預存程序來新增課程資料，參數課程編號 c_no、課程名稱 title 和學分 credits，並且建立錯誤處理來處理 MySQL 錯誤 1062（SQLSTATE：23000），如果主鍵重複課程存在，就改為更新這筆課程資料，如下：

```
USE school;
DELIMITER $$
CREATE PROCEDURE 新增課程(c_no CHAR(5),
                        title VARCHAR(30),
                        credits INT)
BEGIN
  DECLARE EXIT HANDLER FOR 1062
  BEGIN
    UPDATE 課程
    SET 名稱 = title, 學分 = credits
    WHERE 課程編號 = c_no;
    SELECT "已經更新一筆記錄!" AS 訊息;
  END;
  INSERT INTO 課程
  SET 課程編號 = c_no,
      名稱 = title,
      學分 = credits;
  SELECT * FROM 課程
  WHERE 課程編號 = c_no;
END$$
DELIMITER ;
```

上述錯誤處理是使用 EXIT 操作處理 MySQL 錯誤碼 1062，當主鍵重複時，就更新這筆記錄，然後新增一筆課程記錄和顯示這筆記錄的內容。

　　SQL 指令碼檔：Ch14_6a.sql 可以建立名為【新增課程 2】的預存程序，其指令碼和 Ch14_6.sql 幾乎相同，只是改為 CONTINUE 操作的錯誤處理，如下：

```
..
CREATE PROCEDURE 新增課程2(c_no CHAR(5),
                          title VARCHAR(30),
                          credits INT)
BEGIN
  DECLARE CONTINUE HANDLER FOR 1062
...
```

　　在執行上述 2 個 SQL 指令碼檔後，可以看到建立的【新增課程】和【新增課程 2】預存程序，如下圖：

```
▼ 🗂 Stored Procedures
    ⚙ 回復班級記錄
    ⚙ 員工查詢
    ⚙ 新增課程2
    ⚙ 新增課程
    ⚙ 課程查詢
    ⚙ 學生上課報表
    ⚙ 薪水查詢
```

🖥 SQL 指令碼檔：Ch14_6b.sql

　　我們準備使用 CALL 指令依序執行 2 次【新增課程】和 1 次【新增課程 2】預存程序，如下：

```
USE school;
CALL 新增課程('CS500', 'UML 物件導向程式設計', 4);
CALL 新增課程('CS213', '物件導向程式設計', 4);
CALL 新增課程2('CS213', '物件導向程式設計', 2);
```

　　上述指令碼當執行第 1 次【新增課程】預存程序後，因為 CS500 不存在，所以是新增一筆記錄，可以顯示此筆記錄內容（MySQL Workbench 會在不同標籤頁顯示執行結果），如下圖：

課程編號	名稱	學分
▶ CS500	UML物件導向程式設計	4

接著執行第 2 次【新增課程】預存程序後，因為 CS213 存在，所以執行錯誤處理來更新一筆記錄，而且因為是 EXIT 操作，所以並不會執行最後的 SELECT 指令，如下圖：

訊息
▶ 已經更新一筆記錄！

最後執行【新增課程 2】預存程序後，因為 CS213 存在，所以執行錯誤處理來更新一筆記錄，此程序是 CONTINUE 操作，所以標籤頁有 2 個，一個是更新訊息；一個是執行 SELECT 指令的結果，如下圖：

訊息
▶ 已經更新一筆記錄！

課程編號	名稱	學分
▶ CS213	物件導向程式設計	2

在 MySQL 觸發程序建立錯誤處理程序

MySQL 觸發程序也一樣可以建立錯誤處理來處理 MySQL 錯誤或 SQLSTATE 錯誤。

SQL 指令碼檔：Ch14_6c.sql

我們準備修改 SQL 指令碼檔 Ch14_5_1.sql 成為 AFTER INSERT 觸發程序，然後新增錯誤處理程序來刪除新增的一筆班級記錄資料（不是改成 NULL 來阻止新增記錄），錯誤處理是使用 SQLSTATE 錯誤碼 45000，這是可以讓使用者自行定義例外的錯誤碼。

首先刪除【檢查上課數】觸發程序後，新增同名的觸發程序，換句話說，就是在修改觸發程序，如下：

```
USE school;
DROP TRIGGER IF EXISTS 檢查上課數;
DELIMITER $$
CREATE TRIGGER 檢查上課數
AFTER INSERT ON 班級 FOR EACH ROW
BEGIN
  DECLARE EXIT HANDLER FOR 45000
  BEGIN
```

```
    DELETE FROM 班級
    WHERE 教授編號 = NEW.教授編號
      AND 學號 = NEW.學號
      AND 課程編號 = NEW.課程編號;
  END;
  IF (SELECT COUNT(學號) FROM 班級
      WHERE 學號 = NEW.學號) > 3 THEN
    SIGNAL SQLSTATE '45000'
    SET MESSAGE_TEXT = "已經修太多課程!";
  END IF;
END$$
DELIMITER ;
```

　　上述錯誤處理是以 EXIT 操作處理 SQLSTATE 錯誤碼 45000，當學生的修課數太多時，就執行錯誤處理，刪除這筆新增的記錄。其執行結果可以看到修改後的【檢查上課數】觸發程序，如下圖：

SQL 指令碼檔：Ch14_6d.sql

　　當在【班級】資料表新增記錄，就會觸發執行 AFTER INSERT 觸發程序【檢查上課數】，如果學生的修課數已經太多，就會顯示錯誤訊息和刪除這筆新增的記錄，如下：

```
USE school;
INSERT INTO 班級
VALUES ('I004', 'S001', 'CS500','03:00:00', '321-M');
```

　　上述 INSERT 指令插入一筆新記錄（CS500 是執行 Ch14_6b.sql 新增的課程），在【班級】資料表有觸發程序，在檢查學生 S001 的修課數後，因為超過 3 筆記錄，所以顯示錯誤訊息，而且在【班級】資料表也沒有新增此筆記錄，如下圖：

教授 編號	學號	課程 編號	上課 時間	教室
I003	S001	CS213	12:00:00	500-K
I003	S006	CS213	12:00:00	500-K
I004	S002	CS111	15:00:00	321-M
I004	S003	CS111	15:00:00	321-M
I004	S005	CS111	15:00:00	321-M
NULL	NULL	NULL	NULL	NULL

錯誤處理程序的優先順序

　　當預序程序同時擁有多個錯誤處理程序時，其優先順序是 MySQL 錯誤碼最高，然後是 SQLSTATE 錯誤碼，最後才是錯誤名稱 SQLEXCEPTION、SQLWARNING 和 NOT FOUND 等（SQL 指令碼檔：Ch14_6e.sql），如下：

```
USE school;
DELIMITER $$
CREATE PROCEDURE 新增課程3(c_no CHAR(5),
                        title VARCHAR(30),
                        credits INT)
BEGIN
  DECLARE EXIT HANDLER FOR 1062
  SELECT "SQL 錯誤碼1062" AS 訊息;
  DECLARE EXIT HANDLER FOR SQLSTATE '23000'
  SELECT "SQLSTATE 錯誤碼23000" AS 訊息;
  DECLARE EXIT HANDLER FOR SQLEXCEPTION
  SELECT "SQLEXCEPTION 錯誤名稱" AS 訊息;
    INSERT INTO 課程
  SET 課程編號 = c_no,
      名稱 = title,
      學分 = credits;
  SELECT * FROM 課程
  WHERE 課程編號 = c_no;
END$$
DELIMITER ;
```

　　在上述【新增課程3】預存程序共新增 3 個錯誤處理程序，請使用 MySQL Workbench 執行此預存程序，在輸入存在課程編號 CS213 後，按【Execute】鈕，如下圖：

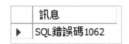

可以看到執行的錯誤處理程序是 MySQL 錯誤碼，如下圖：

訊息
▶ SQL錯誤碼1062

使用 SQL 指令建立錯誤碼條件的名稱

我們可以建立錯誤碼條件的名稱，然後在錯誤處理指定處理此條件名稱的錯誤。SQL 語言是使用 DECLARE CONDITION 指令建立錯誤碼條件的名稱，其基本語法如下：

```
DECLARE 條件名稱 CONDITION FOR 錯誤碼;
```

我們準備修改 Ch14_6e.sql 的【新增課程 3】預存程序，替 MySQL 錯誤碼 1062 命名為【課程已經存在】（SQL 指令碼檔：Ch14_6f.sql），如下：

```
…
DECLARE 課程已經存在 CONDITION FOR 1062;
DECLARE EXIT HANDLER FOR 課程已經存在
SELECT "SQL 錯誤碼 1062" AS 訊息;
…
```

資料指標、參數化查詢
與交易處理

15-1 │ 使用資料指標與參數化查詢

SQL 資料指標（SQL Cursor）可以使用在預存程序、函數或觸發程序來處理結果集（Result Set）中的每一筆記錄，結果集就是 SELECT 指令查詢結果的記錄集合（Record Set）。

MySQL 參數化查詢是使用「預備指令敘述」（Prepared Statement），可以在 SQL 指令敘述字串中使用參數來代替實際的常數值。

▌Memo

請啟動 MySQL Workbench 執行本書範例「Ch15\Ch15_School.sql」的 SQL 指令碼檔案，可以建立本章測試所需的【school】資料庫、資料表和記錄資料。

15-1-1 資料指標的基礎

SQL 指令敘述預設是處理整個結果集的所有記錄資料，如果需要每一次處理結果集中的一筆記錄，我們需要使用「資料指標」（Cursors）。簡單的說，

資料指標可以視為是一個資料列標籤（Row Marker），記錄在結果集中目前存取的是哪一筆記錄，如下圖：

資料指標 ➡ 1	S001	陳會安	新台市五股區	2002-10-15	22
2	S002	江小魚	新北市中和區	2003-01-02	18
3	S003	周傑倫	台北市松山區	2000-05-01	15
4	S004	蔡一玲	台北市大安區	2000-07-22	15
5	S005	張會妹	台北市信義區	2001-03-01	19
6	S006	張無忌	台北市內湖區	2001-03-01	19

上述圖例是 SELECT 指令查詢結果的結果集，目前的資料指標是指向結果集的第 1 筆記錄，如果使用資料指標取得記錄，就是取出灰底的哪一筆記錄。

在結果集中可以往前、往後移動資料指標來讀取記錄，如果循序往後移動，就可以一筆一筆讀取結果集的所有記錄（請注意！MySQL 的資料指標只能循序往後移動，並不能回頭；也不可以跳躍）。

在 SQL 使用資料指標需要使用多個 SQL 指令來完成記錄資料的處理，其說明如下表：

SQL 指令	說明
DECLARE	宣告與定義一個新的資料指標
OPEN	執行資料指標的 SELECT 指令來開啟與建立資料指標
FETCH	從資料指標取出一筆記錄資料
CLOSE	關閉資料指標

15-1-2　使用 SQL 資料指標

SQL 資料指標可以使用在預存程序、函數和觸發程序，在 MySQL 的資料指標是取得實際資料，並不是副本資料。在 MySQL 使用資料指標的基本步驟，如下圖：

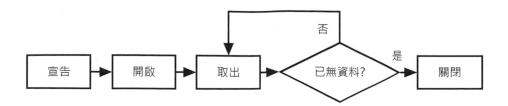

步驟一：宣告資料指標

　　SQL 語言是使用 DECLARE 指令來宣告與定義一個新的資料指標，其基本語法如下：

```
DECLARE 資料指標名稱 CURSOR
FOR SELECT 指令敘述;
```

　　上述語法建立名為【資料指標名稱】的資料指標。例如：宣告名為【學生_資料指標】的資料指標，如下：

```
DECLARE 學生_資料指標 CURSOR
    FOR SELECT 姓名 FROM 學生
        WHERE 性別 = '男';
```

　　上述 DECLARE 指令建立名為【學生_資料指標】的資料指標，資料集是查詢【學生】資料表的所有男學生。

步驟二：開啟資料指標

　　在宣告資料指標後，就可以使用 OPEN 指令開啟資料指標，其基本語法如下：

```
OPEN 資料指標名稱;
```

　　上述語法可以開啟名為【資料指標名稱】的資料指標，例如：開啟【學生_資料指標】的資料指標，如下：

```
OPEN 學生_資料指標;
```

步驟三：讀取資料指標的記錄

在開啟資料指標後，就可以開始讀取記錄資料，不過在 OPEN 指令之前，我們需要先宣告錯誤處理程序，可以處理資料集已經沒有記錄的錯誤，如下：

```
DECLARE CONTINUE HANDLER FOR NOT FOUND
SET finished = 1;
```

上述錯誤處理程序是處理已經沒有記錄的 NOT FOUND 錯誤，可以設定 finished 旗標變數來控制記錄集的記錄資料讀取。

如果資料集仍然有記錄，我們可以使用 FETCH 指令，從資料指標位置讀取一筆記錄資料，其基本語法如下：

```
FETCH [[NEXT] FROM] 資料指標名稱
INTO 變數名稱 1 [, 變數名稱 2...];
```

上述語法將目前【資料指標名稱】位置的記錄存入 INTO 子句後的 SQL 變數清單，如果不只一個，請使用「,」逗號分隔，這是對應 FOR 子句 SELECT 查詢指令的欄位清單。

在 FETCH 指令後的 NEXT 關鍵字是預設移動方式，第一次執行，就是讀取第 1 筆記錄，當再次執行，就是讀取下一筆，直到沒有記錄，就丟出 NOT FOUND 錯誤，所以，我們可以使用 LOOP 迴圈和跳出迴圈的 LEAVE 指令來讀取資料集的每一筆記錄。

例如：使用 FETCH 指令配合 LOOP 迴圈和 LEAVE 指令，讀取【學生_資料指標】資料指標的記錄，並且將記錄一一新增至 name_list 變數，如下：

```
SET finished = 1;
…
get_names: LOOP
   FETCH 學生_資料指標 INTO std_name;
   IF finished = 1 THEN
      LEAVE get_names;
   END IF;
   SET name_list = CONCAT(std_name, ";", name_list);
END LOOP get_names;
```

在上述 LOOP 迴圈中是使用 FETCH 指令讀取記錄，每執行一次，可以從資料指標讀取一筆記錄，IF THEN/END IF 條件判斷旗標變數 finished，值 1 就表示已經讀完所有記錄，可以跳出 LOOP 迴圈。

步驟四：關閉資料指標

最後使用 CLOSE 指令關閉資料指標，其基本語法如下：

```
CLOSE 資料指標名稱;
```

上述語法關閉名為【資料指標名稱】的資料指標，例如：關閉【學生_資料指標】資料指標，如下：

```
CLOSE 學生_資料指標;
```

在 SQL 指令碼檔：Ch15_1_2.sql 是建立預存程序【使用指標查詢男學生】，可以使用資料指標來讀取男學生的記錄資料，最後顯示男學生的姓名清單，其完整指令碼如下：

```
USE school;
DELIMITER $$
CREATE PROCEDURE 使用指標查詢男學生()
BEGIN
   DECLARE finished INT DEFAULT 0;
   DECLARE std_name VARCHAR(10);
   DECLARE name_list VARCHAR(200) DEFAULT "";
   DECLARE 學生_資料指標 CURSOR
   FOR SELECT 姓名 FROM 學生
       WHERE 性別 = '男';
   DECLARE CONTINUE HANDLER FOR NOT FOUND
   SET finished = 1;
   OPEN 學生_資料指標;
get_names: LOOP
      FETCH 學生_資料指標 INTO std_name;
      IF finished = 1 THEN
         LEAVE get_names;
      END IF;
      SET name_list = CONCAT(std_name, ";", name_list);
   END LOOP get_names;
   CLOSE 學生_資料指標;
```

```
    SElECT name_list AS 結果;
END$$
DELIMITER ;
```

　　請執行上述指令碼成功建立預存程序後，即可使用 MySQL Workbench 執行上述預存程序，請點選預存程序的第 2 個圖示，如下圖：

　　可以看到預存程序的執行結果，如下圖：

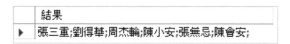

15-1-3　使用參數化查詢

　　當在 MySQL 用戶端送出 SQL 指令敘述字串至 MySQL 伺服器後，MySQL 會編譯和執行 SQL 指令敘述，然後將查詢結果傳回至用戶端。如果每次執行的 SQL 指令敘述只有部分參數值的差異，我們可以建立參數化查詢，在 MySQL 伺服器只需編譯一次 SQL 指令敘述，即可每次傳入不同參數值來取得不同的查詢結果，增加查詢效能和安全性。

　　MySQL 參數化查詢是使用「預備指令敘述」（Prepared Statement），可以在 SQL 指令敘述字串中使用參數「?」來代替實際的常數值，如下：

```
'SELECT 姓名 FROM 學生 WHERE 性別 = ?'
```

　　上述 SQL 指令字串中有 1 個「?」號，表示其值是一個參數，尚未指定其值。這是在執行查詢時，我們才指定參數值來執行 SQL 指令敘述。MySQL 預備指令敘述需要使用三個指令，其說明如下表：

SQL 指令	說明
PREPARE/FROM	宣告一個預備指令敘述，在 FROM 子句是擁有參數的 SQL 指令字串
EXECUTE/USING	執行預備指令敘述，USING 子句是傳入的參數值
DEALLOCATE PREPARE	釋放配置的預備指令敘述

SQL 指令碼檔：Ch15_1_3.sql

我們準備建立名為【使用性別查詢學生】的預備指令敘述，在 SQL 指令字串只有在 WHERE 子句的條件有 1 個參數值，如下：

```
USE school;
PREPARE 使用性別查詢學生 FROM
'SELECT 姓名 FROM 學生 WHERE 性別 = ?';
```

上述 PREPARE/FROM 指令宣告【使用性別查詢學生】的預備指令敘述後，在下方建立參數值的變數，即可使用 EXECUTE/USING 指令執行預備指令敘述，如下：

```
SET @gender = "男";
EXECUTE 使用性別查詢學生 USING @gender;
SET @gender = "女";
EXECUTE 使用性別查詢學生 USING @gender;
DEALLOCATE PREPARE 使用性別查詢學生;
```

上述指令碼共執行 2 次預備指令敘述後，使用 DEALLOCATE PREPARE 指令釋放配置預備指令敘述，其執行結果可以分別查詢男學生和女學生共 2 頁標籤頁，如下圖：

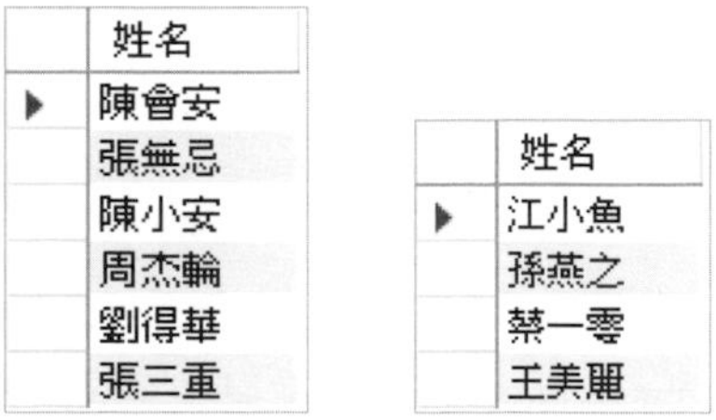

	姓名
▶	陳會安
	張無忌
	陳小安
	周杰輪
	劉得華
	張三重

	姓名
▶	江小魚
	孫燕之
	禁一零
	王美麗

💻 ⏢ SQL 指令碼檔：Ch15_1_3a.sql ⏢

在【多條件查詢學生】預備指令敘述擁有多個參數，其 SQL 指令字串的 WHERE 子句條件共有 2 個「?」的參數值，如下：

```
USE school;
PREPARE 多條件查詢學生 FROM
'SELECT 學號, 姓名 FROM 學生
 WHERE 性別 = ? AND 姓名 LIKE ?';
SET @gender = "男";
SET @std_name = "陳%";
EXECUTE 多條件查詢學生 USING @gender, @std_name;
DEALLOCATE PREPARE 多條件查詢學生;
```

上述指令碼宣告預備指令敘述後，建立 2 個變數，然後使用這 2 個變數執行【多條件查詢學生】預備指令敘述，因為有多個參數值，在 USING 子句是使用「,」逗號分隔這些參數值，其執行結果如下圖：

學號	姓名
S004	陳小安
S001	陳會安

15-2 │ 交易的基礎

在資料庫系統如果有多個存取操作需要執行，而且這些操作是無法分割的單位，則整個操作過程，對於資料庫系統來說，就是一個「交易」（Transaction）。

15-2-1 交易簡介

交易是一組資料庫單元操作的集合，這個集合是一個不可分割的邏輯單位（Logical Unit），不是全部執行完，就是通通不執行。事實上，組成交易的資料庫單元操作（Atomic Database Actions）只有兩種，如下表：

資料庫單元操作	說明
讀取（Read）	從資料庫讀取資料
寫入（Write）	將資料寫入資料庫

　　事實上，交易就是一系列資料庫讀取和寫入操作，只不過我們將這一系列操作視為一個無法分割的邏輯單位。例如：在【school】資料庫新增一位教授資料，需要同時在【員工】和【教授】資料表各新增一筆記錄（SQL 指令碼檔：Ch15_2_1.sql），如下：

```
START TRANSACTION;
INSERT INTO 員工
VALUES ('Y123456789','王安石','台北','長春路',
        '02-11122111', 60000, 4000, 1000);
INSERT INTO 教授
VALUES ('I014','講師','EE', 'Y123456789');
COMMIT;
SELECT "執行交易成功!" AS 結果;
```

　　上述指令碼是使用 START TRANSACTION 指令開始交易，整個文易共有兩個 INSERT 新增記錄操作，如果都沒有錯誤，就執行 COMMIT 指令的認可交易為止。如果發生錯誤，MySQL 是在錯誤處理程序，使用 ROLLBACK 指令來回復交易，如下：

```
DECLARE EXIT HANDLER FOR SQLEXCEPTION
BEGIN
    SELECT "執行交易出現錯誤!" AS 結果;
    ROLLBACK;
END;
```

　　從上述交易的過程我們可以知道交易的結果只有兩種情況：認可交易或回復交易，而且，一旦認可交易，就不能再回復交易，其說明如下：

- 認可交易（Commit）：表示交易中的所有資料庫單元操作，真正將更改寫入資料庫，成為資料庫的長存資料，而且不會再取消更改。

- 回復交易（Rollback）：如果交易尚未認可，我們可以取消交易，也就是取消所有已執行的資料庫單元操作，回復到執行交易前的狀態。

15-2-2　交易狀態

　　交易是將多個資料庫單元操作視為同一個不可分割的邏輯單元，這些資料庫單元的操作，只有兩種結果：一種是全部執行完成；另一種就是通通不執行，絕不可能有執行一半的情況發生。

交易狀態的種類

　　資料庫管理系統執行整個交易的過程可以分成數種「交易狀態」（Transaction State），如下圖：

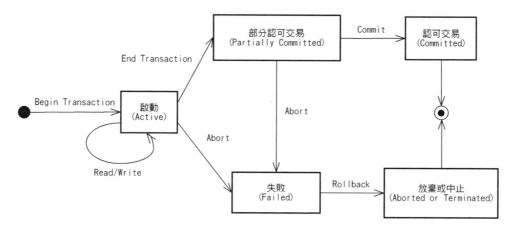

　　上述圖例的五個交易狀態說明，如下：

- 啟動狀態（Active State）：當交易開始執行時，就是進入啟動狀態的初始狀態，依序執行交易的讀取或寫入等資料庫單元操作。

- 部分認可交易狀態（Partially Committed State）：當交易的最後一個資料庫單元操作執行完後，也就是交易結束，就進入部分認可交易狀態。

- 認可交易狀態（Committed State）：在成功完成交易進入部分認可交易狀態後，還需要確認系統沒有錯誤，可以真正將資料寫入資料庫。在確認沒有錯誤後，就可以進入認可交易狀態，表示交易造成的資料庫更改，將真正寫入資料庫，而且不會再取消更改。

- 失敗狀態（Failed State）：當發現交易不能繼續執行下去時，交易就進入失敗狀態，準備執行回復交易。

- 放棄或中止狀態（Aborted or Terminated State）：交易需要回復到交易前的狀態，在取消所有寫入資料庫單元操作影響的資料後，就進入此狀態。對於資料庫管理系統來說，如同根本沒有執行過此交易。

15-2-3 交易停止執行的原因

在資料庫管理系統執行交易的過程中，共有三種情況會停止交易的執行，如下：

交易成功

交易成功就是正常結束交易的執行，所有交易的資料庫單元操作全部執行完成。以交易狀態來說，如果交易從啟動狀態開始，可以到達認可交易狀態，就表示交易成功。

交易失敗

交易失敗是送出放棄指令（Abort 或 Rollback）來結束交易的執行。以交易狀態來說，就是到達放棄或中止狀態。交易失敗分為兩種，如下：

- 放棄交易：交易本身因為條件錯誤、輸入錯誤資料或使用者操作而送出放棄指令（Abort 或 Rollback）來放棄交易的執行，正確的說，此時的交易是進入放棄狀態。

- 中止交易：因為系統負載問題或死結（Deadlock）情況，由資料庫管理系統送出放棄指令，讓交易進入中止狀態。

對於到達放棄或中止狀態的交易失敗來說，其解決方式有兩種方法：重新啟動交易或刪除交易。

交易未完成

交易有可能因為系統錯誤、硬體錯誤或當機而停止交易的執行，因為沒有送出放棄指令，此時交易是尚未完成的中斷狀態，即只執行到一半就被迫中斷執行。

因為資料庫管理系統並不允許此情況發生，所以在重新啟動後，其回復處理（Recovery）機制會從中斷點開始，重新執行交易至成功或失敗來結束交易的執行。

15-2-4　交易的四大特性

資料庫系統的交易需要滿足四項基本特性，以英文字頭的縮寫稱為 ACID 交易，如下：

- 單元性（Atomicity）：將交易過程的所有資料庫單元操作視為同一項工作，不是全部執行完，就是通通不執行，視為是一個不能分割的邏輯單位。

- 一致性（Consistency）：當交易更改或更新資料庫的資料後，在交易之前和之後，資料庫的資料仍然需要滿足完整性限制條件，維持資料的一致性。

- 隔離性（Isolation）：當執行多個交易時，雖然交易是並行執行，不過，各交易之間應該滿足獨立性。也就是說，一個交易不會影響到其他交易的執行結果，或被其他交易所干擾。

- 永久性（Durability）：當交易完成執行認可交易（Commit）後，其執行操作所更動的資料已經永久改變，資料庫管理系統不只需要將資料從資料庫緩衝區實際寫入儲存裝置，而且不會因任何錯誤，而導致資料的流失。

15-3 | 交易處理

在 MySQL 常用的資料庫儲存引擎中，MyISAM 不支援交易處理；InnoDB 支援交易處理（預設引擎），在本章的 MySQL 資料表是使用 InnoDB 資料庫儲存引擎來支援交易處理。

15-3-1 MySQL 的交易模式

MySQL 預設的交易模式（Transactions Mode）是自動認可交易（Autocommit Transactions），也就是將每一個 SQL 指令敘述都視為是一個交易。我們可以查詢系統變數 AUTOCOMMIT 來取得目前 MySQL 的交易模式（SQL 指令碼檔：Ch15_3_1.sql），如下：

```
SELECT @@AUTOCOMMIT;
```

上述系統變數 AUTOCOMMIT 值 1 是自動認可交易模式；0 是明顯交易模式，其說明如下：

- 自動認可交易模式（Autocommit Transactions Mode）：MySQL 預設的交易模式，每一個單獨的 SQL 指令敘述自動確認交易，雖然不需要確認交易，但也無法執行回復交易。我們是將 AUTOCOMMIT 值設為 1 來切換成自動認可交易模式，如下：

```
SET AUTOCOMMIT = 1;
```

- 明顯交易模式（Explicit Transactions Mode）：每一個單獨的 SQL 指令敘述並不會自動確認交易，需要使用 START TRANSACTION（也可用 BEGIN）、COMMIT 和 ROLLBACK 指令組合多個 SQL 指令敘述來建立交易，請注意！MySQL 的 DDL 指令並不允許回復交易。我們是將 AUTOCOMMIT 值設為 0 來切換成明顯交易模式，如下：

```
SET AUTOCOMMIT = 0;
```

15-3-2 MySQL 的交易處理

在 MySQL 的明顯交易模式需要自行組合多個 SQL 指令敘述來建立交易，SQL 語言提供一組指令來進行交易處理，可以讓我們組織 SQL 指令敘述集合成為一個交易，並且控制交易的執行結果是認可交易，還是回復交易。實務上，我們需要使用明顯交易模式的情況，如下：

- 如果 SQL 指令敘述集合中有任一個 SQL 指令敘述執行失敗，將會影響資料完整性的情況。

- 如果執行多個 SQL 操作指令 INSERT、UPDATE 和 DELETE 時，這些指令更新的資料是有關聯的，例如：新增訂單資料和訂單明細的項目。

- 如果執行 SQL 操作指令 INSERT、UPDATE 和 DELETE 後，馬上執行 SELECT 查詢指令，而且查詢結果的欄位資料，就是操作指令更新後的資料時。

SQL 交易處理的指令主要有三個，其說明如下表：

交易指令	說明
START TRANSACTION 或 BEGIN	交易起點，標示開始進行交易
COMMIT	交易終點，將交易更改的資料實際寫入資料庫
ROLLBACK	交易失敗，放棄交易且將資料庫回復到交易前的狀態

上述 START TRANSACTION 或 BEGIN 指令和 AUTOCOMMIT 變數設為 0 相同，整個連線過程的 SQL 指令敘述，都需等到下達 COMMIT 指令認可交易後，才會真正儲存資料庫的變更。

SQL 指令碼檔：Ch15_3_2.sql

因為刪除學生記錄需要同時刪除此位學生的修課記錄，所以，我們準備建立名為【執行交易刪除學生記錄】的預存程序來進行這 2 個資料表刪除操作的交易。

為了避免影響原資料表的記錄，首先建立【班級備份】和【學生備份】資料表，其內容就是【班級】和【學生】資料表，如下：

```
USE school;
DROP TABLE IF EXISTS 班級備份;
CREATE TABLE 班級備份
SELECT * FROM 班級;
ALTER TABLE 班級備份
ADD PRIMARY KEY (教授編號, 學號, 課程編號);
DROP TABLE IF EXISTS 學生備份;
CREATE TABLE 學生備份
SELECT * FROM 學生;
```

```
ALTER TABLE 學生備份
ADD PRIMARY KEY (學號);
```

　　上述指令碼建立【學生備份】和【班級備份】資料表後，建立預存程序【執行交易刪除學生記錄】，和使用 START TRANSACTION 指令開始進行交易，如下：

```
DELIMITER $$
CREATE PROCEDURE 執行交易刪除學生記錄()
BEGIN
  SET SQL_SAFE_UPDATES = 0;
  START TRANSACTION;
  DELETE FROM 班級備份
  WHERE 學號 = 'S001';
  IF ROW_COUNT() > 5 THEN
     ROLLBACK;
     SELECT '回復刪除操作!' AS 結果;
  ELSE
     DELETE FROM 學生備份
     WHERE 學號 = 'S001';
     COMMIT;
     SELECT '認可刪除操作!' AS 結果;
  END IF;
  SET SQL_SAFE_UPDATES = 1;
END$$
DELIMITER ;
```

　　上述指令碼在開始進行交易後，首先刪除【班級備份】資料表學號 S001 的學生上課資料，然後使用 IF THEN/ELSE/END IF 條件的 ROW_COUNT()函數，取得 DML 指令影響的記錄數（SELECT 指令是使用 FOUND_ROWS()函數取得影響的記錄數），如果刪除筆數大於 5，就使用 ROLLBACK 指令回復交易，否則，就再刪除【學生備份】資料表學號 S001 的學生資料後，即可使用 COMMIT 指令認可交易。

　　請執行上述 SQL 指令碼建立預存程序後，使用 MySQL Workbench 執行預存程序，其執行結果是認可刪除操作的交易，如右圖：

　　在【學生備份】和【班級備份】資料表已經沒有學號 S001 的學生資料。

15-3-3　交易儲存點

交易儲存點（Save Points）的觀念類似 GOTO 指令，我們可以在交易中指定交易儲存點的標籤，而在 ROLLBACK 回復交易時，就可以指定回復到哪一個交易儲存點，也就是只回復部分交易的內容。

在交易建立交易儲存點是使用 SAVEPOINT 指令，其基本語法如下：

```
SAVEPOINT 交易儲存點名稱;
```

上述語法可以在交易中建立交易儲存點，此時的 ROLLBACK 指令可以指定回復至哪一個交易儲存點，其基本語法如下：

```
ROLLBACK TO SAVEPOINT 交易儲存點名稱;
```

上述語法可以回復交易至指定的交易儲存點名稱。

🖥 **SQL 指令碼檔：Ch15_3_3.sql**

我們準備在整個交易中建立兩個交易儲存點，以便借著刪除【學生備份】資料表的記錄資料來測試如何只回復部分交易。首先建立【學生備份】資料表，如下：

```
USE school;
DROP TABLE IF EXISTS 學生備份;
CREATE TABLE 學生備份
SELECT * FROM 學生;
ALTER TABLE 學生備份
ADD PRIMARY KEY (學號);
```

上述指令碼建立【學生備份】資料表，其內容是【學生】資料表，共有 11 位學生。然後在下方使用 START TRANSACTION 指令開始進行交易，變數 @count 儲存目前資料表的記錄數，第 1 次刪除學號 S001，和建立第 1 個儲存點【刪除一位學生】，如下：

```
SET SQL_SAFE_UPDATES = 0;
START TRANSACTION;
  SET @count = 0;
```

```
DELETE FROM 學生備份 WHERE 學號 = 'S001';
SAVEPOINT 刪除一位學生;
DELETE FROM 學生備份 WHERE 學號 = 'S002';
  SAVEPOINT 刪除二位學生;
    DELETE FROM 學生備份 WHERE 學號 = 'S003';
    SELECT @count := COUNT(*) FROM 學生備份;
    SELECT CONCAT('刪除三位學生後: ', @count) AS 結果;
```

上述指令碼接著在第 2 次刪除學號 S002，和建立第 2 個儲存點【刪除二位學生】，然後再刪除學號 S003，其執行結果顯示目前資料表的記錄數是 8，原來有 11 位學生，我們一共刪除了 3 位學生，如下圖：

在下方使用 ROLLBACK TO SAVEPOINT 回復至【刪除二位學生】的儲存點，如下：

```
ROLLBACK TO SAVEPOINT 刪除二位學生;
SELECT @count := COUNT(*) FROM 學生備份;
SELECT CONCAT('回復至刪除二位學生: ', @count) AS 結果;
```

上述指令碼回復至第 2 個儲存點【刪除二位學生】，其執行結果顯示目前資料表的記錄數是 9，原來有 11 位學生，回復至刪除 2 位學生，如下圖：

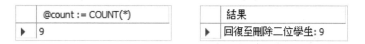

在下方使用 ROLLBACK TO SAVEPOINT 回復至【刪除一位學生】的儲存點，如下：

```
ROLLBACK TO SAVEPOINT 刪除一位學生;
SELECT @count := COUNT(*) FROM 學生備份;
SELECT CONCAT('回復至刪除一位學生: ', @count) AS 結果;
COMMIT;
SET SQL_SAFE_UPDATES = 1;
```

上述指令碼回復至第 2 個儲存點【刪除一位學生】，其執行結果顯示目前資料表的記錄數是 10，原來有 11 位學生，回復至刪除 1 位學生，如下圖：

@count := COUNT(*)
▶ 10

結果
▶ 回復至刪除一位學生: 10

15-4 │ 並行控制

「並行控制」（Concurrency Control）可以讓多位使用者同時存取資料庫，也就是並行執行（Concurrent Executions）多個交易，而在各交易間彼此並不會影響，也就是不會發生一個存，一個取的存取衝突問題。

雖然資料庫的多位使用者是並行的執行交易，但是，每位使用者都會認為自己是在使用其專屬的資料庫，其優點如下：

- 有效提高 CPU 和磁碟讀寫效率：因為多個交易是並行執行，當一個交易使用 CPU 執行運算時，其他交易就可以使用磁碟 I/O 進行資料讀寫，提高系統資源的使用率。

- 減少平均的回應時間：因為多個交易是並行執行，交易不用等待其他長時間交易結束後才能執行，減少每一個交易的平均回應時間。

15-4-1　並行控制的三種問題

資料庫管理系統並行控制的任務是在解決同時執行多個交易時，可能產生的三種資料干擾問題。

遺失更新問題

遺失更新（Lost Update）問題是指交易已經更新的資料被另一個交易所覆寫，所以，整個交易等於白忙一場。例如：交易 A 和 B 同時存取飛機訂位資料庫航班編號 CI101 的機位數，目前機位數尚餘 50 個，交易 A 希望預訂 5 個機位，交易 B 預訂 4 個機位，其執行過程如下圖：

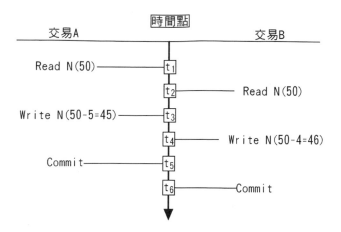

上述 N 是目前尚餘的機位數，交易 A 和 B 分別在 t_1 和 t_2 時間點讀取 N=50，在時間點 t_3 交易 A 減掉訂位數 5 後寫回資料庫，此時的機位數尚餘 50 - 5 = 45 個，接著時間點 t_4 交易 B 在減掉訂位數 4 後，寫回資料庫，機位數尚餘 50 - 4 = 46 個，最後分別在 t_5 和 t_6 時間點認可交易。

最後飛機訂位資料庫的機位數是 46 個，交易 A 等於沒有執行，因為交易 A 更新的機位數已經被交易 B 覆寫。

未認可交易相依問題

未認可交易相依（Uncommitted Dependency）問題是指存取已經被另一個交易更新，但尚未認可交易的中間結果資料。例如：交易 A 和 B 存取同一筆學生的記錄資料，交易 A 因為成績登記錯誤，需要從 70 分改為 80 分，交易 B 因為題目出錯，整班每位學生的成績都加 5 分，其執行過程如下圖：

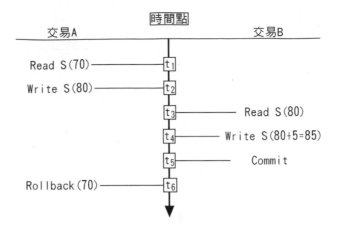

上述交易 A 在 t_1 和 t_2 時間點讀取 S = 70 後改為 S = 80，但是在交易 A 尚未認可交易前，時間點 t_3 到 t_5 交易 B 讀取記錄 S = 80，加 5 分後寫入和認可交易，接著時間點 t_6 交易 A 發生錯誤所以回復交易，成績改回 70 分。

因為交易 B 讀取的是尚未認可交易的中間結果資料，雖然交易 B 認為已完成交易，但實際是最後學生的成績不但沒有加 5 分，而且還原到最原始的 70 分。

不一致分析問題

不一致分析(Inconsistent Analysis)問題也稱為「不一致取回」(Inconsistent Retrievals) 問題，這是因為並行執行多個交易，造成其中一個交易讀取到資料庫中不一致的資料。

例如：交易 A 和 B 存取同一位客戶在銀行的 X 和 Y 兩個帳戶，交易前兩個帳戶餘額分別為 500 和 300 元，交易 A 可以計算兩個帳戶的存款總額，交易 B 從帳戶 X 轉帳 150 元至帳戶 Y，其執行過程如下圖：

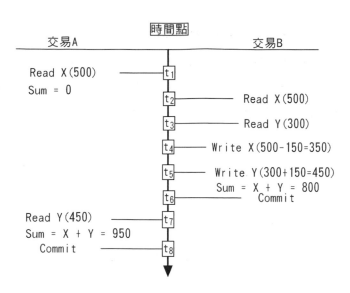

　　上述交易 A 在 t_1 時間點取得 X 帳戶的餘額 500 元，然後交易 A 在尚未認可交易前，交易 B 在 t_2 和 t_3 時間點讀取 X 和 Y 帳戶餘額 500 和 300 元，在時間點 t_4 到 t_5 執行轉帳 150 元，時間點 t_6 交易 B 認可交易，目前 X 和 Y 帳戶的餘額分別是 350 和 450 元。

　　接著 t_7 時間點交易 A 取得 Y 帳戶的餘額 450 元，然後計算帳戶存款總額為 950 元，最後交易 A 在時間點 t_8 認可交易。

　　因為交易 A 讀取的資料有部份是來自交易 B 更新前的帳戶餘額（帳戶 X=500），這些是資料庫中不一致資料，所以造成計算結果的存款總額成為 950 元，而不是 800 元。

15-4-2　並行控制機制

　　一般來說，對於使用者人數少的小型資料庫系統來說，並行控制並不是十分重要的課題，但是對於多人使用和多交易的大型系統來說，並行控制就是一種十分重要的課題。基本上，在並行控制理論主要分為兩種並行控制機制，其說明如下：

悲觀並行控制（Pessimistic Concurrency Control）

　　悲觀並行控制是使用鎖定（Locking）來同步交易的執行，鎖定是將交易欲處理的資料暫時設定成專屬資料，只有目前的交易允許存取，可以防止其他交易存取相同的資料，避免產生存取衝突問題。

　　悲觀並行控制是假設並行執行的多個交易會存取相同資料，發生存取衝突問題，所以當並行執行多個交易時，整個交易過程都會持續鎖定資料，在鎖定期間的其他交易並不能存取此資料，也就是確保資料不會被其他交易更改，直到交易解除鎖定為止。

樂觀並行控制（Optimistic Concurrency Control）

　　樂觀並行控制是假設資料衝突問題並不常發生，所以從鎖定改為偵測和解決存取衝突問題。多個並行交易在讀取資料並不會鎖定，只有在更改資料時，系統才會檢查是否有其他交易讀取或更改資料，如果有，就產生錯誤，當交易檢查發生錯誤，就在回復交易後，重新啟動交易來解決存取衝突問題。

15-4-3　交易的隔離性等級

　　MySQL 可以指定交易的「隔離性等級」（Isolation Level）來選擇交易使用的並行控制種類。隔離性等級可以決定有多少個交易能夠同時執行，簡單的說，就是一個交易與其他交易之間的隔離性（Isolation）有多高。

　　在 MySQL 是使用 SET TRANSACT ISOLATION LEVEL 指令來指定交易的隔離性等級，其基本語法如下：

```
SET [GLOBAL | SESSION] TRANSACT ISOLATION LEVEL 隔離性等級名稱;
```

　　上述語法指定交易為【隔離性等級名稱】的隔離性等級，預設是 GLOBAL 全域，SESSION 是目前連線。MySQL 支援的隔離性等級說明，如下表：

隔離性等級名稱	說明
READ UNCOMMITTED	隔離性最低的等級，交易就算尚未執行認可交易，也允許其他交易讀取，所以，讀取的資料並不一定正確，而且有可能讀取到尚未認可交易的中間結果資料
READ COMMITTED	交易一定要在執行認可交易後，才允許其他交易讀取，可以避免讀取到尚未認可交易的中間結果資料
REPEATABLE READ	交易在尚未認可交易前，不論讀取幾次的結果都相同。例如：交易 A 讀取資料 x = 100 後，交易 B 讀取變更相同資料 x = 200 後認可交易，此時如果交易 A 再次讀取 x，x 的值仍然是 100，而不是交易 B 更改後的 200
SERIALIZABLE	隔離性最高的等級，將交易使用的所有資料都進行鎖定，交易執行順序需要等到前一個交易認可交易後，才能執行下一個交易

上表的隔離性是從最低至最高，InnoDB 資料庫儲存引擎的預設值是 REPEATABLE READ。

SQL 指令碼檔：Ch15_4_3.sql

請先執行 Ch15_2_1.sql 建立和執行預存程序來新增'Y123456789'的員工和教授記錄資料。然後建立預存程序【執行交易更新員工和教授記錄】，指定隔離性等級是 REPEATABLE READ，表示交易中讀取的資料，不允許其他交易來更改，然後建立交易來更新員工和教授資料，如下：

```
USE school;
DELIMITER $$
CREATE PROCEDURE 執行交易更新員工和教授記錄()
BEGIN
  SET SQL_SAFE_UPDATES = 0;
  SET TRANSACTION ISOLATION LEVEL REPEATABLE READ;
  START TRANSACTION;
  UPDATE 員工
  SET 薪水 = 65000,
      保險 = 3000
  WHERE 身份證字號 = 'Y123456789';
  IF ROW_COUNT() = 1 THEN
     UPDATE 教授
```

```
        SET 職稱 = '副教授'
        WHERE 教授編號 = 'I014';
        IF ROW_COUNT() = 1 THEN
            COMMIT;
            SELECT "更新記錄成功!" AS 結果;
        ELSE
            ROLLBACK;
            SELECT "更新記錄失敗!" AS 結果;
        END IF;
    ELSE
        ROLLBACK;
        SELECT "更新記錄失敗!" AS 結果;
    END IF;
    SET SQL_SAFE_UPDATES = 1;
END$$
DELIMITER ;
```

　　上述預存程序在指定隔離性等級後，改用 ROW_COUNT() 函數判斷交易是否有錯誤（Ch15_2_1.sql 是使用錯誤處理程序來處理），可以看到更新記錄成功，如右圖：

結果
▶	更新記錄成功!

　　在【員工】資料表，可以看到記錄資料【薪水】和【保險】欄位值已經更新，如下圖：

身份證字號	姓名	城市	街道	電話	薪水	保險	扣稅
K123456789	王火山	基隆	中山路	02-34567890	26000.00	500.00	560.00
K221234566	白開心	嘉義	中正路	06-55555555	26000.00	500.00	560.00
Y123456789	王安石	台北	長春路	02-11122111	65000.00	3000.00	1000.00
NULL	NULL	NULL	NULL	NULL	NULL	NULL	NULL

　　在【教授】資料表，可以看到記錄資料的【職稱】欄位已經更新，如下圖：

教授編號	職稱	科系	身份證字號
▶ I001	教授	CS	A123456789
I002	教授	CS	A222222222
I003	副教授	CIS	H098765432
I004	講師	MATH	F213456780
I014	副教授	EE	Y123456789
NULL	NULL	NULL	NULL

15-5 資料鎖定

資料鎖定是當交易 A 執行資料讀取（Read）或寫入（Write）的資料庫單元操作前，需要先將資料鎖定（Lock）。若同時有交易 B 存取相同的資料，因為資料已經被鎖定，所以交易 B 需要等待，直到交易 A 解除資料鎖定（Unlock）。

15-5-1 鎖定層級

MySQL 是使用鎖定（Locking）方法來處理多交易執行的並行控制，鎖定層級（Lock Level）也稱為「鎖定顆粒度」（Lock Granularity），這是指在鎖定時，鎖定資源的範圍大小。在 MySQL 可以一筆一筆記錄的鎖定、分頁鎖定，和鎖定整個資料表，其說明如下：

- 資料表層級（Table-level）：MySQL 資料庫儲存引擎都只能鎖定整個資料表，只有預設的 InnoDB 引擎可以鎖定單筆記錄。

- 分頁層級（Page-level）：舊版 MySQL 的 BDB（Berkeley DB）資料庫儲存引擎（5.1.12 版之後不再支援），支援交易和分頁層級的資料鎖定，可以鎖定分頁的資料。

- 記錄層級（Row-level）：InnoDB 資料庫儲存引擎可以鎖定資料表的單筆記錄。

上述鎖定層級由上而下是從粗糙（Coarse）至精緻（Fine），也就是從大範圍鎖定至小範圍鎖定。鎖定層級會影響交易的並行性，愈精緻的鎖定愈可提高並行性，因為其鎖定的範圍愈小，例如：單筆記錄，其他沒有鎖定的記錄就可以讓其他使用者存取，提高交易的並行性。

反之，如果鎖定層級粗糙，雖然可以加速資源的鎖定，例如：鎖定整個資料表，但是並行性就會大幅下降，因為在鎖定的期間，其他使用者都不能存取此資料表。

15-5-2　鎖定模式

鎖定（Locking）是一種多交易的並行控制方法，MySQL 的 InnoDB 資料庫儲存引擎在進行交易處理時，就會依據隔離性等級來自動選擇最佳的鎖定模式（Lock Mode），以防止資料衝突或死結問題。

共用鎖定與獨佔鎖定

基本上，我們是在讀取資料是使用共用鎖定；更新資料操作是使用獨佔鎖定，其說明如下：

- 共用鎖定（Shared Lock）主要是使用在不變更或更新資料的讀取作業，例如：SELECT 指令，共用鎖定的資料依然允許其他交易的共用鎖定，但不允許獨佔鎖定。在 SELECT 指令可以明確指明使用共用鎖定，MySQL 就會對 SELECT 指令查詢的每一筆記錄加上共用鎖定，其語法如下：

```
SELECT … LOCK IN SHARE MODE;
```

- 獨佔鎖定（Exclusive Lock）主要是使用在資料修改動作，例如：INSERT、UPDATE 或 DELETE 操作指令，可以確保不對相同資源同時進行多重更新操作，獨佔鎖定的資料並不允許其他交易的任何鎖定。我們可以明確指明使用獨佔鎖定，MySQL 就會對 SELECT 指令查詢的每一筆記錄加上獨佔鎖定，其語法如下：

```
SELECT … FOR UPDATE;
```

鎖定整個資料表

MySQL 可以使用 LOCK TABLES/UNLOCK TABLES 指令來明確鎖定/解除鎖定整個資料表，其基本語法如下：

```
LOCK TABLES 資料庫名稱1 鎖定類型1[, 資料庫名稱2 鎖定類型2]…;
…
UNLOCK TABLES;
```

上述語法可以使用「,」逗號分隔來鎖定多個資料表，每一個資料表可以有不同的鎖定類型：READ（讀取）或 WRITE（寫入）。

意圖鎖定

意圖鎖定（Intent Lock）是 MySQL 準備請求共用或獨佔鎖定前使用的鎖定，其主要目的是為了提昇獨佔鎖定的效能，因為一旦資源已經被意圖鎖定，其他交易就不可能請求此資源的獨佔鎖定。例如：使用意圖共用鎖定（Intent Shared Lock）來鎖定資料表，表示準備使用共用鎖定來鎖定資料表的記錄，如此可以防止其他交易請求此資料表的獨佔鎖定。

意圖鎖定是 MySQL 的自動機制，我們並無法明確使用意圖鎖定，其說明如下：

- 意圖共用鎖定（Intent Shared Lock）：準備使用共用鎖定來讀取資源中的部分內容。
- 意圖獨佔鎖定（Intent Exclusive Lock）：準備使用獨佔鎖定來更新資源中的部分內容。

鎖定模式相容性

鎖定模式相容性是指對於同一個資源有哪幾種鎖定模式是可以並存的。也就是說，當一個資源已經被交易所鎖定，此時其他交易針對此資源提出的鎖定請求，哪一種請求可同意；哪一種會拒絕，都需視鎖定模式相容性而定。

例如：如果交易已經使用共用鎖定來鎖定資源，此時其他交易可以請求意圖共用或共用鎖定，但是不可請求意圖獨佔鎖定或獨佔鎖定。MySQL 鎖定模式的相容性，如下表：

目前存在的鎖定模式	請求的鎖定模式			
	IS	S	IX	X
意圖共用鎖定(IS)	可	可	可	不可
共用鎖定(S)	可	可	不可	不可

目前存在的鎖定模式	請求的鎖定模式			
	IS	S	IX	X
意圖獨佔鎖定(IX)	可	不可	可	不可
獨佔鎖定(X)	不可	不可	不可	不可

15-6 ｜死結問題

　　MySQL 資料庫管理系統是使用鎖定方式來處理並行控制，此時，並行執行的多個交易可能產生「死結」（Deadlock）問題。

15-6-1　死結的基礎

　　死結是因為多個交易相互鎖定對方需要的資料，以至交易被卡死，進而導致多個交易都無法繼續執行的情況。例如：並行控制的更新遺失問題就一定會產生死結，如下圖：

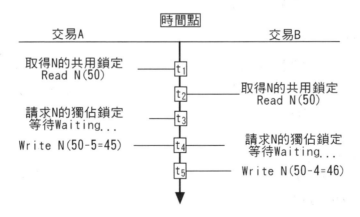

　　上述交易 A 和 B 在 t_1 和 t_2 同時取得共用鎖定，因為兩個共用鎖定是相容的，所以分別讀取 N＝50。現在交易 B 已經取得 N 的共用鎖定，交易 A 產生讀寫衝突（即不相容），在 t_3 無法取得獨佔鎖定，進入等待狀態。

同樣的，交易 A 已經取得 N 的共用鎖定，所以交易 B 在 t_4 無法取得獨佔鎖定，也進入等待狀態。兩個交易 A 和 B 都進入等待狀態而無法繼續執行，這種情況稱為死結（Deadlock）。

15-6-2 預防死結的技巧

MySQL 的 InnoDB 資料庫儲存引擎預設啟用自動偵測死結和處理死結，但是在進行交易時，我們仍然可以使用一些技巧來預防死結的發生。

使用較低的隔離性等級

較低的隔離性等級可以讓更多交易能夠並行執行，減少資源被相互鎖定的可能性。一般來說，READ COMMITTED 隔離性等級已經可以滿足大部分需求，請保留交易時間短的交易來使用更高的隔離性等級。

不要讓交易時間太長

交易時間愈短的交易，表示鎖定資源的時間也愈短，如此可以降低相互鎖定資源而發生死結的可能性。在建立交易時，請盡可能將 SELECT 指令置於交易外，而且在交易過程中，不要輸出多餘訊息和要求使用者輸入資料。

使用相同順序來更新資料

如果需要建立多個交易來更新相同資源的多個資料表，請注意！每一個交易的資料表存取順序需要相同，如此可以避免交易相互鎖定資源進而產生死結。

取得獨佔鎖定來執行大量資料變更

如果需要更新資料表中的大量記錄（例如：超過百萬筆記錄），請不要在尖峰時段執行此操作，或儘可能以擁有資料庫獨佔權限的使用者來執行大量資料的變更。

16

MySQL/MariaDB 用戶端程式開發 – 使用 Python 與 PHP 語言

16-1 | 安裝與使用 Python 開發環境

Python 是一種擁有優雅語法和高可讀性程式碼的通用用途程式語言，可以用來開發 GUI 視窗程式、Web 應用程式、資料庫應用程式，系統管理工作、財務分析、大數據分析和人工智慧等各種應用程式。

Memo

請啟動 MySQL Workbench 執行本書範例「Ch16\Ch16_School.sql」的 SQL 指令碼檔案，可以建立本章測試所需的【school】資料庫、資料表和記錄資料。

安裝與使用 Python 開發環境

Python 語言分為兩大版本，即 Python 2 和 Python 3，在本書是使用 Python 3 語言。Python 執行環境可在官方網站：https://www.python.org/ 免費下載，在本章是安裝 Python 3.10.9 版，其下載 URL 網址如下：

- https://www.python.org/downloads/release/python-3109/

❶ 請雙擊下載【python-3.10.9-amd64.exe】檔案後，選【Customize installation】自訂安裝。

❷ 不用更改此步驟的設定，按【Next】鈕。

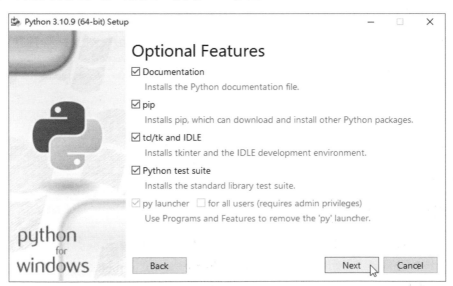

❸ 勾選【Install Python 3.10 for all users】，按【Install】鈕，再按【是】
鈕開始安裝 Python，可以看到目前的安裝進度。

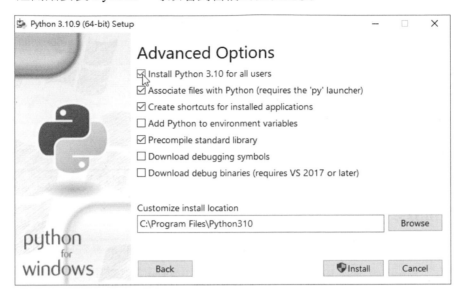

❹ 稍等一下，等到成功安裝後，按【Close】鈕完成 Python 安裝。

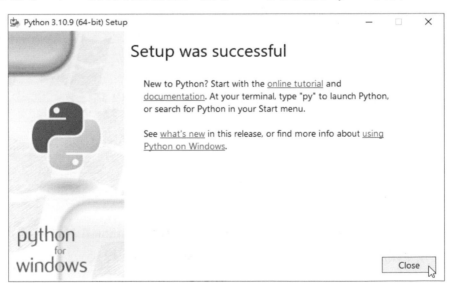

使用 pip 安裝 Python 套件

　　Python 程式如果需要使用到尚未安裝的 Python 套件時，我們需要自行先安裝套件。請在 Windows 作業系統右下方搜尋欄輸入 CMD 後，按 `Enter` 鍵，然後在搜尋結果的【命令提示字元】上，執行右鍵功能表的【以系統管理員身份執行】命令，按【是】鈕，可以看到視窗標題列顯示系統管理員，如下圖：

　　請在上述視窗的提示字元「>」後，首先切換至 Python 執行環境的路徑，即可輸入 pip 指令安裝 Python 套件。例如：在 Python 執行環境安裝 PyMySQL 套件的命令列指令，如下：

　　cd "C:\Program Files\Python310\" `Enter`

　　python.exe -m pip install pymysql `Enter`

16-2 | 使用 Python 語言建立用戶端程式

　　在本節的 Python 程式是使用 PyMySQL 套件存取 MySQL 資料庫來建立用戶端程式，當成功安裝 PyMySQL 後，Python 程式可以匯入模組，如下：

```
import pymysql
```

　　在這一節筆者是執行「開始>Python 3.10>IDLE (Python 3.10 64- bit)」命令，使用 Python 內建 IDLE 整合開發環境來執行 Python 程式。

查詢 MySQL 資料庫取回記錄資料：ch16_2.py

Python 程式在匯入 PyMySQL 模組後，就可以建立資料庫連線來連線 MySQL 伺服器的指定資料庫，如下：

```
import pymysql

db = pymysql.connect(host="localhost",
                     user="root",
                     password="Aa12345678",
                     database="school",
                     charset="utf8")
```

上述程式碼呼叫 pymysql.connect()方法建立資料庫連線，其參數依序是 MySQL 伺服器名稱、使用者名稱、使用者密碼、資料庫名稱和字元集。如果 Python 程式是連線附錄 B 的 MariaDB 伺服器，需要指定 port 參數的埠號 3307，而且沒有 root 密碼（Python 程式：ch16_2MariaDB.py），如下：

```
db = pymysql.connect(host="localhost",
                     port=3307,
                     user="root",
                     password="",
                     database="school",
                     charset="utf8")
```

在成功建立資料庫連線後，就可以呼叫 db.cursor()方法建立 Cursor 物件，這是用來儲存查詢結果的資料表記錄資料，如下：

```
cursor = db.cursor()
```

在下方建立 SQL 指令字串變數 sql，字串中的%s 是生日值的參數，可以在呼叫 cursor.execute()方法執行參數 SQL 指令字串時，在第 2 個參數指定生日值，如下：

```
sql = "SELECT * FROM 學生 WHERE 生日 <=%s"
cursor.execute(sql, "2003/6/1")
```

上述程式碼建立的完整 SQL 指令字串，如下：

```
SELECT * FROM 學生 WHERE 生日 <= "2003/6/1"
```

　　上述 SQL 指令可以取回【學生】資料表【生日】欄位小於等於 2003/6/1 的學生記錄和欄位來填入 Cursor 物件，如下：

```
row = cursor.fetchone()
print(row[0], row[1])
print("------------------------")
```

　　上述程式碼呼叫 Cursor 物件的 fetchone()方法取回第 1 筆記錄，現在記錄指標移至第 2 筆，然後顯示這筆記錄的前 2 個欄位 row[0]和 row[1]（即學號和姓名欄位）。

　　在下方呼叫 fetchall()方法取出 Cursor 物件的所有記錄，因為目前的記錄指標是在第 2 筆，也就是取回第 2 筆之後的所有記錄，如下：

```
data = cursor.fetchall()
for row in data:
    print(row[0], row[1])
db.close()
```

　　上述 for 迴圈取出每一筆記錄來顯示前 2 個欄位 row[0]和 row[1]，最後呼叫 close()方法關閉資料庫連線，其執行結果如下圖：

```
======================= RESTART: D:\MySQL\Ch16\ch16_2.py =======================
S003 張無忌
------------------------
S004 陳小安
S008 劉得華
S016 江峰
S221 張三重
S225 王美麗
|
```

將 CSV 資料存入 MySQL 資料庫：ch16_2a.py

　　當我們取得 CSV 字串的資料後，Python 程式可以將 CSV 資料存入 MySQL 資料庫，首先將 CSV 字串 student 使用 split()方法，以參數「,」逗號分割成串列 f，如下：

```
import pymysql

student = "S600,陳允如,女,03-44444444,2003-07-01"
f = student.split(",")
```

```
db = pymysql.connect(host="localhost",
                     user="root",
                     password="Aa12345678",
                     database="school",
                     charset="utf8")
cursor = db.cursor()
```

上述程式碼建立資料庫連線和取得 Cursor 物件後，在下方使用 format()方法建立 INSERT 指令字串，5 個參數值'{0}','{1}','{2}',{3},'{4}'是依序對應串列的 5 個項目，如下：

```
sql = """INSERT INTO 學生 (學號,姓名,性別,電話,生日)
         VALUES ('{0}','{1}','{2}','{3}','{4}')"""
sql = sql.format(f[0], f[1], f[2], f[3], f[4])
print(sql)
```

上述程式碼建立 SQL 指令字串後，使用下方 try/except 例外處理來執行 SQL 指令新增一筆記錄，如下：

```
try:
    cursor.execute(sql)
    db.commit()
    print("新增一筆記錄...")
except:
    db.rollback()
    print("新增記錄失敗...")
db.close()
```

上述 cursor.execute()方法執行參數 SQL 指令字串，接著執行 db.commit()方法確認交易來變更資料庫內容，如果執行失敗，執行 db.rollback()方法回復交易，即回復到沒有執行 SQL 指令前的資料庫內容，其執行結果可以在【學生】資料表新增一筆記錄，如下圖：

```
==================== RESTART: D:\MySQL\Ch16\ch16_2a.py ====================
INSERT INTO 學生 (學號,姓名,性別,電話,生日)
       VALUES ('S600','陳允如','女','03-44444444','2003-07-01')
新增一筆記錄...
```

在 MySQL Workbench 可以看到這筆新增的學生記錄，如下圖：

學號	姓名	性別	電話	生日
S004	陳小安	男	05-55555555	2002-06-13
S005	孫燕之	女	06-66666666	NULL
S006	周杰輪	男	02-33333333	2003-12-23
S007	蔡一零	女	03-66666666	2003-11-23
S008	劉得華	男	02-11111122	2003-02-23
S016	江峰	NULL	NULL	2002-10-01
S221	張三重	男	02-88888888	2002-10-13
S225	王美麗	女	03-77777777	2003-05-01
S600	陳允如	女	03-44444444	2003-07-01
NULL	NULL	NULL	NULL	NULL

將 JSON 資料存入 SQL Sever 資料庫：ch16_2b.py

同理，Python 程式也可以將取得的 JSON 資料存入 MySQL 資料庫，目前的 JSON 資料已經轉換成 Python 字典 d，如下：

```python
import pymysql

d = {
    "id": "S700",
    "name": "陳允東",
    "gender": "男",
    "tel": "03-55555555",
    "birthday": "2003-02-01"
}

db = pymysql.connect(host="localhost",
                     user="root",
                     password="Aa12345678",
                     database="school",
                     charset="utf8")
cursor = db.cursor()
```

上述程式碼建立資料庫連線和取得 Cursor 物件後，在下方使用 format()方法建立 INSERT 指令字串，如下：

```python
sql = """INSERT INTO 學生 (學號,姓名,性別,電話,生日)
         VALUES ('{0}','{1}','{2}','{3}','{4}')"""
sql = sql.format(d['id'],d['name'],d['gender'],d['tel'],d['birthday'])
print(sql)
```

上述程式碼建立 SQL 指令字串後，使用下方 try/except 例外處理來執行 SQL 指令新增一筆記錄，如下：

```
try:
    cursor.execute(sql)
    db.commit()
    print("新增一筆記錄...")
except:
    db.rollback()
    print("新增記錄失敗...")
db.close()
```

上述 cursor.execute()方法執行參數 SQL 指令字串，接著執行 db.commit() 方法確認交易來變更資料庫內容，如果執行失敗，執行 db.rollback()方法回復交易，其執行結果可以在【學生】資料表新增一筆記錄，如下圖：

```
===================== RESTART: D:\MySQL\Ch16\ch16_2b.py =====================
INSERT INTO 學生 (學號,姓名,性別,電話,生日)
        VALUES ('S700','陳允東','男','03-55555555','2003-02-01')
新增一筆記錄...
|
```

在 MySQL Workbench 可以看到這筆新增的學生記錄，如下圖：

學號	姓名	性別	電話	生日
S005	孫燕之	女	06-66666666	NULL
S006	周杰輪	男	02-33333333	2003-12-23
S007	蔡一零	女	03-66666666	2003-11-23
S008	劉得華	男	02-11111122	2003-02-23
S016	江峰	NULL	NULL	2002-10-01
S221	張三重	男	02-88888888	2002-10-13
S225	王美麗	女	03-77777777	2003-05-01
S600	陳允如	女	03-44444444	2003-07-01
S700	陳允東	男	03-55555555	2003-02-01
NULL	NULL	NULL	NULL	NULL

使用交易處理更新多筆記錄資料：ch16_2c.py

在 Python 程式使用交易處理執行 2 次 UPDATE 指令，可以依序更新 S600 和 S700 兩筆學生記錄的電話和生日資料，如下：

```python
import pymysql

db = pymysql.connect(host="localhost",
                     user="root",
                     password="Aa12345678",
                     database="school",
                     charset="utf8")
cursor = db.cursor()
sql = """UPDATE 學生 SET 電話='02-44444444',
         生日='2003-08-01'
         WHERE 學號='S600' """
sql2 = """UPDATE 學生 SET 電話='02-55555555',
         生日='2003-03-01'
         WHERE 學號='S700' """
print(sql)
print(sql2)
try:
    cursor.execute(sql)
    cursor.execute(sql2)
    db.commit()
    print("更新 2 筆記錄...")
except:
    db.rollback()
    print("更新記錄失敗...")
db.close()
```

上述程式碼建立 2 個 UPDATE 更新記錄的 SQL 指令字串後，呼叫 2 次 cursor.execute()方法來更新兩筆記錄資料，其執行結果可以更新【學生】資料表的 2 筆記錄，如下圖：

```
======================= RESTART: D:\MySQL\Ch16\ch16_2c.py =======================
UPDATE 學生 SET 電話='02-44444444',
         生日='2003-08-01'
         WHERE 學號='S600'
UPDATE 學生 SET 電話='02-55555555',
         生日='2003-03-01'
         WHERE 學號='S700'
更新 2 筆記錄...
```

在 MySQL Workbench 可以看到 2 筆學生記錄的電話和生日資料都已經更新，如下圖：

學號	姓名	性別	電話	生日
S005	孫燕之	女	06-66666666	NULL
S006	周杰輪	男	02-33333333	2003-12-23
S007	蔡一零	女	03-66666666	2003-11-23
S008	劉得華	男	02-11111122	2003-02-23
S016	江峰	NULL	NULL	2002-10-01
S221	張三重	男	02-88888888	2002-10-13
S225	王美麗	女	03-77777777	2003-05-01
S600	陳允如	女	02-44444444	2003-08-01
S700	陳允東	男	02-55555555	2003-03-01
NULL	NULL	NULL	NULL	NULL

使用交易處理刪除多筆記錄資料：ch16_2d.py

同理，Python 程式可以使用交易處理刪除 2 筆記錄資料，其程式結構和 ch16_2c.py 相同，只是改用 SQL 語言的 DELETE 指令，如下：

```
sql = "DELETE FROM 學生 WHERE 學號='S600'"
sql2 = "DELETE FROM 學生 WHERE 學號='S700'"
```

Python 程式的執行結果，如下圖：

```
====================== RESTART: D:\MySQL\Ch16\ch16_2d.py ======================
DELETE FROM 學生 WHERE 學號='S600'
DELETE FROM 學生 WHERE 學號='S700'
刪除 2 筆記錄...
```

使用 GUI 介面顯示學生資料表的記錄資料：ch16_2e.py

Python 程式可以使用 Tkinter 視窗模組的 Treeview 元件，以表格方式顯示學生資料表的記錄資料(只顯示前 3 個欄位)，首先匯入相關模組，display_data() 函數是 Button 元件的事件處理函數，如下：

```
from tkinter import ttk
import tkinter as tk
import pymysql

def display_data():
    db = pymysql.connect(host="localhost",
```

```
                    user="root",
                    password="Aa12345678",
                    database="school",
                    charset="utf8")
cursor = db.cursor()
sql = "SELECT * FROM 學生"
cursor.execute(sql)
rows = cursor.fetchall()
for row in rows:
    row_tuple = (row[0],
                 row[1],
                 row[2])
    tree.insert("", tk.END, values=row_tuple)

db.close()
```

　　上述程式碼在查詢取得學生資料表的記錄資料後，取出前 3 個欄位建立成元組，然後呼叫 tree.insert()方法插入 Treeview 元件的最後。在下方建立 GUI 視窗和指定標題文字後，新增顯示標題列的 Treeview 元件，column 參數有三個欄位，其標題依序是"學號"、"姓名"和"性別"，如下：

```
win = tk.Tk()
win.title("學生資料")
tree = ttk.Treeview(win, column=("C1","C2","C3"), show='headings')
tree.column("#1", anchor=tk.CENTER)
tree.heading("#1", text=學號")
tree.column("#2", anchor=tk.CENTER)
tree.heading("#2", text=姓名")
tree.column("#3", anchor=tk.CENTER)
tree.heading("#3", text=性別")
tree.pack()

button1 = tk.Button(text="顯示資料", command=display_data)
button1.pack(pady=10)
win.mainloop()
```

　　上述程式碼新增 Button 元件，和指定 command 參數的事件處理是 display_data()函數，其執行結果請按下方【顯示資料】鈕，就可以在上方顯示學生資料表的記錄資料，如下圖：

執行 MySQL 預存程序：ch16_2f.py

　　Python 程式改為執行 MySQL 預存程序【學生資料查詢】來查詢學生資料，並且將 Cursor 物件改用 Python 字典來儲存查詢結果，如下：

```python
import pymysql

db = pymysql.connect(host="localhost",
                     user="root",
                     password="Aa12345678",
                     database="school",
                     charset="utf8",
                     cursorclass=pymysql.cursors.DictCursor)
```

　　上述 connect()方法的 cursorclass 參數指定 Cursor 物件類型，DictCursor 就是 Python 字典。在下方呼叫 execute()方法執行 call 指令來呼叫預存程序，如下：

```python
cursor = db.cursor()
try:
    cursor.execute("call 學生資料查詢")
    for result in cursor.fetchall():
        print(result)
except:
    print("執行預存程序失敗...")
db.close()
```

上述 for 迴圈可以顯示預存程序執行結果的傳回資料，每一筆記錄是一個 Python 字典，其執行結果如下圖：

```
===================== RESTART: D:\MySQL\Ch16\ch16_2f.py =====================
{'學號': 'S001', '姓名': '陳會安', '電話': '02-22222222'}
{'學號': 'S002', '姓名': '江小魚', '電話': '03-33333333'}
{'學號': 'S003', '姓名': '張無忌', '電話': '04-44444444'}
{'學號': 'S004', '姓名': '陳小安', '電話': '05-55555555'}
{'學號': 'S005', '姓名': '孫燕之', '電話': '06-66666666'}
{'學號': 'S006', '姓名': '周杰輪', '電話': '02-33333333'}
{'學號': 'S007', '姓名': '蔡一零', '電話': '03-66666666'}
{'學號': 'S008', '姓名': '劉得華', '電話': '02-11111122'}
{'學號': 'S016', '姓名': '江峰', '電話': None}
{'學號': 'S221', '姓名': '張三重', '電話': '02-88888888'}
{'學號': 'S225', '姓名': '王美麗', '電話': '03-77777777'}
```

16-3 | 設定與使用 XAMPP 的 PHP 開發環境

請先參閱附錄 B 在 Windows 電腦安裝 XAMPP 套件，在這一節我們準備設定 XAMPP 套件和啟動 Apache 伺服器來建立 PHP 開發環境。

16-3-1 設定 XAMPP 的 Apache 伺服器埠號

XAMPP 套件是使用 XAMPP 控制面板來管理 Apache 和 MySQL 伺服器的啟動和停止，在本章只需啟動 Apache 伺服器，因為是直接使用第 4 章安裝的 MySQL 伺服器(如果是使用 MariaDB 伺服器，請參閱附錄 B-2 節啟動 MariaDB 伺服器)。

為了避免和其他 Web 伺服器或服務的埠號相衝突，在本書的 Apache 伺服器改用 8080 埠號（或 8000），其設定步驟如下：

❶ 請在「開始>XAMPP>XAMPP Control Panel」命令上，執行【右】鍵快顯功能表的「更多>以系統管理員身份執行」命令，可以使用系統管理員身份來啟動 XAMPP 控制面板。

2 按【是】鈕啟動 XAMPP 控制面板後，因為預設埠號 80 常常被佔用，在本書準備改用 8080，請在第 1 列 Apache 按【Config】鈕，執行【Apache (httpd.conf)】命令。

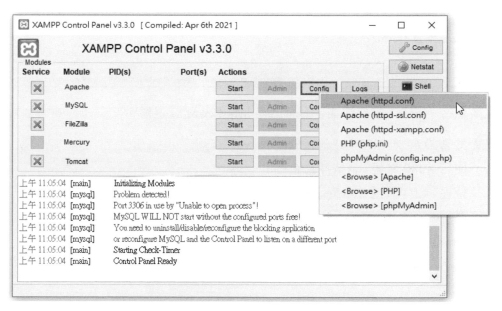

❸ 可以看到【記事本】開啟的 httpd.conf 檔案，請捲動視窗找到 Listen 80，
將此列改為【Listen 8080】，如下圖：

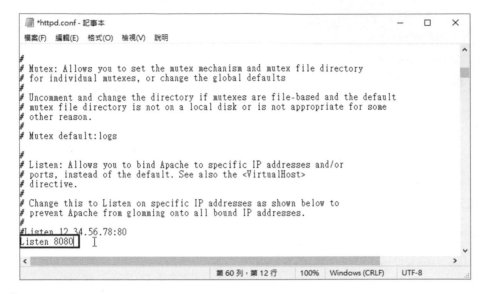

❹ 執行「檔案>儲存檔案」命令儲存 httpd.conf 設定檔。

❺ 接著設定 XAMPP 控制面板也
使用 8080 埠號，請按控制面板
位在右上角的【Config】鈕後，
在「Configuration of Control
Panel」對話方塊，按【Service
and Port Settings】鈕。

6 在「Service Settings」對話方塊，將【Apache】標籤的【Main Port】欄改為【8080】後，按二次【Save】鈕儲存設定（如果看到錯誤訊息，請確認是以系統管理員身份執行）。

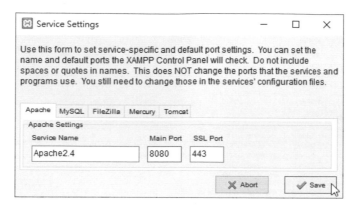

16-3-2 啟動與停止 Apache 伺服器

在成功更改 Apache 伺服器的預設埠號後，我們就可以啟動 Apache 伺服器，和進入 PHP 的預設首頁，其步驟如下：

1 請使用系統管理身份啟動 XAMPP 控制面板，按 Apache 哪一列的【Start】鈕啟動 Apache 伺服器，如果看到「Windows 安全性警訊」對話方塊，請按【允許存取】鈕。

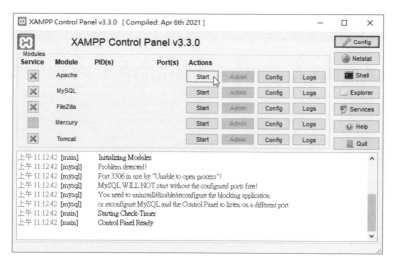

❷ 成功啟動可以看到 Apache 顯示淡綠色的底色，和顯示埠號 443, 8080，
如下圖：

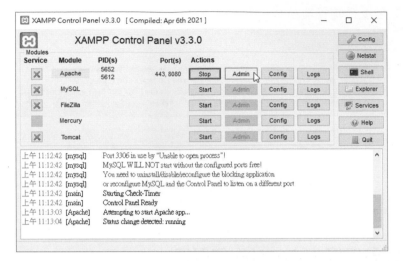

點選前方【X】圖示，可以安裝或取消將 Apache 伺服器安裝成 Windows
服務，按【Stop】鈕，可以停止 Apache 伺服器。

❸ 請按 Apache 這一列的【Admin】鈕，可以啟動預設瀏覽器進入預設的
PHP 首頁。

4 在上述首頁可以看到 XAMPP 套件的歡迎頁面，如果成功看到網頁內容，表示 Apache 伺服器已經成功啟動服務，請點選上方【PHPInfo】標籤，可以執行 PHP 函數 phpinfo()來顯示 PHP 相關資訊，如下圖：

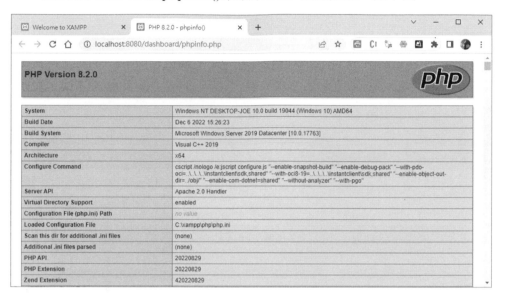

上述網頁顯示 PHP 版本和相關系統資訊，如果成功檢視此網頁的內容，就表示已經成功在 Windows 作業系統建立 PHP 開發環境。結束 XAMPP 控制面板，請按【Quit】鈕。

XAMPP 網站預設的根目錄是「C:\xampp\htdocs」，請將本書第 16 章「\MySQL\Ch16」目錄下副檔名是.php 的 PHP 程式都複製至「C:\xampp\htdocs」目錄，就可以啟動瀏覽程式來測試執行 PHP 程式。

16-4 使用 PHP 建立用戶端程式

PHP 是使用 ext/mysqli 擴充程式來存取 MySQL 資料庫，我們可以開啟與關閉資料庫連線，取得資料表的查詢結果和執行 DML 指令。

16-4-1　開啟與關閉 MySQL 資料庫連線

在 PHP 程式存取 MySQL 資料庫的第一步是開啟 MySQL 資料庫連線，我們需要指定使用者名稱和密碼來登入 MySQL 伺服器。

🖥 開啟與關閉 MySQL 資料庫連線：ch16_4_1.php

在 PHP 程式是呼叫 mysqli_connect() 函數開啟 MySQL 資料庫連線，mysqli_close() 函數關閉資料庫連線，如下：

```php
<?php
// 建立 MySQL 的資料庫連線
$link = @mysqli_connect(
        'localhost',   // MySQL 主機名稱
        'root',        // 使用者名稱
        'Aa12345678',  // 密碼
        'school');     // 預設使用的資料庫名稱
```

位在上述函數之前是「@」錯誤處理運算子，mysqli_connect() 函數的參數依序是 MySQL 伺服器的網域名稱或 IP 位址，和登入 MySQL 伺服器的使用者名稱和密碼，最後 1 個參數是預設使用的資料庫名稱。

如果 PHP 程式是連線附錄 B 的 MariaDB 伺服器，因為埠號是 3307；root 沒有密碼（PHP 程式：ch16_4_1MariaDB.php），如下：

```php
$link = @mysqli_connect(
        'localhost:3307',   // MariaDB 伺服器名稱
        'root',             // 使用者名稱
        '',                 // 密碼
        'school');          // 預設使用的資料庫名稱
```

上述 mysqli_connect() 函數的主機名稱是'localhost:3307'。函數的傳回值是資料庫連線的外部資源變數，成功可以傳回資源連接物件；失敗傳回 false。我們可以使用 if/else 條件檢查是否成功開啟資料庫連線，如下：

```php
if ( !$link ) {
   echo "MySQL 資料庫連線錯誤!<br/>";
   exit();
}
```

```
else {
    echo "MySQL 資料庫 school 連線成功!<br/>";
}
```

　　上述 if/else 條件檢查傳回值是否為 false，如果不是，就表示已經成功開啟資料庫連線，最後呼叫 mysqli_close()函數關閉資料庫連線，和釋放資料庫連線資源佔用的記憶體空間，如下：

```
mysqli_close($link);   // 關閉資料庫連線
?>
```

　　上述函數參數是 mysqli_connect()函數傳回的物件變數，成功關閉傳回 true；否則是 false。請啟動瀏覽器輸入下列網址來執行 PHP 程式，如下：

- http://localhost:8080/ch16_4_1.php

📺 開啟指定的資料庫：ch16_4_1a.php

　　PHP 的 mysqli_connect()函數是在第 4 個參數指定開啟的資料庫，因為同一 MySQL 伺服器能夠管理多個資料庫，如果需要，我們可以自行呼叫 mysqli_select_db()函數來開啟指定的資料庫，如下：

```php
<?php
// 建立 MySQL 的資料庫連線
$link = mysqli_connect("localhost", "root", "Aa12345678")
        or die("無法開啟 MySQL 資料庫連線!<br/>");
// 指定開啟的資料庫名稱 myschool
$dbname = "school";
// 開啟指定的資料庫
if ( !mysqli_select_db($link, $dbname) )
    die("無法開啟 $dbname 資料庫!<br/>");
else
    echo "資料庫: $dbname 開啟成功!<br/>";
```

上述 if/else 條件呼叫 mysqli_select_db()函數選擇資料庫，第 1 個參數是開啟的資料庫連線，第 2 個參數是資料庫名稱字串"school"，成功傳回 true；失敗傳回 false。在下方切換選擇"mysql"資料庫，如下：

```
// 指定開啟的資料庫名稱 mysql
$dbname = "mysql";
// 開啟指定的資料庫
if ( !mysqli_select_db($link, $dbname) )
   die("無法開啟 $dbname 資料庫!<br/>");
else
   echo "資料庫: $dbname 開啟成功!<br/>";
mysqli_close($link);   // 關閉資料庫連線
?>
```

請啟動瀏覽器輸入下列網址來執行 PHP 程式，如下：

- http://localhost:8080/ch16_4_1a.php

16-4-2　執行 SQL 指令的資料表查詢

在 PHP 程式是呼叫 mysqli_query()函數執行資料表查詢，PHP 程式：ch16_4_2.php 可以查詢和顯示【學生】資料表的所有記錄資料，如下：

```
<?php
// 建立 MySQL 的資料庫連線
$link = mysqli_connect("localhost","root",
                       "Aa12345678","school")
       or die("無法開啟 MySQL 資料庫連線!<br/>");
echo "資料庫myschool 開啟成功!<br/>";
$sql = "SELECT * FROM 學生"; // 指定 SQL 查詢字串
echo "SQL 查詢字串: $sql <br/>";
```

上述程式碼開啟資料庫連線後，指定 SQL 指令字串，即可呼叫 mysqli_query()函數，執行 SQL 語言的 SELECT 指令來查詢學生資料表，如下：

```
// 送出查詢的 SQL 指令
if ( $result = mysqli_query($link, $sql) ) {
```

上述函數的第 1 個參數是開啟的資料庫連線，第 2 個參數是 SQL 指令字串，查詢失敗傳回 false；成功傳回物件變數，其內容是 SQL 查詢結果的記錄資料，稱為「結果物件」（Result Object），類似第 15 章資料指標的結果集。

在取得結果物件後，就可以使用 mysqli_fetch_assoc()函數將查詢結果的每一筆記錄存入結合陣列，如下：

```
echo "<b>學生資料:</b><br/>";   // 顯示查詢結果
while( $row = mysqli_fetch_assoc($result) ){
    echo $row["學號"]."-".$row["姓名"]."<br/>";
}
```

上述 while 迴圈每執行一次，就呼叫一次 mysqli_fetch_assoc()函數取得一筆記錄，函數參數是結果物件，沒有記錄傳回 NULL。函數取得的每一筆記錄是以欄位名稱為鍵值存入結合陣列$row，所以，只需使用欄位名稱【學號】和【姓名】的鍵值，即可取得指定的欄位值。

因為資料表查詢結果的結果物件會佔用伺服器的記憶體空間，當不再需要時，請記得釋放佔用的記憶體空間，以避免浪費資源。在 PHP 是呼叫 mysqli_free_result()函數釋放結果物件佔用的記憶體空間，如下：

```
    mysqli_free_result($result); // 釋放佔用記憶體
}
mysqli_close($link);   // 關閉資料庫連線
?>
```

上述程式碼最後呼叫 mysqli_close()函數關閉資料庫連線。請啟動瀏覽器輸入下列網址來執行 PHP 程式，如下：

- http://localhost:8080/ch16_4_2.php

```
ch16_4_2.php          ×    +                      ∨   –   □   ×

←  →  C  ⌂   ① localhost:8080/ch16_4_2.php    ⊠  ⓘ ☆  ⊠ ★ ▯ ⬤  ⋮

資料庫myschool開啟成功!
SQL查詢字串: SELECT * FROM 學生
學生資料:
S001-陳會安
S002-江小魚
S003-張無忌
S004-陳小安
S005-孫燕之
S006-周杰輪
S007-蔡一零
S008-劉得華
S016-江峰
S221-張三重
S225-王美麗
```

PHP 程式：ch16_4_2a.php 改為呼叫【學生資料查詢】預存程序來顯示學生資料，其唯一的差異就是$sql 變數的 SQL 指令改成使用 call 指令呼叫預存程序，如下：

```
$sql = "call 學生資料查詢()"; // 呼叫預存程序
```

16-4-3　讀取單筆記錄的索引陣列

PHP 程式：ch16_4_3.php 是使用 mysqli_fetch_row()函數配合 while 迴圈，一次讀取一筆記錄，可以使用 HTML 表格顯示 SQL 查詢結果物件的記錄資料，如下：

```php
<?php
// 建立 MySQL 的資料庫連線
$link = mysqli_connect("localhost", "root", "Aa12345678")
        or die("無法開啟 MySQL 資料庫連線!<br/>");
mysqli_select_db($link, "school");  // 選擇 myschool 資料庫
// 設定 SQL 查詢字串
$sql = "SELECT * FROM 學生";
// 執行 SQL 查詢
$result = mysqli_query($link, $sql);
// 一筆一筆的以表格顯示記錄
echo "<table border=1><tr>";
```

　　上述程式碼開啟資料庫連線和執行 SQL 查詢後，輸出 HTML 表格標籤 <table>，然後在下方使用 while 迴圈呼叫 mysqli_fetch_field()函數來取得結果物件的欄位名稱，即可建立 HTML 表格的標題列，如下：

```
// 顯示欄位名稱
while ( $meta = mysqli_fetch_field($result) )
   echo "<td>".$meta->name."</td>";
echo "</tr>"; // 取得欄位數
$total_fields = mysqli_num_fields($result);
```

　　上述程式碼呼叫 mysqli_num_fields()函數取得欄位數後，在下方使用二層巢狀迴圈以 HTML 表格顯示記錄資料，在外層 while 迴圈是呼叫 mysqli_fetch_row()函數取得每一筆記錄，每執行一次讀取一筆，直到沒有記錄傳回 NULL 為止，如下：

```
// 顯示每一筆記錄
while ($row = mysqli_fetch_row($result)) {
   echo "<tr>"; // 顯示每一筆記錄的欄位值
   for ( $i = 0; $i <= $total_fields-1; $i++ )
     echo "<td>" . $row[$i] . "</td>";
   echo "</tr>";
}
```

　　上述 mysqli_fetch_row()函數可以傳回一維索引陣列，欄位值是陣列元素值，可以使用內層 for 迴圈走訪一維陣列來顯示記錄的欄位值。最後在下方釋放佔用記憶體和關閉連線，如下：

```
echo "</table>";
mysqli_free_result($result); // 釋放佔用記憶體
mysqli_close($link); // 關閉資料庫連線
?>
```

　　請啟動瀏覽器輸入下列網址來執行 PHP 程式，如下：

* http://localhost:8080/ch16_4_3.php

學號	姓名	性別	電話	生日
S001	陳會安	男	02-22222222	2003-09-03
S002	江小魚	女	03-33333333	2004-02-02
S003	張無忌	男	04-44444444	2002-05-03
S004	陳小安	男	05-55555555	2002-06-13
S005	孫燕之	女	06-66666666	
S006	周杰輪	男	02-33333333	2003-12-23
S007	蔡一零	女	03-66666666	2003-11-23
S008	劉得華	男	02-11111122	2003-02-23
S016	江峰			2002-10-01
S221	張三重	男	02-88888888	2002-10-13
S225	王美麗	女	03-77777777	2003-05-01

16-4-4　將記錄存入陣列

　　PHP 的 mysqli_fetch_array() 函 數 包 含 mysqli_fetch_row() 和 mysqli_fetch_assoc()兩個函數的功能，不只可以讀取單筆記錄存入索引陣列，還可以將記錄存入以欄位名稱為鍵值的結合陣列，如下：

```
while ($rows=mysqli_fetch_array($result,MYSQLI_NUM)) { … }
```

　　上述 while 迴圈呼叫 mysqli_fetch_array()函數讀取記錄資料，直到沒有記錄傳回 NULL 為止。函數的第 1 個參數是結果物件，第 2 個參數是儲存類型，共有三種類型，如下：

🖥️ (MYSQLI_NUM 類型：ch16_4_4.php)

　　MYSQLI_NUM 類型是儲存成索引陣列，其執行結果和 mysqli_fetch_row() 函數相同。記錄是使用索引值來取得欄位值，如下：

```
while ($rows=mysqli_fetch_array($result,MYSQLI_NUM)) {
   echo "<tr><td>$rows[0]</td>";
   echo "<td>$rows[1]</td>";
   echo "<td>$rows[2]</td>";
   echo "<td>$rows[3]</td></tr>";
}
```

請啟動瀏覽器輸入下列網址來執行 PHP 程式，如下：

- http://localhost:8080/ch16_4_4.php

NUM類型：			
S001	陳會安	男	02-22222222
S002	江小魚	女	03-33333333
S003	張無忌	男	04-44444444
S004	陳小安	男	05-55555555

MYSQLI_ASSOC 類型：ch16_4_4a.php

MYSQLI_ASSOC 類型是儲存成以欄位名稱為鍵值的結合陣列，其執行結果和 mysqli_fetch_assoc()函數相同。記錄是使用欄位名稱的鍵值來取得欄位值，如下：

```php
while ($rows=mysqli_fetch_array($result,MYSQLI_ASSOC)) {
    echo "<tr><td>".$rows["學號"]."</td>";
    echo "<td>".$rows["姓名"]."</td>";
    echo "<td>".$rows["性別"]."</td>";
    echo "<td>".$rows["電話"]."</td></tr>";
}
```

請啟動瀏覽器輸入下列網址來執行 PHP 程式，如下：

- http://localhost:8080/ch16_4_4a.php

ASSOC類型：			
S001	陳會安	男	02-22222222
S002	江小魚	女	03-33333333
S003	張無忌	男	04-44444444
S004	陳小安	男	05-55555555

MYSQLI_BOTH 類型：ch16_4_4b.php

MYSQLI_BOTH 類型是儲存成索引和結合陣列，記錄可以任意選擇使用索引或欄位名稱的鍵值來取得欄位值，在 while 迴圈的前 2 欄是使用索引；後 2 欄是欄位名稱，如下：

```
while ($rows=mysqli_fetch_array($result,MYSQLI_BOTH)) {
    echo "<tr><td>$rows[0]</td>";
    echo "<td>$rows[1]</td>";
    echo "<td>".$rows["性別"]."</td>";
    echo "<td>".$rows["電話"]."</td></tr>";
}
```

請啟動瀏覽器輸入下列網址來執行 PHP 程式，如下：

- http://localhost:8080/ch16_4_4b.php

BOTH類型:			
S001	陳會安	男	02-22222222
S002	江小魚	女	03-33333333
S003	張無忌	男	04-44444444
S004	陳小安	男	05-55555555

16-4-5　使用 HTML 表格分頁顯示記錄資料

當查詢結果的記錄資料很多時，如果在同一頁網頁顯示所有記錄資料，就需要捲動網頁來檢視，此時可改用 HTML 表格分頁方式來顯示記錄資料，提供超連結切換顯示指定頁碼、上一頁或下一頁的記錄資料。

在 PHP 程式可以使用 URL 參數傳遞目前網頁顯示的頁碼，URL 參數 page 是目前頁碼，其 URL 網址如下：

```
http://localhost:8080/ch11/ch16_4_5.php?page=2
```

上述 URL 參數 page 為目前的頁碼 2。PHP 程式：Ch16_4_5.php 是使用 HTML 表格來分頁顯示記錄資料，如下：

```php
<?php
$records_per_page = 2;  // 每一頁顯示的記錄筆數
// 取得 URL 參數的頁數
if (isset($_GET["page"])) $page = $_GET["page"];
else                      $page = 1;
```

上述 if/else 條件取得 URL 參數，如果沒有 page 參數是第 1 頁，$records_per_page 是每一頁顯示的記錄筆數，以此例是 2 筆。在下方建立資料庫連線，如下：

```php
// 建立 MySQL 的資料庫連線
$link = mysqli_connect("localhost", "root", "Aa12345678")
        or die("無法開啟 MySQL 資料庫連線!<br/>");
mysqli_select_db($link, "school");  // 選擇 myschool 資料庫
// 設定 SQL 查詢字串
$sql = "SELECT * FROM 學生";
// 執行 SQL 查詢
$result = mysqli_query($link, $sql);
```

上述程式碼執行 SQL 查詢取得結果物件的記錄資料後，呼叫 mysqli_num_fields()函數取得欄位數和 mysqli_num_rows()函數取得記錄數，如下：

```php
$total_fields=mysqli_num_fields($result); // 取得欄位數
$total_records=mysqli_num_rows($result);  // 取得記錄數
// 計算總頁數
$total_pages = ceil($total_records/$records_per_page);
// 計算這一頁第 1 筆記錄的位置
$offset = ($page - 1)*$records_per_page;
mysqli_data_seek($result, $offset); // 移到此記錄
```

上述程式碼計算記錄的總頁數和此頁碼第 1 筆記錄的指標位置，這是使用 ceil()函數計算總頁數，$offset 變數是此頁碼第 1 筆記錄的指標位置，然後呼叫 mysqli_data_seek()函數移到這筆記錄的位置。在下方顯示記錄總數後，使用 while 迴圈顯示 HTML 表格標題列的欄位名稱，如下：

```
echo "記錄總數: $total_records 筆<br/>";
echo "<table border=1><tr>";
while ( $meta=mysqli_fetch_field($result) )
   echo "<td>".$meta->name."</td>";
echo "</tr>";
$j = 1;
while ($rows = mysqli_fetch_array($result, MYSQLI_NUM)
       and $j <= $records_per_page) {
   echo "<tr>";
   for ( $i = 0; $i<= $total_fields-1; $i++ )
     echo "<td>".$rows[$i]."</td>";
   echo "</tr>";
   $j++;
}
echo "</table><br>";
```

　　上述程式碼使用 while 和 for 兩層巢狀迴圈顯示此頁碼的記錄資料，在外層 while 迴圈呼叫 mysqli_fetch_array()函數取得每一筆記錄的結合陣列，and 連接的條件是檢查變數$j，確定顯示筆數是否小於每頁顯示的記錄數，如果在範圍內，就使用內層 for 迴圈顯示每筆記錄的表格列。

　　當使用 HTML 表格顯示分頁的記錄後，在表格下方提供上一頁、頁碼和下一頁的超連結，可以檢視其他分頁的記錄資料，如下：

```
if ( $page > 1 )  // 顯示上一頁
   echo "<a href='ch16_4_5.php?page=".($page-1).
        "'>上一頁</a>| ";
for ( $i = 1; $i <= $total_pages; $i++ )
   if ($i != $page)
     echo "<a href=\"ch16_4_5.php?page=".$i."\">".
          $i."</a> ";
   else
     echo $i." ";
if ( $page < $total_pages )  // 顯示下一頁
   echo "|<a href='ch16_4_5.php?page=".($page+1).
        "'>下一頁</a> ";
mysqli_free_result($result);  // 釋放佔用的記憶體
mysqli_close($link); // 關閉資料庫連線
?>
```

上述前後兩個 if 條件分別是顯示上一頁和下一頁的超連結,在中間的 for 迴圈顯示每一頁的頁碼,如果是目前頁碼,只顯示頁碼,其他頁碼就是超連結,同時傳遞 URL 參數的頁碼,點選頁碼超連結,即可檢視其他分頁的記錄資料。

請啟動瀏覽器輸入下列網址來執行 PHP 程式,即可點選超連結來切換分頁,如下:

- http://localhost:8080/ch16_4_5.php

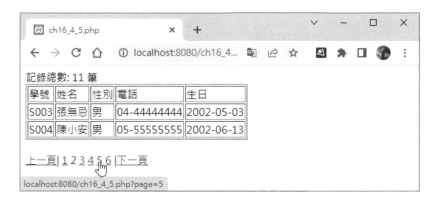

16-4-6 執行 MySQL 資料庫操作的 DML 指令

在 PHP 程式可以呼叫 mysqli_query()函數執行 SQL 語言的 INSERT、UPDATE 和 DELETE 指令,如下:

```
if ( mysqli_query($link, $sql) )
    echo "資料庫新增記錄成功, 影響記錄數: " .
        mysqli_affected_rows($link) . "<br/>";
}
```

上述程式碼呼叫 mysqli_query()函數執行參數$sql 的 SQL 指令,函數傳回 true 是執行成功;false 是失敗。

在執行 SQL 操作指令後,可以呼叫 mysqli_affected_rows()函數取得前一個 SQL 操作影響的記錄數,傳回 0 是沒有影響的記錄數;-1 是有錯誤。

　　PHP 程式：Ch16_4_6Insert.php 提供表單介面，可以在學生資料表新增一筆學生記錄，Ch16_4_6Update.php 是更新記錄；刪除記錄是 Ch16_4_6Delete.php，因為程式結構都是在表單介面輸入資料後，執行 SQL 指令在學生資料表新增、更新和刪除學生記錄，所以本節只以 Ch16_4_6Insert.php 為例，在程式前半部分是表單處理；後半部分是 HTML 表單，如下：

```
<!DOCTYPE html>
<html>
<head>
<meta charset="utf-8" />
<title>ch16_4_6Insert.php</title>
</head>
<body>
<?php
// 是否是表單送回
if (isset($_POST["Insert"])) {
    // 開啟 MySQL 的資料庫連線
    $link = @mysqli_connect("localhost","root","Aa12345678")
            or die("無法開啟 MySQL 資料庫連線!<br/>");
    mysqli_select_db($link, "school");  // 選擇資料庫
    // 建立新增記錄的 SQL 指令字串
    $sql ="INSERT INTO 學生 (學號, 姓名, 電話, ";
    $sql.="生日) VALUES ('";
    $sql.=$_POST["Sno"]."','".$_POST["Name"]."','";
    $sql.=$_POST["Tel"]."','".$_POST["Birthday"]."')";
    echo "<b>SQL 指令: $sql</b><br/>";
```

　　上述 if 條件檢查是否是表單送回，如果是，就開啟資料庫連線和選擇資料庫，然後使用取得的表單欄位值建立新增記錄的 SQL 指令字串。在下方送出 UTF8 編碼的 MySQL 指令後，if/else 條件是呼叫 mysqli_query()函數執行 SQL 指令來新增一筆記錄，和呼叫 mysqli_affected_rows()函數取得影響的記錄數，如下：

```
//送出 UTF8 編碼的 MySQL 指令
mysqli_query($link, 'SET NAMES utf8');
if ( mysqli_query($link, $sql) ) // 執行 SQL 指令
    echo "資料庫新增記錄成功, 影響記錄數: ".
            mysqli_affected_rows($link) . "<br/>";
else
    die("資料庫新增記錄失敗<br/>");
```

```
    mysqli_close($link);        // 關閉資料庫連線
}
?>
<form action="ch16_4_6Insert.php" method="post">
<table border="1">
<tr><td>學號:</td>
   <td><input type="text" name="Sno" size ="6"/></td>
</tr><tr><td>姓名:</td>
   <td><input type="text" name="Name" size="12"/></td>
</tr><tr><td>電話:</td>
   <td><input type="text" name="Tel" size="15"/></td>
</tr><tr><td>生日:</td>
   <td><input type="text" name="Birthday" size="10"/>
      </td></tr>
</table><hr/>
<input type="submit" name="Insert" value="新增"/>
</form>
</body>
</html>
```

　　上述 HTML 的<form>標籤就是 HTML 表單，提供輸入新增記錄所需的表單欄位。請啟動瀏覽器輸入下列網址來執行 PHP 程式，如下：

- http://localhost:8080/ch16_4_6.php

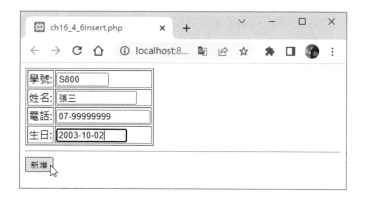

　　在輸入學生資料的學號、姓名、電話和生日後，按【新增】鈕，可以看到成功新增一筆學生記錄，如下圖：

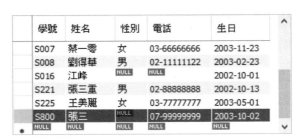

　　在 MySQL Workbench 可以看到學生資料表新增的這筆記錄資料，如下圖：

學號	姓名	性別	電話	生日
S007	蔡一零	女	03-66666666	2003-11-23
S008	劉得華	男	02-11111122	2003-02-23
S016	江峰	NULL	NULL	2002-10-01
S221	張三重	男	02-88888888	2002-10-13
S225	王美麗	女	03-77777777	2003-05-01
S800	張三	NULL	07-99999999	2003-10-02
NULL	NULL	NULL	NULL	NULL

使用 ChatGPT 學習 MySQL、寫出 SQL 指令敘述與建立資料庫程式

17-1 | 註冊與使用 ChatGPT

最近 AI 界的大事就是 2022 年底 OpenAI 推出的 ChatGPT，其橫空出世的強大聊天功能，迅速攻佔所有的網路聲量，探討其可能應用成為目前最熱門的討論主題。

> **Memo**
>
> 請啟動 MySQL Workbench 執行本書範例「Ch17\Ch17_School.sql」的 SQL 指令碼檔案，可以建立本章測試所需的【school】資料庫、資料表和記錄資料。

我們準備直接詢問 ChatGPT，讓他自己回答什麼是 ChatGPT，如下：

Query: 請使用繁體中文說明什麼是ChatGPT
Reply in 中文

 ChatGPT是一個使用人工智慧技術的大型語言模型，能夠透過文字對話和使用者進行自然的　👍 👎
交流[1][2]。它的對話格式使得ChatGPT可以回答後續問題、承認自己的錯誤、挑戰不正確的
前提、拒絕不適當的請求等等。使用者可以通過在ChatGPT的網頁上輸入問題，並從結果區
域中獲取答案[3]。

上述答案的 ChatGPT 是使用人工智慧訓練出的大型語言模型，可以與人類進行自然語言的溝通。在 ChatGPT 使用的語言模型稱為 GPT 模型，區分為第 3、3.5 和第 4 代，至於為何稱為大型語言模型，因為 GPT-3 模型的參數量就高達 1750 億（可類比人類大腦的神經元連接數），OpenAI 公司使用了高達 45TG 的龐大網路文字資料來訓練出這個大型語言模型。

簡單的說，ChatGPT 就是一個人工智慧技術的產物，可以使用自然語言與我們進行對話，回答我們所提出的任何問題，如下圖：

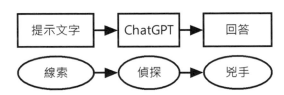

上述提示文字（Prompts）就是你的問題，ChatGPT 回答問題如同是一位偵探在找出兇手，線索是提示文字的字詞關係，提供愈多的字詞關係就能產生愈多的線索，讓 ChatGPT 更深入了解文字段落的結構，當擁有足夠線索後，偵探就可以「預測」出兇手是誰，對比 ChatGPT 就是「更正確的」回答出你的問題。

註冊 OpenAI 帳戶

　　ChatGPT 網頁版目前只需註冊 Personal 版的 OpenAI 帳戶，就可以免費使用，也可以升級成付費的 Plus 版，其註冊步驟如下：

1 請啟動瀏覽器進入 https://chat.openai.com/auth/login 的 ChatGPT 登入首頁，點選【Sign up】註冊 OpenAI 帳戶。

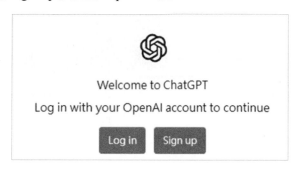

2 我們可以自行輸入電子郵件地址，或點選下方【Continue with Google】，直接使用 Google 帳戶來進行註冊。

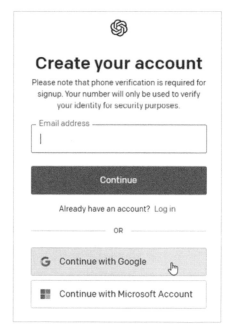

③ 請輸入你的手機電話號碼後，按
【Send code】鈕取得認證碼。

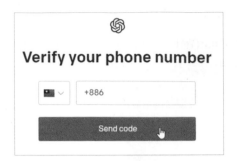

④ 等到收到手機簡訊後，請記下認
證碼，然後在下方欄位輸入簡訊
取得的 6 位認證碼。

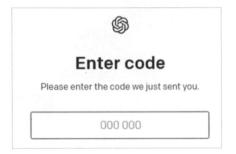

⑤ 選擇使用 OpenAI 的主要用途，請自行選擇你的用途，依據選擇的不同，
你可能需要回答更多的問題。

⑥ 在成功註冊後，就可以進入 OpenAI 帳戶的歡迎頁面，預設是免費的
Personal 版。

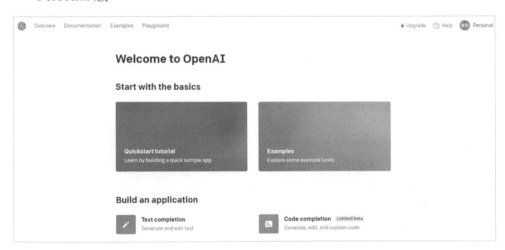

使用 ChatGPT

　　請啟動瀏覽器進入 https://chat.openai.com/auth/login，使用 OpenAI 帳戶登入 ChatGPT，就可以在網頁介面開始與 AI 聊天，如下圖：

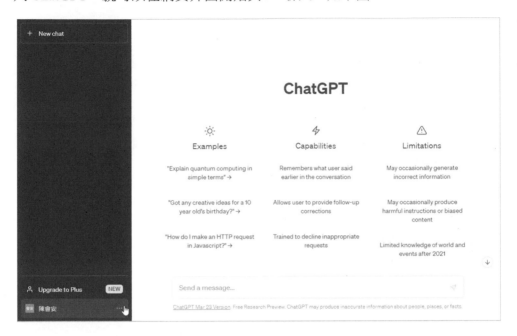

　　上述網頁介面分成左右兩大部分，在右邊是聊天介面，我們是在下方的【Send a message…】欄位輸入聊天訊息（如果是多行訊息，換行請按 Shift + Enter 鍵），稱為「提示文字」（Prompts）。在輸入提示文字後，點選欄位後方圖示或按 Enter 鍵，即可開始與 ChatGPT 進行聊天。

　　在左邊的功能介面，可以點選上方【New chat】新增聊天記錄，在其下方會顯示曾經進行過的 ChatGPT 聊天交談記錄清單，點選下方的【Upgrade to Plus】可以升級至 Plus 版。當左邊有顯示聊天記錄清單時，如果想刪除記錄，請點選下方登入的使用者名稱，可以看到一個功能表，如右圖：

選【Clear conversations】，再選【Confirm clear conversations】即可確認刪除聊天記錄，其他功能由上而下依序是 Help&FAQ 的幫助與問答、Settings 設定可切換佈景是系統、淡色系或深色系，最後的 Log out 是登出帳戶。

使用 Bing Chat

微軟 Bing Chat 也可以與 ChatGPT 進行聊天，請啟動 Edge 瀏覽器以微軟帳戶登入後，按右上角的【b】圖示，或進入 Bing Chat 的網址 https://www.bing.com/search?q=BingAI&showconv=1，如下圖：

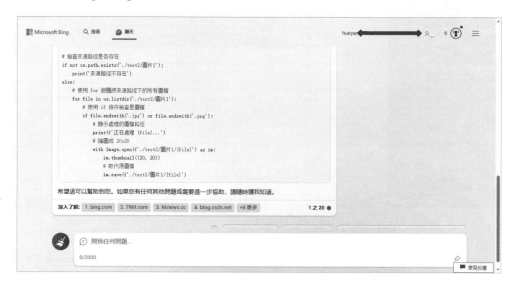

在本書截稿前，OpenAI Personal 版是使用 GPT-3.5 模型；Plus 版可以選用 GPT-4 模型，Bing Chat 是使用 GPT-4 模型。

17-2 | 使用 ChatGPT 學習資料庫理論與 MySQL

ChatGPT 可以作為學習資訊科技的好幫手，提供我們學習資料庫理論和 MySQL 的方法與方向，當學習資料庫理論與 MySQL 時有任何問題，都可以直接詢問 ChatGPT 來獲得解答。

在使用 ChatGPT 時，可以在提示文字指定使用的語言來回答問題，例如：繁體中文。首先詢問 ChatGPT 學習關聯式資料庫理論的步驟，因為 ChatGPT 善於抓重點和條列步驟，在詢問時記得指明項目數和一步一步的條列，其詳細的問題描述（Ch17_2.txt），如下：

> **請使用繁體中文，一步一步列出 5 步學習關聯式資料庫理論的方法？**

 學習關聯式資料庫理論，可以遵循以下5步驟：

1. 理解資料庫的基本概念與架構：要學習關聯式資料庫理論，需要先了解資料庫的基本概念與架構，例如資料庫的種類、資料表、欄位、資料型態、索引等等。

2. 熟悉 SQL 語言：SQL（Structured Query Language）是操作關聯式資料庫的語言，需要熟悉 SQL 語言的基本語法、資料查詢、修改、新增、刪除等操作。

3. 了解關聯式資料庫的概念：關聯式資料庫是一種以資料表為基礎的資料庫，需要了解關聯式資料庫的概念，包括主鍵、外鍵、表之間的關聯等等。

4. 學習正規化理論：正規化是一種將資料表分解為更小、更具體、更規範的表的方法，可以減少重複資料，提高資料庫的效率和正確性。需要學習正規化的基本概念、規則和技巧。

5. 實踐練習：最後一步是進行實踐練習，可以使用各種資料庫管理系統（DBMS）來實際建立和管理資料庫，並進行查詢和修改操作，不斷練習提高自己的技能水平。

上述 ChatGPT 的回答是學習關聯式資料庫理論的大方向，我們可以縮小問題，針對學習 MySQL 資料庫的 SQL 語言來詢問。ChatGPT 的詳細問題描述（Ch17_2a.txt），如下：

> **請使用繁體中文，一步一步列出 3 項學習 MySQL 的 SQL 語言步驟？**

 當您學習MySQL的SQL語言時，以下是三個步驟可以幫助您進行學習：

1. 理解基本的SQL語法：您可以通過閱讀SQL語言的相關文獻或線上課程，學習SQL語言的基本語法。了解SQL語言的關鍵詞、語法結構以及資料類型等基本概念，並練習使用SELECT、INSERT、UPDATE、DELETE等基本語法指令。

2. 練習撰寫SQL查詢：進一步學習SQL語言後，您可以嘗試練習使用SELECT語法指令進行資料庫查詢。這將幫助您理解如何使用WHERE子句篩選資料，並使用ORDER BY子句排序資料，也可以學習使用GROUP BY子句進行分組，以及使用HAVING子句對分組資料進行篩選。

3. 建立資料庫和資料表：在MySQL中，您需要先建立資料庫，然後在資料庫中建立資料表，才能儲存和管理資料。您可以使用CREATE DATABASE和CREATE TABLE語法指令來建立資料庫和資料表，並學習如何使用ALTER TABLE語法指令來修改和更新資料表結構。此外，您還可以學習使用PRIMARY KEY、FOREIGN KEY等限制條件來確保資料表的完整性和一致性。

透過以上三個步驟，您可以逐漸掌握MySQL的SQL語言，並進一步了解資料庫的操作和管理技能。

在 MySQL 或 SQL 語言的學習過程中，如果發現有些觀念或專有名詞不清楚其意義，我們都可以詢問 ChatGPT，例如：MySQL 的預存程序。ChatGPT 的詳細問題描述（Ch17_2b.txt），如下：

> **請使用繁體中文，說明什麼是 MySQL 的預存程序？**

 MySQL的預存程序（Stored Procedure）是指一組SQL語句和流程控制語句的集合，這些語句被保存在MySQL數據庫中，可以被多次調用和重複使用。

與一般SQL語句不同的是，預存程序可以包含控制結構（例如IF、WHILE、LOOP等）和變量，並且可以通過參數傳遞數據。這樣可以簡化數據庫應用程序的開發，提高數據庫的效率和安全性。

預存程序還可以實現數據庫的業務邏輯，例如數據驗證、計算、操作等。預存程序的執行速度通常比客戶端應用程序的速度更快，因為它們可以在數據庫服務器上直接執行。

總的來說，MySQL的預存程序提供了一種方便、高效和安全的數據庫編程方式，可以大大簡化應用程序的開發和維護工作。

上述 ChatGPT 的回答詳細說明什麼是預存程序，其功能和如何開發預存程序的基礎知識。

17-3 使用 ChatGPT 寫出 SQL 指令敘述

除了基礎資料庫觀念的學習，ChatGPT 還可以幫助我們寫出 SQL 指令敘述和建立預存程序，只需使用自然語言的描述來詢問 ChatGPT，就可以輕鬆寫出所需的 SQL 指令敘述。

使用 ChatGPT 寫出單一資料表查詢的 SQL 指令敘述

在 ChatGPT 只需提供資料表的欄位定義資料，即資料庫綱要，就可以使用自然語言的描述來寫出 SQL 指令敘述。ChatGPT 的詳細問題描述（Ch17_3.txt），如下：

> **請依據下列 MySQL 資料庫綱要的[課程]資料表寫出一個 SQL 指令敘述，可以查詢課程的學分數大於等於 3 個學分的課程資料，如下：**
>
> 課程（課程編號，名稱，學分）　主鍵是[課程編號]。

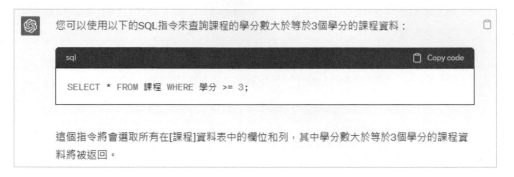

點選 sql 框右上方的【Copy code】，可以複製 SQL 指令敘述至剪貼簿，然後貼至 MySQL Workbench 儲存成為 Ch17_3.sql 檔案，請先在左邊「Navigator」視窗雙擊【school】來選擇目標資料庫，然後執行此 SQL 指令，可以看到查詢結果的課程資料，如下圖：

再來看一個單一資料表的 SQL 查詢範例，ChatGPT 的詳細問題描述（Ch17_3a.txt），如下：

> **請寫出完整的 SQL 指令敘述，首先切換至 MySQL 資料庫[school]後，再依據下列[員工]資料表的資料庫綱要，寫出查詢員工的薪水大於 50000 的員工資料，並且只顯示[身份證字號]、[姓名]、[電話]和[薪水]欄位的 SQL 指令敘述，如下：**
>
> 員工　（身份證字號，姓名，城市，街道，電話，薪水，保險，扣稅）
>
> 　主鍵是[身份證字號]。

以下是查詢員工薪水大於50000的員工資料，並只顯示[身份證字號]、[姓名]、[電話]和[薪水]欄位的SQL指令敘述：

```sql
USE school;

SELECT 身份證字號, 姓名, 電話, 薪水
FROM 員工
WHERE 薪水 > 50000;
```

以上SQL指令會先切換至名為[school]的MySQL資料庫，接著查詢[員工]資料表中薪水大於50000的員工資料，並只顯示身份證字號、姓名、電話和薪水欄位。

上述 SQL 指令敘述包含切換 school 資料庫的 USE 指令。請複製 SQL 指令敘述至剪貼簿，然後貼至 MySQL Workbench 儲存成為 Ch17_3a.sql 檔案，即可測試執行此 SQL 指令敘述。

　　不只如此，我們還可以在交談過程中，逐步修改 SQL 指令敘述。請繼續目前的 ChatGPT 交談過程，我們準備修改 SQL 指令敘述增加一個姓名條件。ChatGPT 的詳細問題描述（Ch17_3b.txt），如下：

> 請改寫上述 SQL 指令敘述，其條件除了薪水大於 50000，而且[姓名]欄位需要是姓陳的員工。

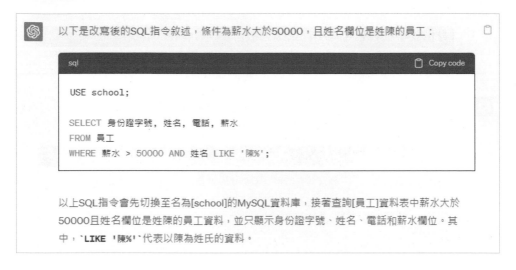

　　上述 SQL 指令敘述增加 AND 的姓名條件，這是使用 LIKE 運算子的條件。請複製 SQL 指令敘述至剪貼簿，然後貼至 MySQL Workbench 儲存成為 Ch17_3b.sql 檔案，即可測試執行此 SQL 指令敘述。

使用 ChatGPT 寫出多資料表合併查詢的 SQL 指令敘述

　　多資料表查詢主要是指 SQL 合併查詢的 JOIN 指令，我們可以使用合併欄位來合併多個資料表的記錄資料，例如：INNER JOIN 內部合併查詢。ChatGPT 的詳細問題描述（Ch17_3c.txt），如下：

> 請寫出 SQL 指令敘述，可以使用內部合併查詢從[學生]資料表取出學號與姓名欄位，[班級]資料表取出課程編號與教授編號欄位來顯示學生上課資料，合併條件欄位是學號，學生和班級的資料庫綱要，如下：

學生　(學號，姓名,性別,電話,生日)

　　主鍵是[學號]。

班級　(教授編號,學號,課程編號,上課時間,教室)

　　主鍵是[教授編號],[課程編號],[學號]。

 以下是使用內部合併查詢來顯示學生上課資料的SQL指令敘述：

```sql
SELECT 學生.學號, 學生.姓名, 班級.課程編號, 班級.教授編號
FROM 學生
INNER JOIN 班級
ON 學生.學號 = 班級.學號;
```

這條SQL指令使用了內部合併查詢（INNER JOIN），將學生資料表和班級資料表以學號為合併條件進行合併，並從合併後的資料中選取需要的欄位，包括學號、姓名、課程編號和教授編號。這樣就可以顯示出學生的上課資料了。

上述回答的就是 INNER JOIN 指令的內部合併查詢。請複製 SQL 指令敘述至剪貼簿，然後貼至 MySQL Workbench 儲存成為 Ch17_3c.sql 檔案，即可測試執行 SQL 指令敘述，如下圖：

學號	姓名	課程編號	教授編號
S001	陳會安	CS101	I001
S001	陳會安	CS349	I001
S001	陳會安	CS222	I002
S001	陳會安	CS203	I003
S001	陳會安	CS213	I003
S002	江小魚	CS222	I002
S002	江小魚	CS203	I003
S002	江小魚	CS111	I004
S003	張無忌	CS213	I001
S003	張無忌	CS349	I001
S003	張無忌	CS121	I002
S003	張無忌	CS111	I004

請繼續目前的 ChatGPT 交談過程，我們可以詢問 ChatGPT 來修改目前寫出的 SQL 指令敘述，再進一步合併【課程】資料表。ChatGPT 的詳細問題描述（Ch17_3d.txt），如下：

> **請改寫上述 SQL 指令敘述，再次執行 INNER JOIN 合併查詢來取得[課程]資料表的詳細資料，課程的資料庫綱要，如下：**
>
> 課程　（課程編號，名稱，學分）　　主鍵是 [課程編號]。

以下是改寫後的SQL指令敘述，使用INNER JOIN合併查詢來取得學生上課資料以及課程的詳細資料：

```sql
SELECT 學生.學號, 學生.姓名, 班級.課程編號, 課程.名稱, 課程.學分, 班級.教授編號, 班級
FROM 學生
INNER JOIN 班級
ON 學生.學號 = 班級.學號
INNER JOIN 課程
ON 班級.課程編號 = 課程.課程編號;
```

這條SQL指令使用了兩個INNER JOIN合併查詢，將學生資料表、班級資料表和課程資料表依序合併，並從合併後的資料中選取需要的欄位，包括學號、姓名、課程編號、課程名稱、學分、教授編號、上課時間和教室。這樣就可以顯示出學生上課資料以及課程的詳細資料了。

　　請複製 SQL 指令敘述至剪貼簿，然後貼至 MySQL Workbench 儲存成為 Ch17_3d.sql 檔案，即可測試執行 SQL 指令敘述，可以看到已經合併顯示課程資料，如下圖：

學號	姓名	課程編號	名稱	學分	教授編號	上課時間	教室
S001	陳會安	CS101	計算機概論	4	I001	12:00:00	180-M
S001	陳會安	CS349	物件導向分析	3	I001	15:00:00	380-L
S001	陳會安	CS222	資料庫管理系統	3	I002	13:00:00	100-M
S001	陳會安	CS203	程式語言	3	I003	10:00:00	221-S
S001	陳會安	CS213	物件導向程式設計	2	I003	12:00:00	500-K
S002	江小魚	CS222	資料庫管理系統	3	I002	13:00:00	100-M
S002	江小魚	CS203	程式語言	3	I003	14:00:00	327-S
S002	江小魚	CS111	線性代數	4	I004	15:00:00	321-M
S003	張無忌	CS213	物件導向程式設計	2	I001	09:00:00	622-G
S003	張無忌	CS349	物件導向分析	3	I001	15:00:00	380-L
S003	張無忌	CS121	離散數學	4	I002	08:00:00	221-S
S003	張無忌	CS111	線性代數	4	I004	15:00:00	321-M

使用 ChatGPT 寫出建立 MySQL 預存程序的指令碼

　　我們一樣可以詢問 ChatGPT 寫出建立 MySQL 預存程序的指令碼。ChatGPT 的詳細問題描述（Ch17_3e.txt），如下：

請建立查詢學生上課資料的 MySQL 預存程序[學生上課報表_GPT]，這是使用內部合併查詢合併[學生]、[課程]、[教授]和[班級]資料表，分隔符號請改為「$$」，完成後改為「;」，合併查詢的 SQL 指令敘述，如下：

```
SELECT 學生.學號, 學生.姓名, 課程.*, 教授.*
FROM 教授 INNER JOIN
(課程 INNER JOIN
(學生 INNER JOIN 班級 ON 學生.學號 = 班級.學號)
ON 班級.課程編號 = 課程.課程編號)
ON 班級.教授編號 = 教授.教授編號;
```

以下是建立查詢學生上課資料的MySQL預存程序[學生上課報表_GPT]，其中使用內部合併查詢合併[學生]、[課程]、[教授]和[班級]資料表，並將分隔符號改為「$$」，最後再改回「;」。

```SQL
DELIMITER $$

CREATE PROCEDURE 學生上課報表_GPT()
BEGIN
    SELECT 學生.學號, 學生.姓名, 課程.*, 教授.*
    FROM 教授
    INNER JOIN (課程
        INNER JOIN (學生
            INNER JOIN 班級
            ON 學生.學號 = 班級.學號)
        ON 班級.課程編號 = 課程.課程編號)
    ON 班級.教授編號 = 教授.教授編號;
END $$

DELIMITER ;
```

請複製 SQL 指令敘述至剪貼簿，然後貼至 MySQL Workbench 儲存成為 Ch17_3e.sql 檔案，即可執行此 SQL 指令敘述來建立預存程序，如下圖：

　　ChatGPT 同時寫出 SQL 指令敘述，使用 CALL 指令來呼叫此預存程序（因 為 ChatGPT 有隨機性，並不一定會產生下列 SQL 指令），如下圖：

這個預存程序名為「學生上課報表_GPT」，可以在MySQL中執行以使用。執行方式如下：

```SQL
CALL 學生上課報表_GPT();
```

這樣就可以使用這個預存程序來查詢學生上課資料了。

　　請複製 SQL 指令敘述至剪貼簿，然後貼至 MySQL Workbench 儲存成為 Ch17_3f.sql 檔案，即可執行 SQL 指令敘述來執行【學生上課報表_GPT】預存 程序，其執行結果如下圖：

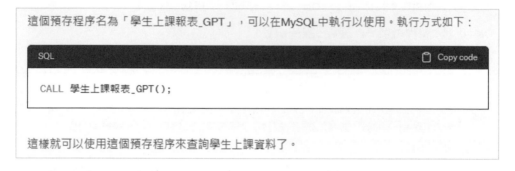

	學號	姓名	課程編號	名稱	學分	教授編號	職稱	科系	身份證字號
▶	S001	陳會安	CS101	計算機概論	4	I001	教授	CS	A123456789
	S005	孫燕之	CS101	計算機概論	4	I001	教授	CS	A123456789
	S006	周杰輪	CS101	計算機概論	4	I001	教授	CS	A123456789
	S003	張無忌	CS213	物件導向程式設計	2	I001	教授	CS	A123456789
	S005	孫燕之	CS213	物件導向程式設計	2	I001	教授	CS	A123456789
	S001	陳會安	CS349	物件導向分析	3	I001	教授	CS	A123456789
	S003	張無忌	CS349	物件導向分析	3	I001	教授	CS	A123456789
	S003	張無忌	CS121	離散數學	4	I002	教授	CS	A222222222
	S008	劉得華	CS121	離散數學	4	I002	教授	CS	A222222222
	S001	陳會安	CS222	資料庫管理系統	3	I002	教授	CS	A222222222
	S002	江小魚	CS222	資料庫管理系統	3	I002	教授	CS	A222222222

17-4 │ 使用 ChatGPT 寫出 Python 和 PHP 資料庫 程式

　　ChatGPT 不只可以輕鬆的寫出 SQL 指令敘述，還可以幫助我們寫出存取 MySQL 資料庫的 Python 與 PHP 程式，或將現成的 Python 程式改寫成 PHP 版本的資料庫程式。

寫出存取 MySQL 資料庫的 Python 程式

　　我們準備讓 ChatGPT 寫出存取 MySQL 資料庫的 Python 程式。ChatGPT 的詳細問題和功能描述（Ch17_4.txt），如下：

請使用 Python 語言和 PEP8 風格寫一個 Python 程式，並且加上繁體中文的註解文字，這是使用 pymysql 模組在 MySQL 資料庫下達 SQL 指令，可以顯示查詢結果的記錄資料。SQL 指令如下：

SELECT 課程編號, 名稱, 學分 FROM 課程 WHERE 學分 >= 3;

連接 MySQL 伺服器的連線資訊，如下：

主機是 localhost。

使用者名稱是 root，密碼 Aa12345678。

資料庫名稱是 school。

字元集是 utf8。

```python
import pymysql

# 連接MySQL伺服器的連線資訊
host = "localhost"
username = "root"
password = "Aa12345678"
database = "school"
charset = "utf8"

# 建立資料庫連線
db = pymysql.connect(host=host, user=username, password=password, db=databas

try:
    # 使用 cursor() 方法建立一個遊標物件 cursor
    cursor = db.cursor()

    # SQL 指令
    sql = "SELECT 課程編號, 名稱, 學分 FROM 課程 WHERE 學分 >= 3;"

    # 執行 SQL 指令
    cursor.execute(sql)

    # 取回所有查詢結果
    results = cursor.fetchall()

    # 顯示查詢結果
    for row in results:
        course_id = row[0]
        name = row[1]
        credit = row[2]
        print(f"課程編號: {course_id}  名稱: {name}  學分: {credit}")

except pymysql.Error as e:
    # 顯示錯誤訊息
    print(f"Error {e.args[0]}: {e.args[1]}")

finally:
    # 關閉資料庫連線
    db.close()
```

　　請點選程式框右上方【Copy code】，可以複製程式碼至剪貼簿，然後貼至 Python IDLE 後，儲存成為 ch17_4.py 檔案，其執行結果如下：

```
===================== RESTART: D:\MySQL\Ch17\ch17_4.py =====================
課程編號: CS101　名稱: 計算機概論　學分: 4
課程編號: CS111　名稱: 線性代數　學分: 4
課程編號: CS121　名稱: 離散數學　學分: 4
課程編號: CS203　名稱: 程式語言　學分: 3
課程編號: CS205　名稱: 網頁程式設計　學分: 3
課程編號: CS222　名稱: 資料庫管理系統　學分: 3
課程編號: CS349　名稱: 物件導向分析　學分: 3
```

寫出存取 MySQL 資料庫的 PHP 程式

　　請繼續目前的 ChatGPT 交談過程，我們準備改用 PHP 語言來寫出相同功能的程式。ChatGPT 的詳細問題和功能描述（Ch17_4a.txt），如下：

> 請改用 PHP 語言來寫出存取 MySQL 資料庫的 PHP 程式，PHP 是使用 ext/mysqli 擴充程式的傳統方式來存取 MySQL 資料庫，可以顯示[課程編號]、[名稱]和[學分]三個欄位的查詢結果。

```php
<?php
// 連接MySQL伺服器的連線資訊
$host = "localhost";
$username = "root";
$password = "Aa12345678";
$database = "school";
$charset = "utf8";

// 建立資料庫連線
$conn = mysqli_connect($host, $username, $password, $database);

// 確認資料庫連線是否成功
if (!$conn) {
    die("Connection failed: " . mysqli_connect_error());
}
```

```php
// 執行 SQL 查詢
$sql = "SELECT 課程編號, 名稱, 學分 FROM 課程 WHERE 學分 >= 3;";
$result = mysqli_query($conn, $sql);

// 顯示查詢結果
if (mysqli_num_rows($result) > 0) {
    echo "<table>";
    echo "<tr>";
    echo "<th>課程編號</th>";
    echo "<th>名稱</th>";
    echo "<th>學分</th>";
    echo "</tr>";

    while ($row = mysqli_fetch_assoc($result)) {
        echo "<tr>";
        echo "<td>" . $row["課程編號"] . "</td>";
        echo "<td>" . $row["名稱"] . "</td>";
        echo "<td>" . $row["學分"] . "</td>";
        echo "</tr>";
    }

    echo "</table>";
} else {
    echo "0 results";
}

// 釋放記憶體並關閉資料庫連線
mysqli_free_result($result);
mysqli_close($conn);
?>
```

　　請點選程式框右上方【Copy code】，可以複製程式碼至剪貼簿，然後儲存成為 ch17_4a.php 檔案。請啟動 XAMPP 後，在瀏覽器輸入下列 URL 網址來執行 PHP 程式，如下：

- http://localhost:8080/ch17_4a.php

將 Python 程式改寫成 PHP 語言的版本：ch14-5a_gpt.py

如果有現成的 Python 程式碼時，我們也可以直接讓 ChatGPT 將 Python 程式改寫成 PHP 語言的版本。ChatGPT 的詳細問題和功能描述（Ch17_4b.txt），如下：

請將下列 Python 程式碼改寫成 PHP 語言的版本，PHP 是使用 ext/mysqli 擴充程式的傳統方式來存取 MySQL 資料庫，並且使用 HTML 表格標籤來顯示查詢結果的[學號]和[姓名]欄位。Python 程式碼如下：

```
import pymysql

db = pymysql.connect(host="localhost",
                     user="root",
                     password="Aa12345678",
                     database="school",
                     charset="utf8")
cursor = db.cursor()
sql = "SELECT * FROM 學生 WHERE 生日 <='2003/6/1'"
cursor.execute(sql)
data = cursor.fetchall()
for row in data:
    print(row[0], row[1])
db.close()
```

```php
                                                                    Copy code
php

<?php
$servername = "localhost";
$username = "root";
$password = "Aa12345678";
$dbname = "school";

$conn = mysqli_connect($servername, $username, $password, $dbname);

if (!$conn) {
    die("Connection failed: " . mysqli_connect_error());
}

$sql = "SELECT * FROM 學生 WHERE 生日 <='2003/6/1'";
$result = mysqli_query($conn, $sql);

if (mysqli_num_rows($result) > 0) {
    echo "<table><tr><th>學號</th><th>姓名</th></tr>";
    while($row = mysqli_fetch_assoc($result)) {
        echo "<tr><td>" . $row["學號"]. "</td><td>" . $row["姓名"]. "</td></t
    }
    echo "</table>";
} else {
    echo "0 results";
}

mysqli_close($conn);
?>
```

　　請點選程式框右上方【Copy code】，可以複製程式碼至剪貼簿，然後儲存成為 ch17_4b.php 檔案。請啟動 XAMPP 後，在瀏覽器輸入下列 URL 網址來執行 PHP 程式，如下：

- http://localhost:8080/ch17_4b.php

MySQL/MariaDB 資料庫設計與開發實務

作　　者：陳會安
企劃編輯：江佳慧
文字編輯：詹祐甯
設計裝幀：張寶莉
發 行 人：廖文良

發 行 所：碁峰資訊股份有限公司
地　　址：台北市南港區三重路 66 號 7 樓之 6
電　　話：(02)2788-2408
傳　　真：(02)8192-4433
網　　站：www.gotop.com.tw
書　　號：AED004700
版　　次：2023 年 08 月初版
建議售價：NT$600

國家圖書館出版品預行編目資料

MySQL/MariaDB 資料庫設計與開發實務 / 陳會安著. -- 初版.
　-- 臺北市：碁峰資訊, 2023.08
　　面；　　公分
　ISBN 978-626-324-585-3(平裝)
　1.CST：資料庫管理系統　2.CST：關聯式資料庫
312.74　　　　　　　　　　　　　　　　112012383

讀者服務

● 感謝您購買碁峰圖書，如果您
　對本書的內容或表達上有不清
　楚的地方或其他建議，請至碁
　峰網站：「聯絡我們」\「圖書問
　題」留下您所購買之書籍及問
　題。(請註明購買書籍之書號及
　書名，以及問題頁數，以便能
　儘快為您處理)
　http://www.gotop.com.tw

● 售後服務僅限書籍本身內容，
　若是軟、硬體問題，請您直接
　與軟體廠商聯絡。

● 若於購買書籍後發現有破損、
　缺頁、裝訂錯誤之問題，請直
　接將書寄回更換，並註明您的
　姓名、連絡電話及地址，將有
　專人與您連絡補寄商品。